普通高等院校城乡规划专业"十四五"精品教材

乡村规划概论

本 书 主 编	何 杰	程海帆	王 颖	
本书编写人员	程海帆	陈 桔	付 顺	何 杰
	何新东	阚瑷珂	赖志国	李 欢
	林 凯	骆尔提	孙 岩	王 颖
	袁淑娇	朱 琳		

华中科技大学出版社

中国·武汉

内容提要

中国城镇化加速阶段面临的众多问题中,乡村问题最为棘手,而乡村规划则是解决乡村问题的必要条件。构建完善的空间规划体系,并将其与乡村管理相结合,引导城乡经济社会可持续发展,以及调控城乡变化的各个方面,需要我们在城乡规划基础教育中加强乡村规划教育,以适应社会发展需求。本书包括六篇内容:第一篇,乡村认知与乡村发展;第二篇,乡村规划内容与方法;第三篇,乡村文化遗产与乡村景观;第四篇,乡村更新与乡村建筑;第五篇,乡村规划法规与乡村综合管理;第六篇,乡村规划实践。本书可作为普通高等院校城乡规划、建筑学等专业的教材,也可供从事规划、设计、施工等相关领域的工程技术人员参考。

图书在版编目(CIP)数据

乡村规划概论/何杰,程海帆,王颖主编. —武汉:华中科技大学出版社,2020.9(2024.12重印)
ISBN 978-7-5680-6415-6

Ⅰ.①乡… Ⅱ.①何… ②程… ③王… Ⅲ.①乡村规划-概论-中国 Ⅳ.①TU982.29

中国版本图书馆 CIP 数据核字(2020)第 137254 号

乡村规划概论　　　　　　　　　　　　　　何　杰　程海帆　王　颖　主编
Xiangcun Guihua Gailun

策划编辑:简晓思
责任编辑:简晓思
封面设计:王亚平
责任校对:刘　竣
责任监印:朱　玢
出版发行:华中科技大学出版社(中国·武汉)　　　电话:(027)81321913
　　　　　武汉市东湖新技术开发区华工科技园　　　邮编:430223
录　　排:华中科技大学惠友文印中心
印　　刷:武汉邮科印务有限公司
开　　本:850mm×1065mm　1/16
印　　张:19.75
字　　数:430千字
版　　次:2024 年 12 月第 1 版第 3 次印刷
定　　价:59.80 元

总　　序

　　《管子》一书《权修》篇中有这样一段话:"一年之计,莫如树谷;十年之计,莫如树木;终身之计,莫如树人。一树一获者,谷也;一树十获者,木也;一树百获者,人也。"这是管仲为富国强兵而重视培养人才的名言。

　　"十年树木,百年树人"即源于此。它的意思是说,培养人才是国家的百年大计,既十分重要,又不是短期内可以奏效的事。"百年树人"并不是非得一百年才能培养出人才,而是比喻培养人才的远大意义,要重视这方面的工作,并且要预先规划,长期、不间断地进行。

　　当前,我国城市和乡村发展形势迅猛,急缺大量的城乡规划专业应用型人才。全国各地设有城乡规划专业的学校众多,但能够既符合当前改革形势又适用于目前教学形式的优秀教材却很少。针对这种现状,急需推出一系列切合当前教育改革需要的高质量优秀专业教材,以推动应用型本科教育办学体制和运作机制的改革,提高教育的整体水平,并且有助于加快改进应用型本科办学模式、课程体系和教学方法,形成具有多元化特色的教育体系。

　　这套系列教材整体导向正确,科学精练,编排合理,指导性、学术性、实用性和可读性强。符合学校、学科的课程设置要求。以城乡规划学科专业指导委员会的专业培养目标为依据,注重教材的科学性、实用性、普适性,尽量满足同类专业院校的需求。教材内容上大力补充新知识、新技能、新工艺、新成果;注意理论教学与实践教学的搭配比例,结合目前教学课时减少的趋势适当调整了篇幅。根据教学大纲、学时、教学内容的要求,突出重点、难点,体现了建设"立体化"精品教材的宗旨。

　　这套系列教材以发展社会主义教育事业,振兴城乡规划类高等院校教育教学改革,促进城乡规划类高校教育教学质量的提高为己任,为发展我国高等城乡规划教育的理论、思想,对办学方针、体制,教育教学内容改革等进行了广泛深入的探讨,以提出新的理论、观点和主张。希望这套教材能够真实地体现我们的初衷,真正成为精品教材,受到大家的认可。

中国工程院院士

2007 年 5 月于北京

前　言

我国是农业古国,有着悠久的历史。农耕文化基因扎根于中华民族的农耕文明,而农村、农耕、农业在中国漫长的历史长河中占据了主要时空。农耕文明是农民在长期农业生产中形成的一种适应自然和农业生产、生活需要的国家制度、礼俗制度、文化教育等的文化集合,聚集了儒家及各类宗教文化,形成了自己的独特文化内容和特征,主体包括国家管理理念、人际交往理念,以及语言、戏剧、民歌、风俗及各类祭祀活动等,是世界上存在最为广泛的文化集成。因此,研究我国乡村发展历史,挖掘农耕文化价值,有着重要的历史意义。

改革开放四十多年来,我国城镇化建设取得了世界瞩目的成就,但规划学界对城市规划的侧重导致乡村规划和乡村发展问题日渐凸显,而强化乡村规划理论建设和实践总结是解决"三农"问题的必要条件。在新时代发展背景下,乡村发展进入新的发展机遇期,规划学界需重新对乡村内外部的空间结构、驱动机理、功能定位、文化体系进行定位思考,进一步引导城乡经济社会可持续发展和调控城乡变化的各个方面,以适应转型时期城乡社会的发展需求。

中国城镇化加速发展阶段面临的众多问题中,乡村问题最为棘手,乡村规划成为解决农村问题的必要条件。构建完善的空间规划体系与管理乡村相结合,调控城乡变化以引导城乡经济社会可持续发展,这就需要在我国城乡规划基础教育中加强乡村规划教育,以适应新时代的社会发展需求。

本书是主要以我国农村作为研究对象,服务于高等院校城乡规划及相关专业的师生和广大农村基层干部的规划类教材;是在新的历史时期和形势下,对城乡规划与管理的理论研究;是对我国空间规划体系中城乡规划等法定和非法定规划的补充与完善。因此,我们对研究对象在时间与空间两个方面做了一定的限定。

在时间维度上,本书以1949年新中国成立以后农村的发展阶段作为研究时间段,尤其是改革开放以后农村的发展阶段,原因有三:第一,我国传统社会以农耕为主,而我国幅员辽阔、社会生产力水平低下、社会组织结构复杂及政府的管理能力有限,导致政府对农村根本无法实现全覆盖的管理,因此,在新中国成立之前,我国农村一直采取乡村自治的模式;第二,新中国成立后,建立了完整的农村管理体系,尤其是二元制结构的建立,对我国从封建社会步入社会主义社会起到了很好的稳定作用,妥善地处理了农村与城市之间的关系;第三,改革开放以来,我国进入高速发展阶段,在取得了令人瞩目的成绩背后,农村与城市之间的差距和矛盾也日益凸显,在这种背景下,对农村未来的发展与规划进行研究有着深刻的社会意义和现实意义。

在空间维度上,本书所研究的范畴仅限于我国的农村,这是由我国的制度、文化、结构等所决定的。其中既有大城市中至今虽还保留着集体土地性质,却已经成为街道和社区的城中村;也包括凸显城乡矛盾的城市边缘地带的城乡接合部;当然,还有远离城市喧嚣依然保持农村面貌,却向往着城市生活的乡村。

乡村规划在我国的发展日趋深入,中央城镇化工作会议明确指出"让居民望得见山、看得见水、记得住乡愁",指明乡村地区发展的目标和路径。但在传统发展观念中,我国农业发展决定了乡村村落的空间结构、景观形态、社会结构及文化体系,社会学、历史学、政治学、地理学等均各有侧重地关注乡村发展,未显示出乡村规划的综合性和跨学科性,且每一次乡村问题的凸显和关注都是基于特定历史条件下的"危机",乡村发展亦均担负着相应的历史发展使命。本书基于乡村规划从空间、功能、关系、文化、制度等方面总结现有乡村规划短板,力争简明扼要地阐述乡村规划的概念认知、影响因素、编制程序,以及对接我国乡村建设管理的程序与方法。主要体现在以下几个方面:

①本书建立在近几年发表的文献基础上,总结我国传统城乡规划体系中乡村规划建设中反映的系列问题,并进一步完善和对接我国空间规划体系中的乡村规划;

②以乡村空间发展为基础,从实践案例的格局变化中挖掘乡村规划的普遍性规律和方法;

③尝试完善以"城乡关系"为纽带,促进乡村地理发展的地理学理论指导研究,为乡村规划发展提供必要路径;

④推进乡村发展融入区域规划体系,转变乡村规划发展理念,揭示乡村发展的内涵,促进乡村地区可持续发展。

本书共分为6篇,包括15章内容。具体编写分工:第1章由阚瑷珂、骆尔提、林凯编写,第2章由王颖编写,第3章由朱琳编写,第4章由赖志国编写,第5章由阚瑷珂编写,第6章、第7章由何新东编写,第8、10、14、15章由程海帆编写,第9章由孙岩编写,第11章由阚瑷珂、袁淑娇、何杰编写,第12章由何杰、付顺、李欢编写,第13章由李欢编写。全书策划构思、撰写大纲和统稿工作由主编何杰完成。

编　者

2020 年 2 月

目　　录

第一篇
乡村认知与乡村发展

第 1 章　乡村认知及乡村规划

1.1　乡村的概念

　　"乡村"是一个复合性名词。"乡(鄉)"一字有多层含义:从空间属性来说,《说文》中记载"乡,国离邑民所封乡也";从文化心理来说,"乡"指自己生长的地方或祖籍,如唐代柳宗元《捕蛇者说》中"三世居是乡";从行政区划来说,"乡"是中国的基层行政单位,在不同历史时期,"乡"的地域范围不同。例如,周制,一万二千五百家为乡;春秋齐制,十连为乡;汉制,十亭为乡;唐宋以后,乡指县级以下行政单位。历史上"乡"所指代的行政空间属性一直在变化,但其所代表的乡土文化性一直在延续。综上所述,"乡"一字可理解为古代以来国家行政单位下能够产生认同感和归属感的空间文化区域;"村"一字在《说文》中指乡下聚居的处所,同时也指代农村基层组织。作为形容词,"村"在一段历史时期内代表一种落后的价值观念和粗俗的行为习惯,如"村蛮""村夫",体现了传统自然聚落环境下,社会文明普遍落后的状况。

　　"乡村"一词发展至今已成为"农村"的代名词,其概念认知主要有以下三种基本视角(见图 1-1):

　　①基于乡村的地理空间属性,根据乡村空间和功能的非城市特征来界定乡村,即城市范围之外的地域统称为乡村;

　　②基于乡村的政治经济属性,根据生产方式、生活方式的非城市化特征来区分乡村,服务于农村经济生产与管理,即以农业生产为主的地域就是乡村;

　　③基于乡村的社会文化属性,认为具有乡土文化氛围和农村社会结构特征的社区或区域,可称之为乡村。

　　国外学者 Cloke 曾尝试建立关于乡村性(rurality)评价指标体系来刻画乡村的特征,描述一个地区具有乡村属性的程度。事实上,张小林认为城乡边界是渐变的、相对的和动态的。从狭义上来讲,乡村是以农民为主体、以农业为主导、以村庄为载体的农村地区,具体是指土地产权为集体所有、居民为农村户籍的行政管理空间单元。从广义上来讲,依据区域城乡二元结构理论,除城市之外的地域均属于乡村,是区域生态空间、农业生产空间和农村生活空间的总和。因此,乡村规划的空间范围应包括除城市之外的所有地区,规划所关注的核心区域应是以村庄为中心的乡村生产、生活和生态空间。

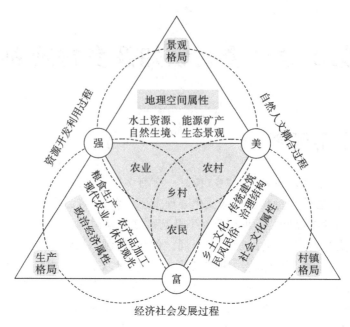

图 1-1　乡村概念及基本特征(**王介勇等,2019**)

1.2　国外乡村发展历程

1.2.1　恢复刺激农业生产和推进农业现代化(第二次世界大战后至 20 世纪 70 年代)

　　第二次世界大战后,欧洲各国为解决粮食短缺问题,尤其重视对农用地的保护和农业现代化的推动。此时,乡村发展的主体内容是约束乡村非农建设活动和土地整理。例如,英国采用环城绿带政策和乡村建设许可制度保护耕地免受建设活动占用,通过农业补贴鼓励农民垦荒,大量具有维护农业生态系统功能的树篱地界被推平。德国颁布了《田地重划法》、荷兰颁布了《土地整理法》以促进农地合并,改善农业机械化生产的耕作条件。美国通过农地发展权购买和转移、田产税减免、规定最小农地地块面积等手段尽量减少城市蔓延对耕地的侵占和分隔。日本通过《自耕农创设特别法案》(1946)和《农地调整法修正案》(1946),推行"耕者有其田"政策,很快把自耕地比例提高到 90% 以上,并且规定土地买卖必须由政府执行,个人不得擅自买卖土地,以便更有效地使用耕地,发展粮食生产。

1.2.2　优化公共服务和促进城市工业向乡村扩散(20 世纪 70—90 年代)

　　农业现代化的持续推进和人口外流,使乡村社会服务、公共基础设施和商业服务的生存能力下降尤为明显,邮局、商店、学校大量关闭。英国推行了中心村战略,寄希望于通过中心村吸引城市产业扩散,为周围乡村居民提供服务,但实际效果并不理想。美国便捷的交通、便宜的能源和城市的过度集聚,使得工业和人口出现了从城市向远郊甚至边远的小城镇和农村扩散的现象,继而服务业在乡村创造的就业机会明显增加,小村镇经济萧条、人口减少、商店消失的景况得以扭转。德国则发起乡村发展和更新规划,基于乡村的经济问题和未来发展导向,更新传统住房,提高基础设施水平,运用土地重划和地块调整来优化聚落空间结构,创造有吸引力的现代化乡村生活空间,强化对乡村特殊历史和文化的认同与保护。日韩为应对城乡差距扩大和乡村人口外流产生的乡村社会解体与经济衰败,开展了更直接的乡村振兴措施。韩国通过"新村运动"设计实施一系列开发项目,改善农村地区的基础设施、村庄环境及农民生活水平,并分新村型、合村型及改造型等类型对农村聚落结构进行重新布局。日本则通过《过疏地区对策紧急措施法》(1970)、《农业振兴地域整治建设法》(1969)等,扶持农村基础设施建设,建立农民退休养老制度,合并町村。其后,两国都意识到产业才是振兴乡村的根本,于是日本开展"一村一品"运动,发展区特产业,以适应农村的规模和资源环境特点,并引导城市工业向乡村扩散;韩国则推进"农工团地战略",带动农村的工业化,并提高农民的非农业收入。

1.2.3　提升农业适应社会需求变化的能力(20 世纪 90 年代至今)

经济全球化逐步加深,发达国家乡村地区的制造业分支工厂大量迁往发展中国家,制造业就业机会下降;此外,乡村优质环境引致的乡村绅士化和乡村旅游持续发展,并促进了乡村服务业的增长与转型;同时,信息产业和信息技术也给乡村带来新的活力。乡村发展越发嵌入到多尺度的(全球、国家、区域和地方)经济、政治和社会过程当中,不同社会群体对乡村的利益诉求日益分化,乡村的美学和消费功能正在变得与乡村的实用和生产功能一样重要,保护乡村成为和发展乡村一样重要的目标。

为适应国内外市场环境的变化与挑战,欧洲的农业政策不断改革。1992 年在降低价格支持的同时,欧洲采取与生产相关(种植面积和牲畜头数)的直接给付方式对农业给予补偿,即所谓的蓝色补贴,并将改革重点逐渐转向结构改善、农村发展和环境保护。2000 年,农村发展政策(rural development regulations)开始独立,成为共同农业政策(CAP)的第二支柱;原来的蓝色农业补贴转变为与生产脱钩的单一农场给付制度,即绿色补贴措施,以鼓励农民响应消费者需求变化,而非简单增加农产品产量。日韩也大力倡导发展多功能农业和环境亲和型农业,把支农资金向乡村景观和环境保护倾斜,并借此促进观光农业和乡村旅游发展。但是两国粮食供应均被锁定在结构性的"对外依赖"中,2008 年两国的粮食自给率都跌落到 30% 以下。

随着公众环境意识的觉醒,这一时期另一个明显变化是,生态环境保护成了农业和乡村发展的核心内容。第二次世界大战后早期,环境保护主要采用完善保护区类型和等级体系的方式,主流观念是抵制变化,最大限度地限制社会经济活动。随着乡村破碎化、生态廊道破坏、乡村整体生物多样性降低,自然保护区建设和农业农村现代化并行模式对生态环境保护的效果受到广泛质疑。美国目前通过农场法案支持土地休耕保护项目、农牧地保育项目、环境质量激励项目、保护支撑项目等,激励保护乡村环境,促进生物多样性恢复。日韩则比较重视促进农村可再生能源利用,发展低碳乡村,提高农村能源自给率,减少温室气体排放。

1.3 国内乡村发展历程

20世纪中期,中国社会经济发展缓慢,生产力水平低下,乡村以解决人民粮食安全为根本;随着科技进步和生产力水平提升,乡村发展受制于集体平均主义约束,不能有效激发农民的生产积极性,亟须体制机制方面的创新,家庭联产承包责任制应运而生;20世纪90年代以来,中国城市化、工业化迅猛推进,城乡二元结构日趋凸显,农业农村农民问题成为该时期城乡统筹的重点;新时代国家把"三农"问题作为小康社会建设和社会主义现代化强国建设的重要内容,先后实施了精准扶贫、乡村振兴战略,以期补齐农村发展的短板,缩小城乡差距,推动城乡融合发展。按照国家涉农政策演变历程,1949年以来中国乡村发展可分为四个阶段。

1.3.1 人民公社为主体的城乡二元结构阶段(1949—1977年)

1949年新中国成立以来,乡村发展以农业合作生产而建立的人民公社体制为主体,这种微观经济组织形态具有高度的计划经济特色。受粮食"统购统销"等影响,这一时期乡村主要为城市和工业发展提供资产、资金、资本,乡村要素受宏观政策影响以低价值大量向城市流动,乡村价值在城乡要素流动中主要为城市服务,未能让乡村真正受益,这也使得城乡二元结构日益深化。虽然同期知识青年上山下乡为乡村注入了科技、教育活力,部分乡村主体在知青传帮带作用下被激活,但这些被激活的主体随后在市场经济遴选中又进入了城市。总体而言,受城乡"剪刀差"的影响,计划经济时代中国城乡差距逐步被拉大。

1.3.2 小农经济为主体的家庭联产承包责任制阶段(1978—2001年)

改革开放以来,为了有效解决农民温饱问题,激发农民生产的积极性,中国实施了农村经济体制改革中最有效的措施——家庭联产承包责任制(戈大专等,2019),确立了以农户为主体的土地承包关系,彻底激发了老百姓的内生动力,农户对土地的投入加大,农业生产效率在短期内迅速提升,为工业化、城镇化及农民生活条件改善奠定了良好的基础。20世纪70年代后期,乡镇企业的异军突起,形成了"离土不离乡,进厂不进城"的独特乡村经济发展模式。但该阶段仍以农户生产积极性提升带来的红利支撑着城镇化、工业化发展,使得农业在国民生产总值中的比重逐年下降,城乡差距日益扩大。

1.3.3　城市反哺农村的城乡统筹发展阶段（2002—2012 年）

因中国长期"重城轻乡"的发展导向,尤其是城镇化和工业化快速推进对乡村人口、资源、资金、资产的极化作用,导致乡村发展主体老弱化、资产闲置化、环境污损化、生产要素高速非农化、区域贫困化等为特征的"空心化""乡村病"问题逐渐凸显,"三农"问题成为区域发展首要解决的突出问题。2001 年,中国加入 WTO 后对农业和农村发展有较大冲击,中国农业逐渐向优质、高效、高质量转型。党的十六届三中全会将统筹城乡经济社会发展置于"五个统筹"之首,以期从制度上建立解决城乡二元结构的体制机制。农业税费减免、社会主义新农村建设等一系列支农惠农政策的实施,促使统筹城乡发展进入了制度安排落地见效阶段。工业反哺农业、城市支持农村从理念向实践推进。农民的生产积极性再次被激活,在科技推进下,农业生产效率显著提升。伴随着进城务工与农业兼业,乡村景观格局发生了较显著变化,但农村基础设施历史欠账较多,城乡公共服务水平差距不断拉大,乡村衰败凋零在区域上出现了显著分异,沿海地区逐步重视农村人居环境整治,而西部地区乡村发展依然缓慢。

1.3.4　城乡融合发展与乡村振兴阶段（2013 年以来）

21 世纪以来,国家对"三农"的政策倾斜和投入力度逐年增大,乡村生产、生活条件得到较大改善,但相对城市而言,乡村发展依然滞后,农村空心化问题更加凸显。乡镇企业三废排放、农业面源污染、大气污染等问题依然严重,乡村景观与生态安全严重受损,乡风文明与治理更是长期缺失。为有效缓解"三农"问题,国家陆续实施了新型城镇化、美丽乡村建设、农业供给侧结构性改革、精准扶贫等系列政策措施,旨在重构农村"三生"空间,推进城乡"等值化"发展,保护传统文化传承与乡村治理。然而,农村集体经济薄弱,产业组织化程度低,农产品加工初级粗放,缺乏长效保障机制等问题依旧突出,城乡均衡发展仍未达到预期目标。自精准扶贫政策实施以来,农村基础设施得到显著改善,基本公共服务逐步改善,返乡群众人数增加,乡村发展总体上取得了一定进展和成效,但乡村主体日渐老弱化、乡村产业初级化、生态环境脆弱化、治理能力羸弱化等问题仍不容忽视。为此,党的十九大报告在总结城乡发展关系基础上,审时度势地提出了乡村振兴战略,并从政策层面积极推进城乡融合发展。乡村发展重点转向挖掘乡村潜力,培育新型经营主体,发展特色优势产业、优化重组乡村地域系统结构功能,重塑社会、经济、文化、生态价值,实现城乡融合发展。

1.4 乡村发展的基本特征

1.4.1 乡村要素分散性和发展自组织性

乡村与城市最大的区别是其要素的分散性:一是乡村地区居民点分布分散,居民分散居住,服务于居民的公共服务设施难以集中布局;二是农村土地呈现分散细碎化特征,家庭联产承包责任制度使得土地承包经营按照土地质量和地块远近分配,导致农业生产难以形成规模,呈分散、小规模的生产格局;三是以小农户经营为主的经营模式,使得农业生产及相关产业呈现分散小规模特征。乡村经济社会发展具有很强的自组织性,"理性小农"使得农户尽最大努力去规避风险,因此农户更多地关注可预期的近期利益,而对于乡村长远的发展关注较少。乡村要素的分散性和发展的自组织性导致很难准确预测乡村发展的未来格局和趋势,规划难度较大。

1.4.2 乡村空间异质性和类型多样性

中国约有 69.15 万个行政村、1.47 万个乡、1.95 万个镇。受复杂的自然地理条件及经济社会发展水平影响,不同地区乡村发展的差异化特征显著。宏观尺度上,城市近郊区、平原农区、山地丘陵区乡村发展差异十分显著,不同类型区的乡村发展的阶段和动力机制不同,实施乡村振兴的路径也不尽相同。微观尺度上,即使同一地域类型区,由于区位条件和经济基础的差异,不同村庄的发展路径和振兴模式也不同。

1.4.3 乡村发展对区域和城市依赖性

乡村是城市发展的腹地,乡村发展离不开城市的辐射与带动,主要表现为:

①农业因其自然经济的综合性特征,抗自然风险和市场竞争力差,具有天然的弱质性,再加上农业对城市和工业的依赖性大,受自然灾害风险影响大,比较效益低,其消费主体主要来自城市,农产品的价格受附近城市居民收入水平与消费能力影响显著;

②农民的弱势性及其对非农就业的依赖性,中国有近 2.8 亿"城乡双漂"的农民工,他们虽是农民,但依附于城市经济,其 70% 以上收入来源于城市非农务工收入;

③村庄建设与发展水平依赖于周边城镇公共服务和基础设施完备程度。

乡村发展从附性特征要求乡村振兴规划应遵循区域城镇化体系、产业体系、交通体系、生态建设的规划布局。

1.4.4 乡村产业发展受自然因素强约束

乡村地区产业与城市产业不同,农业种植、乡村休闲旅游、观光农业等乡村主导产业受自然因素约束限制强。农业生产是自然再生产和经济再生产的过程,受气候和时间的限制,其不确定性大、生产周期固定,自然灾害风险高。多数乡村休闲旅游、观光农业受季节限制,分旺季和淡季,难以提供充分就业。

1.5　乡村规划的内涵及特征

1.5.1　乡村规划的内涵

目前学术界对乡村规划并没有统一定义,实践中相关规划的名称及内容也较混乱。《城乡规划法释义》认为,乡村规划是对一定时期内乡、村庄的经济和社会发展、土地利用、空间布局,以及各项建设的综合部署、具体安排和实施措施,着重强调对乡村空间的物质建设安排。学术界对乡村规划的定义则大致可分为以下三种说法。

①"综合发展规划"说。单纯的物质环境改善并不能解决农村发展的深层次问题,有学者认为,乡村规划应转变建设思维,成为一个涉及农村全域土地利用、经济发展、公共服务保障、乡土文化复兴等多方面内容的城乡整体发展策略。

②"乡规民约"说。不同于城市规划,以农村集体组织为主体的乡村规划必须得到村民的认可才能实施,因此"村庄规划本质是用以指导和规范村庄综合发展、建设及治理的一项'乡规民约',一份有章可循的'公共政策'"。

③"乡村治理"说。乡村规划具有乡村治理的特征和作用,重点解决乡村经济生产、公共设施供给等公共领域中的组织问题,以及政府、市场和村民等不同主体之间的互动。其是政府与村民在土地利用管制上博弈的主要载体,是协调和控制农村土地开发不同群体利益的发展平台,是实施项目在农村落地的空间技术协调(许世光等,2012;申明锐,2015)。

1.5.2　乡村规划的特征

1. 乡村规划的综合性和服务性

当前乡村规划为多部门项目规划,少部分地区为全域规划,且运行规则差异较大,如财政部门管一事一议,环保部门管环境集中整治,农业部门管农田水利,交通部门管公路建设,建设部门管居民点撤并等。因此,乡村规划应强调多学科协调、交叉,需要规划、建筑、景观、生态、产业、社会等各个相关学科的综合引入。同时,乡村规划不是一般的商品和产品,与城市规划不同,乡村规划实施的主体是广大的村民、村集体乃至政府、企业等多方利益群体,在现阶段基层技术管理人才不足和实施时间冗长状况下,需要规划编制单位在较长时间内提供技术型服务。

2. 乡村规划的制度性和契约性

乡村规划与管理的表征是对农村地区土地开发和房屋建设的管制,实质是对土地开发权及其收益在政府、市场主体、村集体和村民的制度化分配与管理。因此,乡村规划的制定及实施实为配套性的制度体系构建,乡村规划及治理的重心、方法和工具需在实践中持续调适,强调规划实施的重要性。乡村规划是政府、企业、村民和村集体多方参与下对乡村未来发展,包括资源配置、利益分配等形成的共同认识,是由政府、市场和社会共同遵守和执行的"公共契约"。

1.6 乡村规划的目标体系及研究意义

1.6.1 乡村规划的目标体系

通过对乡村规划区域性研究历史缺位导致的现实问题和高速城市化时期发展特征对乡村规划的需求分析,乡村规划目标体系应包括以下四个方面。

1. 生态环境保护

落实乡村规划以生态本底、自然要素为本的规划理念,在规划空间范围方面实现对乡村行政地域范围的全覆盖,在规划要素方面加强对自然生态要素和非建设环境的管制,保护乡村生态环境,从而使农村保障粮食安全、生态安全和环境安全的三大安全功能得以实现。

2. 乡村发展引导

整合农村城镇化过程中的政府力、市场力和内驱力,寻求乡村发展并围绕发展安排空间,为乡村经济产业发展提供路径指引和生产空间支撑,挖掘和整合乡村生产要素并通过推动要素资本化促进农业和农村发展,为农村生活空间的合理调整提供科学引导。

3. 社会公平重建

遏制资金、土地、劳动力等要素及其价值从农村不断流失,特别是保证土地增值收益及其承载的发展权益留在"三农",优先为乡村经济产业发展提供空间保障。促进乡村基础设施建设和公共服务配给,提高农民生活质量。从发展权益和公共服务两方面实现城乡社会公平的重建。

4. 城乡一体化

现代化和城市化的终极目标及乡村规划的具体目标是城乡一体化。城乡一体化的基础是实现农村现代化,包括农村人居环境现代化、农民生活质量现代化和农业现代化,是城市与乡村经济、社会和制度内涵与发展水平趋于一致的过程。其内容包括四个方面:一是经济一体化,促进城乡之间生产要素的有序流动,发展以农业现代化为核心的农村经济,缩小城乡产业效率差距;二是社会一体化,提高乡村居民收入水平,缩小城乡居民的收入差距;三是制度一体化,为农村地区提供均等化的公共服务,缩小城乡居民享受公共服务水平的差距;四是城市内部二元结构一体化,农民工市民化可以彻底解决中国城市化的两栖化问题。

1.6.2　乡村规划的研究意义

1. 揭示高速城市化发展对乡村规划的新需求

中国进入高速城市化时期意味着城乡经济社会交流更加频繁,城乡关系面临剧烈变迁,乡村地区的城镇化发展和乡村建设将有新的内在机制和外在表现。从高速城市化时期城乡发展变化的特征、高速城市化产生的负外部性及其带来的问题、高速城市化对现有调节机制和手段的挑战等方面入手研究乡村规划,可以揭示高速城市化发展对乡村规划的新需求。

2. 探索乡村规划落实国家农村政策的路径

为解决"三农"问题,国家制定了一系列旨在扶持农村、发展农业、增加农民收入的法规和政策,涉及的空间范围是区域性的。乡村规划作为城乡规划的组成部分,是配置乡村空间资源的重要手段。因此,研究乡村地区规划理论方法,构建乡村发展建设的综合性统一规划平台,对乡村规划如何落实国家相关农村政策具有探索意义。

3. 有助于解决乡村规划现有问题

乡村规划体系照搬城市规划体系已经表现出明显的不适应性,对区域性的重视不够是其主要问题之一,同时乡村规划面广量大但规划力量不够。因此,对乡村规划理论方法进行梳理和调整,将有利于提高乡村规划在乡村地区的适应性和可实施性,有助于解决乡村规划的现有问题。

本章小结

乡村是我国城乡空间系统的重要领域,具有区别于城市地域的诸多特征,随着城镇化的发展,乡村的功能和面貌不断变化,呈现出动态性演变特征。乡村规划是乡村的社会、经济等长期发展的总体部署,是指导乡村发展和建设的基本依据。本章对乡村的概念、国内外乡村发展历程、乡村规划的内涵及特征、乡村规划的目标体系及研究意义进行了总结。

城乡地位的重新确立和城乡正向流动机制的形成是乡村发展的制度基础。乡村规划建设理论的演进与时俱进,核心是对乡村地位的确认、乡村本质的认知和乡村运行规律的把握。国家治理现代化背景下的城乡规划建设和运营管理必将实现法制化、人本化、精细化,但与城市不同的是,乡村建设的首要前提是生态为本,顺应乡村发展的时代规律、理解乡村社会的独特特征、尊重乡村空间的地域属性、树立农民主体的治理理念,是新时代乡村建设实践的基本路径和促进乡村现代化的必然选择。

思考题

[1]什么是乡村？请尝试从不同角度对乡村的概念进行界定。

[2]乡村规划的主要内容是什么？有哪些特征？

[3]乡村规划面临的主要难点有哪些？如何解决？

[4]在乡村规划中，如何对土地进行统筹？

第 2 章　乡村规划的发展历程

2.1　我国乡村规划的发展背景

2.1.1　城乡统筹的区域政策背景

作为我国城乡规划建设领域的"基本法"，与《中华人民共和国城市规划法》相比，2008 年 1 月起施行的《中华人民共和国城乡规划法》（以下简称《城乡规划法》）更加强调城乡统筹，前所未有地将"村庄规划"与"乡规划"纳入了城乡规划体系中。这标志着我国步入了城乡统筹发展及城乡一体化的新时代。

2009 年 10 月，山东省人民政府发布《关于大力推进新型城镇化的意见》。其中明确指出："以新型农村社区建设为抓手，积极稳妥推进迁村并点，促进土地节约、资源共享，提高农村的基础设施和公共服务水平"；"逐步实现农村基础设施城镇化、生活服务社区化、生活方式市民化……"2017 年，党的十九大报告提出"产业兴旺、生态宜居、乡风文明、治理有效、生活富裕"的总要求，要求建立健全城乡融合发展体制机制，加快推进农业、农村同步现代化。随着我国城乡关系的转型，我国的乡村规划已开始走上城乡统筹发展的道路。

2.1.2　撤乡并镇与新农村社区建设、管理、规划的背景

1998 年，我国开始了全国范围内大规模的"撤乡并镇"工作，其目的是通过基层行政区划和管理机构调整，实现精简行政机构、降低行政成本、优化乡镇资源配置和加速农村城镇化发展。随着这一工作的开展，建制镇的数量增加，乡、镇总数呈下降趋势。"撤乡并镇"增强了集镇社区的集聚和辐射功能，发挥了其扩散效应和极化效应，逐步实现了城市公共服务向集镇社区、农村拓展，这对推进城乡融合，促进城乡一体化和新农村建设，起到了积极的作用。

2009 年 10 月发布的《关于大力推进新型城镇化的意见》中明确提出："以中心村为核心，以农村住房建设和危房改造为契机，用 5 年左右时间实现农村社区建设全覆盖。以新型农村社区建设为抓手，积极稳妥推进迁村并点，促进土地节约、资源共享，提高农村的基础设施和公共服务水平"；"逐步实现农村基础设施城镇化、生活服务社区化、生活方式市民化……"由此，新型农村社区的建设、管理及规划成为我国乡村规划的重要背景。

2.1.3 乡村振兴战略的时代背景

2017 年,党的十九大提出实施"乡村振兴战略",即按照"产业兴旺、生态宜居、乡风文明、治理有效、生活富裕"的总要求,坚持农村、农业优先发展,推进其现代化,建立健全城乡融合发展机制和政策体系。这一战略无疑是我国乡村规划大力发展的主体推进器,乡村振兴也成为当前我国乡村规划的重要时代背景。

2.2 国内外乡村规划的发展历程

城乡关系的演进与乡村规划的发展历程息息相关,乡村是具有自然、社会、经济特征的地域综合体,兼具生产、生活、生态、文化等多重功能,"城"与"乡"的关系唇齿相依、共生共存,共同构成人类的聚居空间系统,两者的互动机制也成为城乡有序发展不可或缺的关键推动力。因此,国内外乡村规划的发展历程都与其城乡关系的演进息息相关。

2.2.1 国内乡村规划的发展历程

1. (农耕社会至新中国成立前)城乡"二元共存"阶段——乡村规划尚未产生

"二元共存"是城乡在中国古代农耕文明期间所呈现的早期关系特征。农耕时代兴建的城市大部分出于政治、军事目的,与周边乡村的往来较少,虽然城市需要乡村提供粮食和生产原料,但在一定程度上仍可实现自给自足,例如唐长安城南四列里坊中,就存在"耕垦种植,阡陌相连"的景象。即使有少部分城市因"市"而筑"城",其与附近乡村的资源流动和商贸互通都不足以使"城"与"乡"之间产生显著的相互依赖。这一时期由于提供城乡发展的环境容量较为宽裕,"城"与"乡"之间并未产生明显的资源竞争,"城"与"乡"之间为弱相干关系,"二元共存",交集有限。这时的城市规模小且数量不多,呈点状被大面铺陈的乡村所环绕,大量乡村满天星式分散在城市周围;乡村发展则呈现出自然生长的自组织特质,乡村规划也尚未产生。

2. (新中国成立至 2000 年)城乡"二元共争"阶段——乡村规划初具规模

新中国成立之初,由于工业化和城市化的规划建设,城市发展的集聚效应使乡村的人口、资源开始流入城市,逐渐产生了城市化倾向。国家为了维持资本密集型城市大工业的发展,将资金、技术、人才等生产要素集中投向城市,同时依靠农业积累支持城市工业发展,于 1958 年通过的《中华人民共和国户口登记条例》,严格限制农村人口向城市流动。这种以户籍制度为基础的城乡壁垒,事实上是将资源进行了不对等的分配,无论是教育还是公共设施等,一切资源分配均向城市倾斜。这也标志着"城"与"乡"之间开始进入"二元共争"的初始竞争阶段。

在这一阶段中,城市化使人口高度集中,带来了三大产业的发展和公共服务设施等级的提升,城市的经济水平及社会组织能力显著高于乡村,对周边乡村的发展起到抑制作用,城乡之间出现了非平衡发展。当然,不否认在这一时期,农民集体化生产推进了大量道路桥梁、农田水利等农业基础设施建设,乡村的公共服务设施如基础教育制度、合作医疗制度等得到了加强,培养储备了为外资所青睐的大规模劳动力群体;但另一方面,国内多数乡村的发展普遍停滞不前,大部分地区未能摆脱贫困落后的面貌。这一时期的乡村规划初具雏形,但处于自发生长阶段,其主要形式是乡村单体规划,基于乡村发展的内生动力自下而上推进。

城乡"二元共争"的竞争态势在 20 世纪 80 年代改革开放后步入高潮。1983 年随着家庭联产承包责任制的确立,我国乡村的发展与建设开始步入新的阶段。因家庭联产承包责任制激发了农业生产者的积极性,乡村经济在 20 世纪 80 年代前期实现了快速增长,但这并没有改变小农经济的基本格局。这一时期的乡村发展奉行"进厂不进城""离土不离乡"政策,乡村仍然充当了城乡扩张空间的主要载体,城乡之间的空间界限依然泾渭分明。分散的乡村经济在市场面前缺乏持续的竞争力,乡村建设大多局限于在外务工农民回家"建新居",乡村公共产品明显不足,基础设施建设与城市相较大幅落后。至 20 世纪 90 年代末,随着改革开放的大力推进,农村相对落后的生产和生活方式与城市不断进步的现代生产、生活方式之间不对称的问题日趋明显。城乡之间不断加速扩大的非平衡发展态势导致广大乡村地区的物质能量信息单向度地涌入城市,从而致使城市用地快速扩张且无序蔓延,城市人口高度集聚且"城市病"丛生。而与此相对应的,则是乡村人口和土地资源大量"城市化",经济发展缓慢,生活质量远低于城市水平,乡村的自然生态环境也大量遭受破坏。"以工商业为核心的'强大城市地带'和以农林渔业为中心的'脆弱农村地带'截然分离",城乡均陷入发展困境。

在这一时期,乡村规划开始由原来的自组织发展过渡到初具雏形与规模。改革开放初期,国家建委、国家农委、农业部、建材部和国家建工总局在山东省青岛市召开了全国农村房屋建设工作会议。会议期间,国家建委和国家农委的负责同志作了有关农村房屋建设和农业现代化问题的报告,代表们交流了各地农村建房的经验,形成了村庄建设要规划先行的共识,这标志着中国的乡村规划开始迈入正式发展的轨道。从此以后,随着乡村日渐频繁的土地开发利用活动,在乡村地理相关学科的研究推进等大背景下,乡村规划从小到大,在探索实践中不断成长。20 世纪 80—90 年代,随着"发展乡村生产、解放乡村生产力"的经济改革,东南沿海地区村民在当地乡镇企业勤劳致富后,出于生活条件改善诉求,纷纷改建自家住宅,旧居变"洋楼"。鉴于此,许多乡镇地区开展了乡村规划,其主要目的是提高生产效率,提升当地村民的生产、生活环境。这时的乡村规划主要是进行居民点规划,划分各家大小均等的宅基地,设计道路,建设居住空间,如常熟市虞山镇和甸村、苏州市吴中区木渎镇沈巷村、张家港市金港镇高栖庄。20 世纪 90 年代,规划层次有所拓展,包括村域布局规划和村庄建设规划,以整合土地资源、合理功能分区为手段,为工业生产腾出更多空间,如常熟市虞山镇梦兰村、苏州市相城区的渭塘镇渭南村和黄桥街道张庄村。

但乡村规划覆盖的乡村数量仅限于当地乡镇企业发展较快的村落,规划也仅仅只是调整优化单个村落内的用地及空间布局,并未开展更大范围内的村落群体规划统筹。20世纪末,国土资源管理部门以农村田地水利设施完善、农田整治为契机,做到了土地规划的乡村空间全覆盖,为乡村规划的开展打下了良好的基础。但大多数地区的乡村规划主要集中在村域空间的层面开展规划设计,还尚未涉及广袤的乡村腹地。

3.(2000—2010年)城乡"交融共生"阶段——乡村规划曲折成长

21世纪初,中国加入WTO之后,深刻卷入全球化浪潮。随着城市化的大规模快速发展,我国城乡二元结构已成为导致城乡对立、贫富分化的主要原因,并构成了国民经济长效发展的矛盾与阻碍,城乡实现良性互动,"交融共生"才是解决这一矛盾的根本出路。由此,2002年党的十六大首次将"城乡统筹"作为国家发展战略;2004年国家恢复发布以"三农"(农业、农村、农民)为主题的中央一号文件以来,"三农"问题在国家层面受到高度重视,连续出台《中共中央国务院关于推进社会主义新农村建设的若干意见》(中发〔2006〕1号)等关于农村发展的指导意见,成为新型城镇化战略提出的重要背景。2003—2006年的农村税费改革,使我国结束了绵延2600年的农业税。2005年,国家开始从产业、基础设施、体制等8个方面实施"社会主义新农村"的发展战略。相应地,农村的发展建设也掀起了一轮高潮,乡村面貌和农民生活都发生了巨大的变化,基础设施、人居环境、精神文明、民主法治等方面都有明显的进步。

这时的城乡之间开始步入了"交融共生"的发展阶段。虽有"交融",但由于受全球化市场经济及"城乡建设用地增减挂钩"等政策的影响,两者之间的交流仍以城市为主导,乡村只是高速城市化发展的"助推器"。并且随时有些乡村被纳入城市空间发展序列,以苏州、无锡、常州等为首的城镇密集地区纷纷采取"撤市并区"措施以扩大城市生产空间,对乡村的侵占由耕地大幅蔓延到乡村建设用地,这使得城乡空间发生彻底逆转,城乡界限日益模糊,城市建设用地面积超越耕地并与其呈现巨大反差。城乡关系在"交融"中"碰撞共生"。

2005年,十六届五中全会提出按照"生产发展、生活富裕、乡风文明、村容整洁、管理民主"的要求,扎实推进社会主义新农村建设,也开启了以基于单个村庄类型的新农村建设规划为代表的乡村规划过程。2006年,原农业部在全国范围内选择了100个不同区域、不同经济发展水平、不同产业类型的村庄作为示范点。以此为契机,在随后的2年时间里,全国各地掀起了社会主义新农村规划与建设的高潮,70%以上的乡村均编制了规划,许多地区乡村规划的内容覆盖面和规范性都有了较好的提升,部分中、东部发达地区甚至实现了村庄规划的全覆盖。这一时期的新农村规划,总体方向正确,但局限在就单个村庄论村庄,缺乏区域的宏观统筹协调和城乡协调,实质是在城乡二元分割的思维模式下进行的,其编制内容主要包括村庄发展定位与规模、总体空间布局、产业发展策略、土地利用、道路交通、公共和公用设施、绿化景观、近期建设等方面,编制程序往往包括现状调研与访谈、方案设计、成果公示等环节。在《城乡规划法》出台之前,这些新农村规划均不是法定规划,且大多参照城市规划的内容和工作程序来编制,规划成果多流于形式,规划的指导意义和可操作性不强。村庄规划出现"批量生产"的现象,甚至出现诸多规划成果内容只是村庄名称不同,其他内容基本雷同的局面。即便如此,但还是迈出了我国乡村规划发展的重要一步。

2008 年,十七届三中全会明确提出变革农村基本制度,发展现代农业及农村公共事业等。2009 年,人力资源和社会保障部宣布将实行农民普惠式养老金计划。2009 年 10 月发布的《关于大力推进新型城镇化的意见》中明确提出:"以中心村为核心,以农村住房建设和危房改造为契机,用 5 年左右时间实现农村社区建设全覆盖。以新型农村社区建设为抓手,积极稳妥推进迁村并点,促进土地节约、资源共享,提高农村的基础设施和公共服务水平";"逐步实现农村基础设施城镇化、生活服务社区化、生活方式市民化……"这些均表明中央政府进行乡村建设的力度和决心,乡村规划与建设成为国家发展的焦点。基于此,各地开始了轰轰烈烈的乡村布局规划和建设高潮。相较前一阶段的乡村规划,该阶段的乡村规划与建设在借鉴原有村镇体系的编制原则和思路的基础上,更注重空间布局的合理性,内容更丰富,操作层次更加深入,实施难度也进一步增加。但后期逐步演变为忽视村庄发展的内在规律,盲目追求整村合并,使得这一阶段村庄数量明显减少。而对于村庄发展动力机制、社区布局的合理性、村民就业与社会保障等诸多深层次的问题探讨不够深入,大拆大建,一味追求节地率,总体太过冒进,以偏概全,属于典型的土地财政思维下特定历史阶段的产物。规划的实施效果也差强人意。但值得肯定的是,这一段时期的乡村规划对于城市近郊、大都市区域、产业集聚区内的村庄发展具有一定的指导意义,并且理性地提出保护历史传统村落、特色村、特色景观村等方面内容,具有一定的积极作用。我国的乡村规划在曲折中继续成长。

4.（2010 年至今）城乡"交融共荣"阶段——乡村规划繁荣发展

2008 年颁布实施的《中华人民共和国城乡规划法》更加强调城乡统筹,前所未有地将"村庄规划"与"乡规划"纳入了城乡规划体系中。在此引领下,2010 年左右我国城乡关系已基本步入城乡交融的"共荣时代",城乡关系从不对等的竞争关系逐渐走向融合与协同。在这一时期,城市市区与郊区、城市与乡村腹地、集镇与其所吸引的乡村地域之间在职能上的联系较从前大大加强,城市为乡村经济发展提供了资金、人力、消费人群和销售市场。而乡村除传统意义上为城市提供粮食、生产资料外,还承载了城市休闲娱乐功能,更重要的是维持了区域可持续发展的生态基础设施安全,维系了人们对于自然景观和历史传统的文化认同。乡村的生态、文化和经济功能,为城市纾解由于人口过度集聚产生的"城市病",缓解环境压力,突破经济发展瓶颈起到了重要作用。2015 年前后,我国发达地区的城市市区与郊区、城市与乡村腹地、集镇与其所吸引的乡村地域之间在职能上的联系都十分紧密,不发达地区的城乡联系也大幅加强。通过功能分化、分工协作,生产要素在城乡间不断循环而得以有序流转、均匀配置和高效利用。

该时期规划开始相对理性地探讨乡村发展道路。2011年起,我国深入开展了新农村建设的典型示范和推广工作。原国土资源部在全国范围内推进"增减挂钩"和"万村整治"示范工程建设,村庄环境整治工作得到持续推进,并将村庄整治的目标转移到农村人居环境提升,通过农村土地整理、中心村培育建设等政策措施,加快推进城乡基础设施和公共服务均等化,取得了相当的建设成效。2018年中央一号文件以乡村振兴战略为主题,文件指出:乡村振兴,生态宜居是关键。由此全国普遍开展了美丽乡村规划与建设活动。这时的乡村规划深刻认识到前期"运动式"拆村并点的弊端,开始反思原有村镇体系规划的合理性,在政府文件及地方政府文件中出现了关于重新修编村镇体系的内容,在城乡总体规划编制中也避开新型社区布局思路,重新确立"中心村—基层村"体系结构,坚持避免大拆大建的规划原则与思路。

与曲折发展时期的新农村规划和建设相比,2010年至今的乡村规划建设在汲取前阶段村镇体系规划和新型农村社区布局规划经验教训基础上,显现出较为繁荣的发展态势。规划大多进行全面统筹编制,战略性、宏观性要强于之前;突出了分区分类指导、分布推进落实的原则,总体体现了规划的科学性及务实性;强调与村镇体系规划的衔接,突出了人口城镇化和产业分析的重要性,并将产业、村庄、土地、公共服务和生态规划五规合一思想贯穿始终,乡村规划开始相对理性地探讨乡村发展道路。乡村规划建设也积累了不少经验,典型案例包括江西赣州新农村建设,浙江"千村示范、万村整治"工程,海南省文明生态村建设,广东省村庄基层组织建设,山东省"百万农房建新房"工程,以及苏南乡村现代化实验等。

当然,全国的乡村振兴工作还在持续,乡村规划与建设也需要特别注意规划的实施控制、分类指导,如何深入践行"绿水青山就是金山银山"的乡村发展理念,如何注重产、村、人的有机融合,在保持经济发展的基础上全面改善农村的生态人居环境,将是未来的乡村规划亟须思考的重要议题。

2.2.2 国外乡村规划的发展历程

乡村是居民以农业为经济活动基本内容的一类聚落的总称,一般指从事农、林、牧、渔业为主的非都市地区,表现出农业、农村和农民的人文活动特征。同时,乡村与城市一样,也是具有自组织能力的复杂开放系统,城市化是"城"与"乡"自组织发展的阶段性特征,以实现城乡资源的整合共用为最终演化目的,其实质是城乡共有资源在三大产业之间、城乡之间的优化配置过程。在发达国家,乡村与城市之间的关系并不像中国2000年以前那样城乡之间泾渭分明、差距明显;其高质量的城乡关系源于20世纪30年代开始的城乡规划与建设。自这一时期开始,发达国家对传统农业进行了技术改造,完成了从传统农业向现代农业的转变,也形成了乡村规划与建设的五种不同发展模式和路径。

1. 日本——打破城乡行政界限的造村运动

以日本为代表的东亚地区乡村建设,其主要国情特征是人多地少,家族式的小规模农业精耕细作,农耕传统生产、生活方式根深蒂固。日本属于岛国,山地、丘陵占国土面积的 71%,耕地面积仅占 13.6%。第二次世界大战以来,日本农村发展发生了较大的转变,历经半个多世纪,基本完成了新农村规划建设工作。第二次世界大战后至 1975 年,日本经历了城市高速增长的"跃进"时期,同时导致大量农村青壮年人口单向度地由农村"流入"城市,乡村劳动力流失,产业萎缩,发展陷入困境,农村濒临瓦解的边缘。为此,日本政府实行了多轮新农村建设计划来缩小城乡差距,打破城乡壁垒,重塑乡村活力。1955—1975 年,日本政府的乡村发展计划侧重于优化农业产业结构,提高农产品质量及塑造品牌效应,对乡村传统产业进行现代化的改造和升级,从而满足城市的大量农产品需求,以加速城乡之间的经济流动。20 世纪 70 年代末,日本开始推行"造村运动"计划,与之前乡村发展规划不同的是,这次"造村运动"更强调综合化高效开发乡村资源,着重通过培育自有产业,培植乡土文化来激发乡村的自生动力,引导大量日本乡村展现其地方性魅力和独有优势,对后工业化时期日本乡村的振兴发展产生了深远影响,不仅优化了日本乡村的产业结构,也彻底提升了其市场竞争力和地方吸引力。最具代表性的是大分县知事平松守彦于 1979 年提出的"一村一品"运动,这是一种面向都市高品质、休闲化和多样性需求,自下而上的乡村资源综合开发实践。经过多年来的实践锤炼,日本的乡村建设计划已经自成体系,其主导逻辑认为,乡村的活化,首要任务是盘点自己的资源,只要针对一两项特色资源好好运用、发展,就可以让地方免于持续萧条,让乡村焕发活力。

在这场造村运动中,日本编制了从国家层面到县域层面再到村域层面的乡村规划,规划范围打破了行政壁垒,对乡村建设的推进起到了良好的促进和指导作用。在国家层面,日本编制了"五权综",长期关注国家广域发展和居民点体系建设。1970 年以来,针对全国范围过疏化地区的农村,连续制定 4 个 10 年期的《过疏地域措置法》,提高过疏地区的自立能力;针对大都市郊区,搭建轨道交通框架,增加基础设施和社会公共设施,鼓励城市森林和市民农园建设。在县域层面,由于日本实行农村地方自治制度,为集约利用土地,扩大社会公共设施覆盖层面和使用效益,明治维新以来已展开了三次大规模的市町村合并,特别是 2000 年后加快合并速度,采取"新设合并"和"编入合并"的形式,到 2007 年市町村总数减少 40% 以上。在村域层面,日本通过农地保有合理化法人、集落营农、农事组合法人等形式,推进农地规模化经营,并实施农业农村整备和灾害共济补偿。为了应对工业化进程中城乡发展差距扩大问题,从 1961 年起陆续通过《农业基本法》《农村地区引入工业促进法》《农业振兴地域整备法》《村落地域建设法》等法规,并建设示范工程,达到改善农村生活环境、缩小城乡差别的目的。

2. 德国——基于区域联合的乡村更新

德国农业发展水平位居世界前列。因其农业可耕地面积相对广阔,德国构筑了基于区域联合的"跨区域规划体系"。20 世纪 50 年代早期,德国的城镇化水平达到了 60%,开始制定"村庄更新"计划,其主要目标是加强乡村土地拥有结构的紧凑化不分散,从而更好地实现农业的现代化。农地整理成为这一时期的重要手段。20 世纪 70—80 年代,德国已经基本实现了农业的全面现代化,国家开始重新关注乡村基础设施的建设(如村内道路的布置和对外交通的合理规划),对村庄的原有物质空间形态和村中建筑进行有机更新,并着力保护村庄的生态环境和地方文化,强调村庄区别于城市的自有特色,并挖掘其发展潜力。20 世纪 90 年代后,德国的农村建设开始普遍植入可持续发展的理念,村庄的传统建筑更新要从保护区域和乡村本土特征的大局出发,按照生态环境的宏观格局要求,使村庄建设与周边自然环境协调统一;主张文化价值、旅游价值、休闲价值与经济价值合一,因地制宜地发展乡村经济,使村落社区能持续发展。如 1996 年在柏林城市边缘区的"柏林—勃兰登堡"区域公园的建设中,两个州联合建立了"空间规划部",其中 8 个区域公园之一的 Muggel-Spree 区域公园涉及奥德施普雷县的 17 个社区与柏林特雷普托—克佩尼克区的合作。

3. 英国——侧重环境保护的乡村建设

与其他国家相比,英国的乡村建设与规划更注重乡村环境的保护与可持续性。第二次世界大战后早期,英国的环境保护主要采用完善保护区类型和等级体系的方式,主流观念是抵制变化,最大限度地限制社会经济活动。随着乡村破碎化、生态廊道破坏、乡村整体生物多样性降低,自然保护区建设和农业农村现代化并行模式对生态环境保护的效果受到广泛质疑。20 世纪 60—70 年代,英国加大对自然景观地区的保护力度,制定严格的法律法规,颁布实施《英格兰和威尔士乡村保护法》;2000 年,出台"英格兰乡村发展计划",加强对土地、水、空气和土壤环境问题的监督管理。伦敦郡通过实施"绿带开发限制法案"等,减少对乡村环境和利益的损害,进行可持续的乡村设计。2004 年英国环境、食品与农村事务处(DEFRA)在《乡村战略》中提出政府对乡村政策的三个优先考虑:①经济与社会更新;②体现全面社会公正;③提高乡村价值。在英国,通过推行"集镇"(market town)政策,在潜力较大的乡村腹地,遵循"自给自足"和"均衡发展"两个原则来建设新市镇,为即将离开土地的农民提供就业机会。2007 年,英国执行欧盟的《2007—2013 乡村发展 7 年规划》,加强乡村环境保护,大力扶持乡村企业发展,创建有活力和特色的乡村社区。英国政府不仅十分注意生态保护和保持自然的原真性,规划建设若干生态保护区,加强对生态旅游资源的保护;同时,在乡村规划与建设中,英国政府还充分利用生态资源优势,培育生态经济理念,大力发展休闲农业和乡村旅游业,把乡村打造成景观农业与旅游农业相结合的都市"后花园",变生态资源为生态效益,从而不仅美化农民生活环境,并且提高了农民收入。英国乡村地区之所以能较为完好地保护其特色建筑、风土人情并使其可持续发展,与该国坚持环境保护、严格控制乡村开发建设息息相关。

4. 荷兰——贯彻"景观整治"的乡村营造

荷兰国土面积 42000 km²,全境为低地,1/5 土地属于围海造田。荷兰创造乡村景观的历史始于中世纪。那时,荷兰人就开始用高超巧妙的水土整治方法在原本荒芜的三角洲上塑造了美丽富饶的乡村景观。19 世纪末 20 世纪初,荷兰绝大部分的传统农耕景象已经由于农业生产方式的现代化而受到了较大的冲击。1924 年荷兰实行的"土地整治法案"(The Land Consolidation Act)为整体性重塑乡村提供了法律和政策保证。1938 年,荷兰调整了土地整治法案,改善水管理,优化土地划分并进行道路基础设施建设。第二次世界大战后,由于农村机械化、集约化、专业化的快速发展,田地由小尺度转换为大尺度划分,现代农场代替了小农庄,原本湿润多水的景象也被新的田地所取代。如何在都市化、农业现代化调整过程中保护周边乡村农地经营的规模化与完整性,成为当时荷兰乡村规划建设的关键课题。1954 年,以促进农业、园艺、林业及养殖业的生产力为目的的第三版土地整治法案通过,这一法案在解决第二次世界大战后粮食短缺问题的同时,允许预留出最多 5% 的土地服务于农业生产之外的其他目的,如自然保护、休闲娱乐、村庄改造等。接下来的 20 多年是荷兰乡村景观变化最为剧烈的时期。这一时期的乡村规划建设催生了荷兰风景园林的职业化,也培养出了一大批贯彻"景观整治"的乡村规划与营造的设计师,并塑造了荷兰乡村规划传统——大尺度的景观组织和结构性种植规划。乡村景观整治使得荷兰农业用地虽不足 30000 km²,却成为世界第三大农产品出口国。其中,面积150 km² 的瓦尔赫伦岛(Walcheren)规划因有效实现了农业生产和原先的土地结构达到平衡,并很好地组织景观以适应农业、住房和道路等要求,而被视为 20 世纪乡村景观规划的典型。

5．美国——"以城带乡"的统筹发展

与其他西方发达国家不同的是,美国乡村规划与建设采用的是"以城带乡"的统筹发展模式。美国是当今世界农业最发达的国家,也是世界上唯一的人均粮食年产量超过 1 吨的国家,是最大的粮食出口国。"以农立国"的传统和完备的农业支持保护体系,是促进美国农业持续、稳定发展的重要保障。美国工业发展就是从农业中的棉花种植业开始的,这也奠定了美国农业的基础性地位。

1914 年,美国农业就在很大程度上实现了种植专业化。农业产销实现"从田间到餐桌"的一体化。美国的农业体系被称作"农工综合企业",就业人数占全国劳动力的 17%,大大高于农业本身所能吸收的劳动力。工业反哺农业、城市拉动乡村成为美国独具一格的经济发展模式。第二次世界大战后,美国作为战胜国,虽没有遭受巨大的战争创伤,但也受到了一定的负面影响。为了尽量减少战争对国民经济的破坏,美国实施了分散化的城镇发展模式,这也就对乡村基础设施的建设提出了较高的要求。1954 年美国乡村基础设施水平已经大大高于战后的欧洲。20 世纪 60—70 年代,美国通过推进"示范城市"计划,在城市周围大量建设"新城或新镇",并鼓励城市居民向乡村迁移,发展小城镇来分散城市人口。20 世纪 70—80 年代,美国现代农业发展模式与工业化模式已经十分相像,甚至可以称为工业化的一个变种。"工业反哺农村,以城带乡"的乡村建设和发展模式已在美国普遍实现。因此,美国农业不仅未出现衰退现象,反而在解决粮食需求、提供原料和扩大国内市场方面为城市化奠定了基础,乃至于乡村建设也是在工业化的强劲推动下进行。20 世纪 80 年代,农业出现了土壤衰竭问题,造成农业生产力下降,美国开始推行一种可持续农业发展模式——"低投入可持续农业"(简称"LISA")来恢复生态系统。在同一阶段,政府鼓励私人房地产接手运作乡村建设,并对日渐衰退的城市中心给予公共财政补助。

多年来,美国乡村建设的健康可持续发展与其完善的规划管理体制息息相关。联邦政府负责统筹部署、规划引领和资金补助,同时一些基层组织和特殊部门自发地实际操作与建设也起到了关键的作用。迄今为止,以人为本、尊重居住者的生活需求一直是美国在乡村建设中的首要任务。当然美国的乡村规划与建设同样注重村庄自身特色的塑造及发扬当地历史文化和生活传统,从而使每个村庄具有自身的个性特征。

2.3　发达国家乡村规划与建设的特点

发达国家的乡村建设与乡村规划在国际上有很大的影响力和很高的公信力,认识发达国家乡村规划与建设的特征,可以为我国乡村规划研究提供一些有价值的国际经验,对我国乡村的建设发展方向,城乡规划的制定依据、目标及编制方法具有一定借鉴意义。

2.3.1　制度保障下的规划权威性

一些发达国家之所以能够在保持乡村特色的基础上延续乡村的活力,乡村规划与建设得到较好实施,与各国良好的政策制度支撑与保障有密切关系,与当地政府强化乡村地区规划管理,实行城乡一体规划管理模式,对乡村开发建设进行严格控制,保持乡村规划的权威性同样是息息相关的。美国乡村规划长期受到分区规划、宅基地规范,以及《清洁空气法》《清洁水法》《濒危物种法》等法规的约束,因而十分重视规划的权威性,规划一经批准,就不得随意更改。第二次世界大战后,英国颁布第一部《农业法》,大力发展种植业,强化对农业耕地的保护。20世纪六七十年代,英国加大对自然景观地区的保护力度,制定严格的法律法规,颁布实施《英格兰和威尔士乡村保护法》;2000年,英国出台"英格兰乡村发展计划",加强对土地、水、空气和土壤环境问题的监督管理。

除法制保障外,各国政府还积极倡导,在政策、资金、制度等各方面提供大力支持。在韩国的"新村运动"中,政府对农业项目发放政策性贷款。美国农业部采取多种措施改善乡村环境,如成立乡村发展中心,建立财政资助体系保障乡村的发展,重视财政资金项目的审核,将乡村公共设施、乡村住宅房屋、休闲设施等3大类19个子项目纳入"乡村发展财政资助计划",以促进乡村社区快速发展。美国还重视非政府组织和居民在乡村规划和建设中的作用,欧盟"领导+"地方社会团体联合会负责当地的乡村发展总体规划,统筹设计乡村发展支持项目,按照欧盟政策制度体系,负责管理实施规划项目,同时还让居民参与乡村管理,保护乡村生态环境。此外,一些国家为了强调乡村与城市在国土开发中的同等地位,还取消了城乡行政等级的上下隶属关系,将乡村规划置于国土规划和区域一体化发展的系统之下,使乡村的空间发展必须同所在区域的整体空间发展战略相结合,由此来保障乡村规划的权威性。例如,在德国,小型乡村社区与附近大城市的地方政府之间是平级而非上下级关系,《空间秩序法》中用"密集型空间"和"乡村型空间"对整个国土空间进行划分。在法国,无论是人口过百万的巴黎,还是乡村地区不足百人的居民点,均称为"市镇",都是最基本的行政单元。

2.3.2　实施保障下的规划落地性

为保障乡村规划的顺利实施,各发达国家的乡村规划始终把基础设施和公共服务设施建设作为重中之重,不仅建设优美适宜的生态居住环境,而且优先将学校、医院、图书馆、广场、公园等公共基础服务设施纳入规划建设。以美国为例,乡村社区普遍建有学校、医院、图书馆、博物馆、公园、教堂、运动场及商业区,还建有运动场,供居民休闲和锻炼。社区的基础设施能够满足居民的日常生活需要,保证"老人有去处,小孩有地方玩,闲人有地方看书"。如休斯敦市的伍德兰兹社区在当初开发建设时还是一片荒芜的私人森林,经过 30 多年的开发建设,总面积达 1092.65 hm²,总人口超过 6 万人,社区建有中小学校、医院、公园、广场、菜场、购物中心等,自然环境优美,受到居民的一致认可,被美国政府誉为模范社区。环境保护也是规划建设的重要内容,美国对乡村规划实行严格的功能分区制度,明确划分土地使用类别,农业区和居住区之间用公共空间走廊和主干道作为缓冲,用道路和景观区隔离商业功能区与居住区。

此外,2011 年,为保障乡村规划的顺利实施,英国进行机构改革,设立乡村政策办公室,其在发展基础设施、提供公共服务等方面拥有较宽松的自主决策权。这不但明确了政府与乡村各自的职能界限,而且能促使双方在各自职责范围内密切协作,从而最大化地发挥政府与乡村各自的效能,保障乡村规划的顺利实施。

2.3.3　产业保障下的规划可持续性

众所周知,当前即使许多发达国家推行了现代化大规模的农业生产模式,但农业的收入仍较低。例如,2001 年多伦多注册农场平均有 100 hm² 的农田,但是农户的纯收入只能达到多伦多都市区平均家庭收入的 59%。因此,为了保障乡村规划的可持续性,各发达国家高度重视当地乡村的产业规划。

从各国的发展经验看,各国在进行乡村产业规划时普遍从当地自然环境、资源禀赋、经济水平、制度环境、人文历史和发展机遇等方面加以考虑。如在小城镇增加工业或者服务业岗位,使小城镇不再仅具有"睡城"的功能。除此之外,政府着重促进乡村旅游业的发展。如墨尔本市为了提高绿色边缘区的社会和经济活力,围绕野生动物园开发"威尔比河流区域公园""西海岸公园开放空间步行道"和"海湾步行道",使城市居民可以便捷进入该旅游区。柏林市保留了 Muggel-Spree 区域公园中具有较高历史价值的古老的村庄和西多会教堂,建设了 142 km 的徒步和自行车旅行道项目,串联了 9 个社区,建设了 30 个服务点,带动了乡村旅游业的发展。尽管各国乡村规划产业发展的道路均各有特色,但尊重农民主体地位,发挥政府扶持功能,改善农民生活条件目标是一致的。

基于各国不同的国情、经济社会背景和国家发展条件等各种影响因素,以西欧、北美和东亚为代表的发达国家的乡村发展历程及乡村建设模式各不相同。各个国家乡村建设上并没有固定的发展模式和统一的时间表,若要走出一条合理的乡村建设道路,只能基于本国现状条件,借鉴他国经验,形成自身相对独特的乡村建设路径与模式。

2.4 我国乡村规划存在的问题

应该说,我国近几十年来的乡村规划建设成效显著。"村村通公路",一些边远山村开始走出大山,脱贫致富。规划使村落里的基础设施配套逐步完善,村民有了自己的文化休闲空间和健身设施,零散、凌乱的村民自建房行为也得到了很好的引导,垃圾收集、污水排放也更加规范,农村土地利用更加集约,村民生活的幸福指数明显提升。

同时我们也要承认,在前几年"大干快上"的乡村规划建设过程中,问题多多:传统的村落肌理与建筑风貌被外观千篇一律的"小洋楼"代替;许多村中的历史建(构)筑物(如古桥、古路、古民居等)遭到破坏;基本农田被建设用地随意占用成了普遍性问题;农村产业发展不景气,村庄规划无法实施,等等。究其原因,除了制度设计和村民观念意识的问题以外,也有我们乡村规划工作的方法和思路问题。突出表现在以下三个方面。

2.4.1 简单套用"规划城市"的办法来"规划乡村"

在一些地区,由于乡村规划"时间紧、任务重",规划师在没有深入了解村民的诉求,没有详细研究村落基本特性的情况下,更多地依赖主观判断,简单套用"规划城市"的手法和套路、视觉和审美来"规划乡村",这样自然会不可避免地出现规划与需求错位的现象,乡村的大拆大建、"兵营建设"等乱象自然应运而生。城市规划和乡村规划在问题导向、价值判断、执行主体、发展模式等方面都存在极大的差异,因此显然城市规划的编制方法是不符合乡村地区的实际建设管理需求的,甚至部分规划编制内容和乡村实际发展需求是完全脱节的。因此,乡村规划必须结合当地经济社会发展的实际情况编制规划和进行管理,使乡村获取自身的经济动力和制度保障,这样才能建设真正的"美丽乡村"。

2.4.2 尚未形成较为完整的"理论与实践结合"的乡村规划体系

当前,我国尚未形成较为完整的乡村规划体系。大部分乡村规划编制标准仍然沿用 20 世纪 80 年代—90 年代的研究成果,其早已不适用于当前的实际需求,部分建设标准甚至缺失,影响了乡村规划的总体编制水平;乡村规划体系建构不完整,缺乏上下衔接和整体统筹。此外,在宏观层面,村镇体系规划偏于原则性策略,对乡村规划的具体实施缺乏针对性引导;在微观层面,乡村规划建设又过于着重对村民住宅的建房干预,而对于村民实际生活、生产的诉求不够重视,这就导致村民在自建房时往往抑或“无视规划”,自行其是;抑或“少量突破”,积少成多后同样使规划成为一纸空文。

如何实现对村落物质空间营建的有效引导,如何引导、激发村民参与村庄规划建设过程,如何形成乡村规划实施的有效评估机制,将成为目前我国乡村规划需要解决的重要课题之一。

2.4.3 乡村规划的“实效性”需要进一步加强

乡村不同于城市,城市可以通过经营性土地出让来获得资金,以进行基础设施建设,进而引导土地开发和地块更新,形成良性循环。农村没有土地出让金,村庄的建设几乎完全依赖政府财政的支持,政府财力不够或者不持续直接影响规划实施的进程。然而就目前而言,我国乡村规划的“实效性”显然不尽如人意。大部分规划只能做到改善村庄的基础设施,然而在对乡村物质空间的营建和引导上收效甚微。2017年以来,中央及地方各级政府在乡村地区投入大量资金支持发展。财政部发布的《2018 年中央和地方预算草案的报告》明确提出将“乡村振兴战略”作为当年的财政收支政策重点之一。这些投入应如何在不同乡村地区统筹安排,分层划拨?此外,随着我国乡村振兴战略的实行,大量民间资本开始涌入乡村,那么怎样对这些社会资本进行引导和规范?另外,如何加强对乡村规划的实施和管理,如何提高村民的规划意识,如何避免村庄盲目布局等问题,都对乡村规划的“实效性”提出了更高的要求。

2.5 乡村规划发展的新方向

2.5.1 体系创新

构建完整的乡村规划法规、标准、编制体系。我国地域广阔,乡村数量巨大,为了使乡村都得到规划的有序引导,规划立法十分重要,也会成为乡村规划体系创新的首要基点。

此外,近年来,国内涌现出了一大批优秀的村庄规划编制案例,然而,在现有的条件下,这样的优秀规划很难在一般村落中普及。因此,可以通过规划编制体系改革创新,逐级分解“瘦身”村庄规划编制内容,以分类、分片、分级等技术手段,明确“县级—镇级—具体村庄规划”的规划体系,从而在规划中厘清村庄的经济产业方向,明确村庄的生态和文化保护措施,凸显乡村景观风貌特色意向,明确建设引导措施,并根据不同类型、不同层级村庄来进行公共服务配置和基础设施实用技术的方案选型。

2.5.2 技术创新

创新乡村规划编制技术。乡村规划应以村民为主体,着重规划的实施落地。因此,乡村规划的技术创新应该主要体现在以分类、分片、分级的基础设施配套优化,对规划成果的弹性管控、引导及动态数据分析上。可以说,将来我国乡村规划的技术创新会有十分广阔的前景与发展空间。

2.5.3 实施创新

乡村规划重在实施,规划的实施创新是重中之重。在规划的实施过程中,规划师可以有限介入,不断探索制度创新路径,搭建合理的体制机制框架,激发村民自主自觉性,并借助外来资金多元协同,渐进管控、分步推进,搭建规划实施的保障平台,从而实现外力与内力的有效合作,形成村庄的良性发展机制。

本章小结

《中华人民共和国城乡规划法》强调城乡统筹,前所未有地将"村庄规划"与"乡规划"纳入了城乡规划体系中,标志着我国步入了城乡统筹发展及城乡一体化的新时代。随着我国城乡关系的转型,我国的乡村规划已开始走上城乡统筹发展的道路。城乡关系的演进与乡村规划的发展历程息息相关,国内外乡村规划的发展历程都与其城乡关系的演进息息相关。本章总结了我国乡村规划经历的"城乡二元共存—城乡二元共争—城乡交融共生—城乡交融共荣"四个发展历程,对比发达国家乡村规划与建设的特点,梳理我国乡村规划存在的问题,探索乡村规划发展的新方向。

思考题

[1]简要说明城乡关系对乡村规划的影响。

[2]我国的乡村规划可以从国外的成功案例中吸取哪些经验?

[3]当前乡村规划面临的主要问题是什么?应该从哪几个方面来解决?

[4]如何理解我国城乡关系演进与乡村规划建设的互动关系?

第二篇
乡村规划内容与方法

第3章 乡村社会调查研究方法及规划应用

3.1 乡村社会调查概述

3.1.1 乡村社会调查的含义和特点

1. 乡村社会调查的含义

所谓社会调查,就是指人们有目的地通过对社会事物和社会现象进行考察、了解和判断、分析、研究,来认识社会事务和社会现象及其发展规律的一种自觉活动。社会调查是一种重要的社会学研究方法,我国著名社会学家风笑天认为,社会研究是"一种由社会学家、社会科学家以及其他一些寻求有关社会世界中各种问题的答案的人们所从事的一种研究类型"。可见,乡村社会调查就是研究者有目的地通过对乡村社会事物和社会现象的考察、了解和判断、分析、研究,认识乡村社会事物和社会现象及其发展规律的一种活动。乡村社会调查是乡村社会发展问题的一种科学方法。

2. 乡村社会调查的特点

乡村社会调查与城市社会调查相比,从调查地点、调查对象、现有资料等各方面来看都具有不同的特点。

第一,从调查地点看,乡村与城市不同。城市地域范围小,内部集中连片,而乡村具有较大的地域差异性,受自然条件影响显著。平原地区乡村发展速度快,气候条件较好,主要产业以农业为主;山区乡村发展气候条件较差,经济发展起步晚,部分地区以林业、牧业为主。因此,不同地区应采用不同的调查方法,不可生搬硬套,调查结果也不可随意推广。乡村社会调查地域差异性要求我们需要结合区域分析划分地域类型,对不同地域类型调查典型乡村,以得到区域内不同类型区的调查结果。

第二,从调查对象看,首先,乡村产业发展具有季节性,需要根据调查需求安排具体的调查实践;其次,乡村人口文化程度不一,对调查的理解力和配合程度要大大低于城市居民,如果以问卷调查和访问调查作为主要调查手段,则需要在提问的技巧上注意乡村居民的理解情况,甚至需要考虑当地方言的不同提法,部分乡村居民对外来者较为忌惮,敬而远之,加大了调研的难度;最后,乡村土地利用较城市土地利用更加复杂,面积更大,山区乡村地形复杂,调查难度大。因此,乡村社会调查与城市社会调查相比,任务艰巨,工作环境艰苦,需要调查人员提前做好相应准备工作,具有吃苦耐劳的精神。

第三,从现有资料看,资料不够丰富,统计资料少,乡村量大且工作人员文化素质普遍较低,长期以来政府对乡村统计工作重视程度不够,往往是抽样统计数据,工作人员需要的统计资料大部分需要实地调查获取,为乡村社会调查增加了难度。这要求乡村社会调查要做好充分准备,将需要的数据资料了解清楚,做好完备的调查方案。

3.1.2 乡村社会调查的任务和功能

1. 乡村社会调查的任务

乡村社会调查的基本任务是认识和解释乡村社会事物和社会现象,根本任务是发现乡村社会问题及发展变化的本质规律,进而达到解决问题,实现乡村社会发展的目的。社会调查的任务有描述现状、解释原因和提出对策三个层次。不同乡村社会调查根据其目的有不同的任务。

1) 描述现状

调查乡村社会发展现状,是对乡村社会问题进行深入研究的基础。例如,中国农村住户调查、全国农业普查等统计性调查,人口普查、土地利用现状调查等对乡村要素的普遍调查,为乡村规划编制而进行的乡村发展现状调查,还有以学术研究为目的的对乡村发展变迁的调查,如费孝通先生的《江村经济》等。现状调查需要搜集大量的资料,乡村社会具有复杂性和模糊性特点,需要将资料进行科学处理,去伪存真,分辨出相对客观可用的资料。

2) 解释原因

只是描述现状,还无法了解乡村社会发展问题的本质和基本规律,还需要在此基础上了解分析、乡村社会发展现状的原因,这也是乡村社会调查的理论任务。可对已有理论进行验证,也可归纳总结新的理论。要进行理论研究,必须掌握相关的理论知识,包括社会学理论知识和乡村发展、区域经济等理论知识,在此基础上确定乡村社会主题的相关要素,对要素进行现状和演变情况的调查,对乡村发展主体进行深度访谈和问卷调查,了解社会现象发展的脉络,依据理论原理进行分析。

3) 提出对策

部分乡村社会调查的根本目的在于解决问题,提出对策,是在现状调查和原因分析之后的实践任务。例如,编制"幸福美丽新村"规划,需要初步对村域范围内产业发展、用地类型、用地权属、农房建设、生产生活基础设施及灾害发生情况等内容进行现场踏勘,对乡镇干部、村干部和村民代表进行座谈,对村民代表进行问卷调查;重点针对产业发展、聚居点布局、农房建设、村容环境建设、配套设施建设等方面进行深入调查,征求村民和相关部门的意见;找出各方面存在的问题及村民关注的问题,在村域聚居点规模和布局、产业布局、公共服务设施、市政基础设施、生态环境保护等方面做出规划决策。

2. 乡村社会调查的功能

乡村社会调查的功能有多个层次,首先是服务于乡村发展相关政策实施的成效评估与政策制定的依据,其次是服务于乡村规划编制,再次是乡村规划中实现公众参与的重要途径,最后是乡村问题学术研究的主要手段,具体如下。

1）正确制定乡村发展政策的客观需要

乡村发展政策的制定是以乡村发展实际情况为基本依据的,而乡村发展实际情况需要进行乡村社会调查,只有在调查基础上,才能了解已有政策的优势和缺点,才能进行需求预测和科学决策。例如,国务院发展研究中心农村经济研究部对乡村社会展开了各种类型的调研活动,如针对全国的"中国民生调查",得出"应针对调查反映出的现实问题,着力拓展农民增收渠道,提高农村医疗和养老保险保障水平,改善农村人居环境,补齐农村民生短板,有力支撑乡村振兴战略的实施"的政策启示。

2）乡村规划编制的主要依据

编制乡村规划要进行大量资料搜集和现状调查,包括自然资源基础条件、社会经济、生态环境、产业发展等方面,需结合已有资料搜集、现场实地踏勘、深入访谈、问卷调查,并结合规划对象多方面的特点,进行综合论证,才可为规划设计提供科学依据。

3）乡村居民参与规划的重要途径

2008 年 1 月 1 日正式实施的《中华人民共和国城乡规划法》,将村庄规划纳入法定规划,确定了村庄规划的法律地位,并首次确立了城乡规划的公众参与机制,确立了制定规划时"政府组织、专家领衔、部门合作、公众参与"的原则,规定村庄规划在报送审批前,应当经村民会议或者村民代表会议讨论同意,强调了公众参与的重要性。例如,广州市从化区良口镇良平村村庄规划,前后采取了多次乡村社会调查,包括驻村摸底调研,其中包含文案资料收集、现场踩点勘察、抽样调查问卷、随机深度访谈等过程,规划座谈会包含村委班子座谈、焦点小组访谈等过程。

4）乡村发展问题研究的基本手段

"三农"问题一直以来是国家关注的重点社会问题,随着中共十九大乡村振兴发展战略的提出,乡村发展问题成为近年的研究热点。乡村地区统计资料少,问题复杂,需要进行大量的社会调查才能对问题进行详细了解。由于地域差异大,不同地区乡村发展问题则需要进行不同的调查内容和手段的设计。只有经过大量实地调查和深度访谈活动,才能对乡村发展问题进行深入研究。

3.2　乡村社会测量、社会指标、调查的一般程序

3.2.1　乡村社会测量

1. 乡村社会测量的概念

人们总是在用人体自身的各种器官去对外部世界进行测量:眼睛在测量物体的大小、颜色、形状、空间距离,耳朵在测量各种声音的高低、方向、含义,鼻子在测量各种气体的味道,皮肤在测量周围的温度。在社会研究中,人们也进行着另外一些形式

的测量。比如,用人口登记的方法测量一个国家或地区的人口数量和人口结构,用电话访问的方法测量人们对不同政党候选人的支持率,用填问卷的方法来测量大学生的择业倾向,等等。美国学者史蒂文斯认为,测量就是依据某种法则给物体安排数字。这一定义被许多社会科学研究人员采用。在此基础上,社会学者风笑天对测量给出如下含义:所谓测量,就是根据一定的法则,将某种物体或现象所具有的属性或特征用数字或符号表示出来的过程。测量的主要作用,在于确定一个特定分析单位的特定属性的类别或水平。它不仅可以对事物的属性做定量的说明(即确定特定属性的水平),同时,它也能对事物的属性做定性的说明(即确定特定属性的类别)。乡村社会测量,就是根据一定的法则,将乡村社会调查的某些乡村社会事务或社会现象的属性或特征,用数字或符号表达出来的过程。

2. 乡村社会测量的要素

为了更好地理解乡村社会测量的概念,有必要对乡村社会测量的要素进行说明,测量的要素一般包括四个部分:测量客体、测量内容、测量法则、测量数字和符号。

1)测量客体

测量客体,即测量的对象,是解决"测量谁"的问题。乡村社会测量客体是乡村社会调查所要测量的社会事务和社会现象本身。在乡村社会调查中,我们的调查对象可能是乡村发展中的主体,如乡村中的劳动力、人口等;也可能是乡村的具体事物,如建筑、土地等;还可能是乡村中的社会组织,如村集体经济组织、乡村企业、村合作组织等。

2)测量内容

测量内容,是测量客体的某种属性或特征,是解决"测量什么"的问题。乡村社会测量的内容是对乡村社会测量客体的某种属性或特征的测量。如乡村人口的性别、年龄、就业情况等,乡村土地的利用现状,村集体经济组织的运营情况等。

3)测量法则

测量法则,是数字和符号表达事物各种属性或特征的操作规则,是解决"如何进行测量"的问题。也可以说,它是某种具体的操作程序和区分不同特征和属性的标准。比如,"将电子秤放在水平的桌面,将读数调整为 0,将物品放于电子秤上,该读数为物品的重量",这句话就是使用电子秤测量物品重量的测量法则。比如在乡村社会测量过程中,对农户家庭人均纯收入进行测量,那么"计算农户家庭经营性收入、财产性收入、转移性收入,扣除家庭经营性支出,除以农户家庭户籍人口数",这句话就是测量农户家庭人均纯收入的测量法则。

4)测量数字和符号

测量数字和符号,用来表示社会测量的结果,是解决"如何表示"的问题。如果测量长度,可能是 120 cm;测量重量,可能是 60 kg。由此可见,有非常多的测量结果可用数字表示。在乡村社会测量中,也有许多测量结果是用数字来表示的。例如,乡村人口数量、人口密度、劳动力数量、土地利用面积、乡村人口的收入等。另外,有许多测量结果是用文字表述的。例如,文化程度的测量符号包括"小学以下、小学、初中、高中、大专及以上",婚姻状况的测量符号包括"未婚、已婚、离婚、丧偶"等。

3. 乡村社会测量的层次

史蒂文斯在 1951 年创立了被广泛采用的测量层次分类法,其将测量的层次分为四个层次,即定类测量、定序测量、定距测量和定比测量。四个测量层次由低到高分别是:定类测量、定序测量、定距测量、定比测量,层次越高,测量的精度越高,高层次测量包含低层次测量。

1) 定类测量

定类测量,又称类别测量,是采用分类的方法,将调查对象的某种属性和特征,用不同的类型区分开的一种测量。定类测量的数学特征是等于与不等于,或者属于与不属于。定类测量必须有两个以上的变量,如性别可能是"男性或女性";各变量之间应是互斥关系,例如,调查劳动力外出务工的地点,可能是"县内",可能是"省内",而"省内"包含"县内"这一类别,如果将"县内、省内、省外"作为测量符号,则会出现"县外省内"不知道算哪个选项的情况,所以应该为"县内、县外省内、省外";另外,定类测量应将所有类别穷尽,否则也会出现调查遇到某种情况无法进行的问题,如文化程度分为"小学、初中、高中、大专及以上","未上过小学"的情况就无法进行测量。定类测量是社会测量中最低层次的测量类型,它不能类比大小,也不可按顺序排列,适合定类测量的统计方法主要有比例、百分比、X2 检验和列联相关系数等。

2) 定序测量

定序测量,又称顺序测量或等级测量,是指按照某种逻辑顺序对测量对象排列出高低或大小,确定其等级及次序。采用定序测量可对测量对象的属性或特征,按照某种标准区分为不同的强度、等级及次序。例如,测量城市的规模,可以划分为特大城市、大城市、中等城市、小城市等,这是由大到小的序列;测量文化程度,可划分为文盲、小学、初中、高中、大专及以上,这是由低到高的等级序列。

定序测量包含定类测量,它也将调查对象划分了类型,但在定类测量基础上,增加了顺序的特征。而这种顺序排列,是由调查对象本身固有的属性和特征决定的。但定序测量的各个类别之间没有明确的度量单位,不能够进行代数运算,不能确定各个类别间大小、高低和优劣的具体数值。在实际乡村社会调查过程中,往往将定序测量的结果转化为大小不等的数字。例如,文化程度测量符号可以表示为"小学以下=0、小学=1、初中=2、高中=3、大专及以上=4",其中的数字可表达文化程度的水平,数字越大,表示文化程度水平越高,也可用于某些模型计算。这些研究者认为,由于这样的变量在测量尺度上的取值基本上是均等划分的,即"初中"与"高中"之间的差距,基本上等同于"高中"与"大专及以上"的差距,因此,可以将这种类型的定序测量作为定距测量对待,以便可以运用更多复杂的统计方法。但应该注意的是,这种处理方法只有在有充分的理由确认测量尺度取值的划分是基本等距的时候才可使用。适合定序测量的统计方法主要有中位数、四分位数、等级相关和非参数检验等。

3）定距测量

定距测量,也称等距测量或区间测量。它不仅可以测量社会现象或事物的类别、等级,还可以确定它们之间的间隔距离和数量差别。例如,人的年龄、人口数量等,不仅可以说明哪一类别的等级较高,还能说明这一等级比那一等级高出多少单位。定距测量的结果可以进行加减运算。例如,A村人口数量为3000人,B村人口数量为2500人,则A村比B村多500人。但等距测量的数量只可进行加减运算,不可进行乘除运算。例如温度,A市的温度是30 ℃,B市的温度是15 ℃,可以说A市温度比B市温度高15 ℃,但是不能说A市温度是B市温度的2倍。适合定距测量的统计方法有算数平均值、方差、积差相关、复相关、参数检验等。

4）定比测量

定比测量,也称等比测量或比例测量,是指对测量对象之间的比例或比率关系的测量。定比测量除了具有以上三种测量的特征之外,还具有一个绝对的零点,这一点与定距测量不同。例如,测量温度时,0 ℃不代表绝对的0值。而在定比测量中,对人们的收入、年龄、出生率、离婚率、城市人口密度等所进行的测量,具有绝对0值。定比测量的结果既可以进行加减运算,还可以进行乘除运算。例如,测得张三的年龄是36,李四的年龄是18,可以说张三的年龄是李四的两倍。是否有实际意义零点的存在,是定比测量和定距测量的唯一区别。定比测量各种统计方法都可以使用。

5）测量层次转化与数学特征

社会测量四个层次由低到高逐渐上升,高层次测量具有低层次测量的所有功能,低层次测量的内容高层次测量都可以包含在内,同时,高层次测量的结果还可以转化为低层次测量的结果处理。例如,定序测量的结果可以当作定类测量的结果使用,同时定距测量具有定序测量的排序功能和定类测量的分类功能;但反过来,定类测量的结果不可转化为更高层次的测量结果。测量层次的这种转化特征,要求我们在进行社会调查时,尽量能够采用高层次的测量方法,能够用定比测量或定距测量的,就不要只用定类测量或定序测量。为进一步清楚说明四种测量的差别和关系,我们将四者的数学特性总结在表3-1中。

表 3-1　四种社会测量的数学特性

名称	类别区分 ($=$、$\neq$)	次序区分 ($>$、$<$)	距离区分 ($+$、$-$)	比例区分 ($\times$、$\div$)	统计方法
定类测量	有	—	—	—	比例、百分比、X2检验、列联相关系数等
定序测量	有	有	—	—	中位数、四分位数、等级相关、非参数检验等
定距测量	有	有	有	—	算数平均值、方差、积差相关、复相关、参数检验等

续表

名称	类别区分 （＝、≠）	次序区分 （＞、＜）	距离区分 （＋、－）	比例区分 （×、÷）	统计方法
定比测量	有	有	有	有	算数平均值、方差、积差相关、复相关、 参数检验、几何平均数等

参考资料：①吴增基等.现代社会调查方法.上海：上海人民出版社,2003,P74。
②风笑天.社会研究方法(第四版).北京：中国人民大学出版社,2013,P84。

3.2.2　乡村社会指标

1. 乡村社会指标概述

1）乡村社会指标的概念

所谓社会指标，是指反映社会事务或社会现象的质量、数量、类别、状态、等级、程度等客观特性，以及社会成员的感受、愿望、倾向、态度、评价等主观状态的项目。社会研究中的一切社会事务和社会现象都可以用社会指标来反映。乡村社会指标，是反映乡村社会事务和社会现象的指标。例如，乡村人口、乡村人均纯收入、乡村农业生产总值、乡村耕地面积等客观社会指标，还有农户对居住条件的满意度、乡村人口进入城市生活的愿望等主观指标。

2）乡村社会指标的特点

乡村社会指标具有如下特点。

（1）代表性和重要性

乡村社会指标必须是反映乡村社会调查主题的重要指标，具有主要代表性。例如，调查乡村土地利用情况，其代表性指标包括耕地面积、农村居民点面积、各类作物种植面积、土地流转情况等；调查农户务工情况，就要调查农户务工的区位、务工的时间、农户的个人特征等。

（2）可度量性或计量性

乡村社会指标必须是可以用数字或符号进行表示和度量的项目。例如，乡村农业总产值可以用统计数据度量，乡村劳动力比例可以直接计算，对乡村人居环境满意度可以用很满意、基本满意、无所谓、不满意、很不满意等文字或符号来度量或界定。

（3）可感知性或具体性

乡村社会指标必须是具体的、可以直接感知到的项目，指标要可以使被调查者能够描述出来。例如，询问被调查者"乡村社会经济发展状况""您对乡村规划有什么想法"，是一个无法具体回答的问题；而询问"乡村农业总产值""您是否愿意参与乡村规划设计过程"，则可以得到一个明确的答案。

（4）时间性

乡村社会指标必须是具有明确规定的项目。例如，乡村人口数量、某县城镇化率、某家庭人均纯收入，如果不规定是某个年份或时间段，则无法进行调查。而对于乡村某个方面的满意度(如对乡村社区居住环境的满意度),则应明确是在某个阶段。例如,新村建设后对乡村社区居住环境的满意度如何,甚至可以将不同阶段进行对比。

3)乡村社会指标的类型

按照不同的分类方法,乡村社会指标可分为不同类型,其中比较重要的有以下几种。

(1)描述性指标和评价性指标

描述性指标指反映乡村社会现象实际情况的指标,如村人均纯收入、乡村劳动力数量等可直接反映某项特征的指标。评价性指标又称分析性指标或诊断性指标,是反映乡村社会发展在某些方面的发展程度或水平的指标。例如,乡村非农劳动力占总劳动力比重反映乡村劳动力非农就业的水平,恩格尔系数反映乡村人口生活水平等。

(2)客观指标和主观指标

客观指标是指反映客观社会现象的指标,如乡村人口数量、乡村劳动力数量等可以直接度量的项目;主观指标指人们对客观社会现象的主观感受、愿望、态度、评价等心理状态的指标,如乡村人居环境满意度、卫生设施满意度等。

4)乡村社会指标的功能

乡村社会指标反映乡村社会事务和社会现象,具有如下多种功能。

(1)反映功能

乡村社会指标对乡村社会事务和社会现象的反映功能是其最基本的功能。它具有较强的选择性和浓缩性,以有限的社会指标来反映复杂的社会现象。例如,我们可以用农村人均纯收入来代表农村人民生活水平。

(2)监测功能

乡村社会指标的动态功能是指其对社会现象动态变化的反映,是反映功能的延伸,可以实现对社会计划、社会目标执行情况的监测。例如,通过查看农村人均纯收入的变化来反映农村人民生活水平的变化,对农民增收实施情况也进行了有效监测。

(3)比较功能

当乡村社会指标用来反映两个或两个以上对象的时候,它就具备了比较功能。比较功能可以是横向的不同社会对象的比较,也可以是纵向的相同社会对象不同时间的比较。横向比较用于评价不同社会对象的差异性,纵向比较用于评价相同社会对象的发展趋势。例如,评价乡村人居环境,横向比较可以评价同一时间点不同村庄的人居环境状况,用于研究人居环境受不同村庄属性特征影响;纵向比较则可以评价同一村庄不同年份的人居环境变化,用于研究人居环境受某种政策措施的影响。

(4)评价功能

乡村社会指标的评价功能是指对乡村社会现象的客观状态作出评价,对前因后果作出解释,对利弊得失作出判断,其是乡村社会指标的核心功能,是对反映功能、监测功能和比较功能的深化。反映、监测、比较功能只能说明社会现象的状态,只有对状态进行评价,才能客观评价它们的客观状态,才能对前因后果进行解释,才能对利弊得失作出判断。例如,采用"村域道路硬化率"等指标评价乡村基础设施状况,采用"有幼儿园、托儿所的村比重"等指标评价乡村公共服务设施状况,从而反映乡村人居环境。

(5) 预测功能

乡村社会指标的预测功能是在评价功能的基础上,对乡村社会现象或项目未来的发展趋势进行预先测算。例如,构建农村发展态势评价指标体系,评价乡村发展态势;用驱动力模型测算主要驱动因子,通过驱动因子来预测乡村未来发展态势。

(6) 计划功能

乡村社会指标的计划功能是建立在预测功能基础之上的,是根据预测结果对相关主题未来工作或对策作出具体安排和部署。例如,根据乡村未来发展态势预测及关键驱动因子的分析,通过调节关键驱动因子去改变乡村未来发展态势。

2. 乡村社会指标体系

1) 乡村社会指标体系的概念

乡村社会指标体系是指根据一定目的、一定理论所设计出来的,能够综合反映该乡村社会主体的,具有科学性、代表性、系统性和可行性等特点的一组社会指标。例如,中国科学院地理科学与资源研究所刘彦随研究员在《中国新农村建设地理论》一书中,构建农村发展状况评价指标体系(见表 3-2)。

表 3-2　农村发展状况评价指标体系

准则层	指标层	指标计算
农业生产	农产品产出水平	粮食总产量/区域总人口
		肉类总产量/区域总人口
	农业机械化水平	农业机械总动力/区域耕地面积
	农业劳动生产率	农业总产值/农业从业人员数
农村经济	经济发展水平	地区生产总值/区域总人口
	产值非农化程度	二、三产业产值/地区生产总值
	就业非农化程度	乡村非农就业人数/乡村从业人数
	财政收入水平	财政预算收入/区域总人口
农民生活	农民收入水平	农村居民人均纯收入
	居民储蓄水平	城乡居民储蓄存款余额/区域总人口
	居民消费水平	社会消费品零售总额/区域总人口
	社会保障程度	万人拥有的卫生机构床位数
		万人拥有的福利床位数

续表

准则层	指标层	指标计算
区域基础	交通便利度	交通用地面积/区域土地总面积
	耕地资源禀赋	耕地面积/区域总人口
	农村劳动力密度	农村劳动力/区域土地总面积
	信息化程度	固定电话户数/总户数
	森林覆盖度	林地面积/区域土地总面积

2）乡村社会指标体系的特点

（1）代表性

乡村社会指标体系必须选择那些最具有代表性的重要指标。例如，农业生产本是农村经济的一部分，但农业生产是绝大部分乡村发展的根本动力，因此，将农业生产作为乡村发展的重要准则层，而产出水平代表农业生产的经济效益，机械化水平和劳动力生产率则代表农业生产现代化水平，都是具有代表性的指标。

（2）目的性

乡村社会指标体系必须有一定的目的，要为一定的社会需要服务。例如，表 3-2 中的指标体系是为评价中国乡村发展状况而构建的。

（3）科学性

乡村社会指标体系必须符合客观实际，符合有关科学原理。例如，恩格尔系数（食品支出占生活消费品支出的比重）这个指标是德国社会学家、经济学家恩格尔研究并提出的，这一系数是被实践证明了的根据科学理论设计的。如果这一系数被修改为食品支出占总支出的比重或粮食支出占生活消费品支出的比重，就缺乏科学理论依据。

（4）理论性

乡村社会指标体系必须以一定的理论作为指导。农村发展状态及其发展趋势的差异是区域自然资源禀赋、经济地理基础和社会文化环境等诸多因子共同作用的结果。因此在选择代表农村发展状态的指标体系时，必须考虑对其有直接影响的指标。

（5）系统性

乡村社会指标体系必须使各个社会指标之间具有内在联系，并形成一个完整系统。例如，表 3-2 的指标体系就有三个层次，第一个层次是反映农村发展状态的大的因子，共有四个方面，第二个层次则是具体反映四个大的因子的四组指标，它们是反映四个方面的具体数据，因子之间、指标之间都是相互联系的。

（6）可行性

设计乡村社会指标体系，必须要考虑是否可以获取连续的、具有较高权威性的统计数据，如各国际组织、各国的统计年鉴数据和统计公报数据等。

3) 乡村社会指标体系的评价

(1) 乡村社会指标体系的评价方法

乡村社会指标体系中的各个指标反映了不同的项目,计量单位存在差异,因此基于乡村社会指标体系的评价结果不可能简单地将各指标值进行相加,必须进行综合评价。常用的综合评价方法如下。

①综合评分法,即在调查每个指标数据的基础上,先确定各个指标的权属和评分标准,然后计算出各个指标的得分和各个子系统指标的合计分,最后再计算出社会指标体系全部指标的总计分。

②分类法,指根据一个国家或地区的经济、社会发展状况进行分类评价的方法。

③对比法,就是通过对评价对象的经济、社会发展情况与一定标准进行对比评价的方法。

(2) 东部沿海地区农村发展区域差异格局及演进态势

①搜集资料。本研究选取 2000 年、2004 年和 2008 年为时间点,以县域(不包含市辖区)为基本单元,以 2008 年东部沿海地区的各省市行政区划为基准,形成 489 个评价单元,社会经济数据来源于《中国县(市)社会经济统计年鉴》《中国区域经济统计年鉴》,以及中国自然资源数据库(http://www.data.ac.cn),部分数据参阅各地区相关年度统计年鉴,土地利用数据来源于各地区相关年度土地利用变更调查数据。

②权重构建。常用的权重确定方法有三种:第一种是主观赋权法,由专家学者根据经验主观判断而获得,如古林法、德尔菲法、层次分析法等;第二种是客观赋权法,由基于原始数据运用统计方法计算获得,如灰色关联分析法、均方差法、主成分分析法、熵权法等;第三种是均等赋值法,即对各个因子赋予相同的权重。本研究采用主观赋权法中的德尔菲法和客观赋权法中的熵权法相结合,取二者平均值作为各指标的最终权重,实现决策者主观判断与待评价对象信息的有机结合。计算结果如表3-3所示。

表 3-3　农村发展状态评价权重计算结果

准则层	指标层	指标计算	权重		
			德尔菲法	熵权法	均值
农业生产	农产品产出水平	粮食总产量/区域总人口	0.052	0.037	0.045
		肉类总产量/区域总人口	0.044	0.048	0.046
	农业机械化水平	农业机械总动力/区域耕地面积	0.054	0.065	0.060
	农业劳动生产率	农业总产值/农业从业人员数	0.070	0.094	0.082
农村经济	经济发展水平	地区生产总值/区域总人口	0.081	0.094	0.088
	产值非农化程度	二、三产业产值/地区生产总值	0.077	0.007	0.042
	就业非农化程度	乡村非农就业人数/乡村从业人数	0.083	0.018	0.051
	财政收入水平	财政预算收入/区域总人口	0.056	0.021	0.039

续表

准则层	指标层	指标计算	权重		
			德尔菲法	熵权法	均值
农民生活	农民收入水平	农村居民人均纯收入	0.105	0.043	0.074
	居民储蓄水平	城乡居民储蓄存款余额/区域总人口	0.046	0.083	0.065
	居民消费水平	社会消费品零售总额/区域总人口	0.051	0.083	0.067
	社会保障程度	万人拥有的卫生机构床位数	0.040	0.033	0.037
		万人拥有的福利床位数	0.029	0.097	0.063
区域基础	交通便利度	交通用地面积/区域土地总面积	0.045	0.068	0.057
	耕地资源禀赋	耕地面积/区域总人口	0.046	0.041	0.044
	农村劳动力密度	农村劳动力/区域土地总面积	0.040	0.064	0.052
	信息化程度	固定电话户数/总户数	0.044	0.054	0.049
	森林覆盖度	林地面积/区域土地总面积	0.039	0.050	0.045

③采用多因素综合评价法进行评价。按照全区平均水平的120%、100%、80%，将研究区划分为四类，Ⅰ类为农村发达地区，Ⅱ类为农村较发达地区，Ⅲ类为农村中等发达地区，Ⅳ类为农村欠发达地区。

④评价结果。从各年发展状态看，2000年中国东部沿海地区农村发展普遍比较落后，主要集中在Ⅲ类和Ⅳ类；2004年在各项区域发展政策引导下，东部沿海地区农村取得了快速发展，并且表现出明显的区域差异规律性，区域农村发展的总体格局基本形成；2008年工业化与城市化进程进一步加快，成为区域农村发展的重要驱动力量，国家高度重视农业与农村发展问题，可持续发展战略深入落实，各种农业发展优惠政策相继出台，农村社会经济取得了较快发展。

从农村发展动态变化看，2000—2004年，该阶段农村主要处于缓慢发展和稳定发展状态，其中约50%的地区处于缓慢发展阶段，18个县域出现倒退发展的现象。2004—2008年，我国总体上进入"城市支持农村、工业反哺农业"的一个调整城乡关系的全面改革阶段。党的十六届五中全会以来，按照建设社会主义新农村的目标，全国各地积极推进新农村建设典型示范，农村改革的内涵进一步集中在基础设施建设、统筹城乡就业和社会保障等重要领域，国家积极推进一些惠农政策。在此背景下，区域农村发展速度明显加快，农村发展差异也日益显著。

从农村发展差异性看，21世纪以来区域农村发展差异正在逐步拉大。借助良好的区位条件、有力的工业化与城市化外部环境，以及实力较强的农村自我创新发展能力，长江三角洲地区、京津唐地区、胶东地区、珠江三角洲部分地区等成为农村经济发展的发达地区。自然条件较差，地处偏远，远离大城市的辐射带动，缺乏发展农村非农产业的有利环境，农业生产现代化水平较低，加之农村劳动力资源流失仍在不断加速，致使冀北部山区、鲁南山区、闽西北山区、粤西山区及海南等地区农村社会经济发展较为缓慢,成为东部沿海发达地区中相对落后乃至贫困的地区。

3. 乡村主观社会指标

1) 乡村主观社会指标的分类

乡村主观社会指标的测量,是社会测量与自然测量的差别,是乡村社会测量的重点和难点。从反映心理状态的层次看,乡村主观社会指标一般情况下可划分为以下五类。

(1) 情绪或感情指标

情绪或感情指标是人们对现实生活状况的心境或喜怒哀乐等心理状态的直接反映,如"农户对乡村居住环境是否满意"等。

(2) 意向或期望指标

意向或期望指标是人们对未来的向往、意愿或预期,是对现状满意与否的另一种反映,如"农户是否希望到城镇居住"等。

(3) 行为倾向指标

行为倾向指标是人们对可能出现的事务或现象作出反应的一项,是人们的内在感情或意象的具体表现,如"农户是否愿意进行土地流转""是否愿意种植粮食"等。

(4) 评价或判断指标

评价或判断指标是人们对客观社会现象或方针政策、理论观点、主观看法等所作出的带有理性色彩的评论,如"农户是否同意村内发展乡村旅游"等。

(5) 价值观念指标

价值观念具有抽象性、系统性和综合性的特点,很难直接测量,可通过一些具体的问题间接测量,如"乡村规划应主要体现哪些原则"等。

2) 主观社会指标的测量

主观社会指标测量可通过观察人的行为、测试人的反应或生理变化,以及自我回忆或报告等。其中在实际调查中使用比较广泛有效的是填问答卷、量表等测量方法。测量工具一般反映两个方面的内容:一是心理状态的方向,如喜欢和不喜欢、满意和不满意等;二是心理状态的等级或程度,如非常喜欢、比较喜欢、无所谓、不太喜欢、很不喜欢等。

常用的量表有李克特量表、社会距离量表、语义差异量表等。

(1) 李克特量表

李克特量表是1932年由美国社会心理学家李克特提出并使用的,又被称为总加量表或总合评量,是最简单、使用最广泛的量表,主要用于人们对某一事物或某一现象的看法或态度等进行社会测量。根据可供选择数量的不同,李克特量表分为两项式和多项式。

例如,调查农户对乡村人居环境的满意度,可分为满意与不满意(见表3-4),满意计1分,不满意则计0分,加总后计算乡村人居环境总体满意度,此为两项式李克特量表;为更加精确地测量乡村人居环境满意度,将满意度分为非常不满意、较不满意、一般、满意、非常满意五项(见表 3-5),其分数分别为 1、2、3、4、5 分,加总后计算乡村人居环境总体满意度,此为多项式李克特量表。

表 3-4　两项式李克特量表

评价对象	满意	不满意
自然生态环境	1	0
农村基础设施	1	0
房屋建筑设计	1	0
社会关系和服务	1	0

表 3-5　多项式李克特量表

评价对象	非常不满意	较不满意	一般	满意	非常满意
自然生态环境	1	2	3	4	5
农村基础设施	1	2	3	4	5
房屋建筑设计	1	2	3	4	5
社会关系和服务	1	2	3	4	5

对于李克特量表的计算结果分析,将每个被调查者对于不同指标的分数加总即可得到该调查者对该问题的社会意向;同时还可反映对该主题某一方面的社会意向,将全体被调查者对某一方面的问题所得分数加总后除以被调查人数,即可得出被调查者对某一问题的社会意向。李克特量表的优点在于容易设计、适用范围广,可以用来测量一些其他量表不能测量的某些多维度的复杂概念,回答者也能够方便地表明自己的观点。李克特量表的主要缺点在于相同得分者可能具有不同的个人理解和个人形态,无法进一步描述他们的态度结构。

(2)社会距离量表

社会距离量表又叫鲍格达斯社会距离量表,主要用来测量人们相互之间交往的程度,相关关系的程度,或者对某一群体所持的态度及所保持的距离。社会距离量表的每一个指标都是建立在上一个指标之上的,它的优点在于极大地浓缩了数据,也可以推广应用到其他概念的测量上去,比较经济实用。

(3)语义差异量表

语义差异量表又叫作语义分化量表,主要用来测量概念本身对于不同的人所具有的不同含义,被广泛用于文化的比较研究、个体及群体间差异的比较研究、人们对周围环境或事物的态度和看法等。语义差异量表以形容词的正反意义为基础,包含一系列的形容词和它们的反义词,每个形容词和反义词之间有 7~11 个区间,我们对观念、事物或人的感觉可以通过我们所选择的两个相反的形容词之间的区间反映出来(见表 3-6)。语义差异量表的缺点在于,其询问比较模糊,程度上的差异很难把握;但是在形成一个总体差异量表的测量方法仍然是有效的,因为通过求得被调查者回答的平均数,能够中和一些偏见与极端的看法。作为平均倾向,使用语义差异量表可以比较有效地对各种群体进行比较。

表 3-6 语义差异量表

评价对象								
自然生态环境	优美的	7	6	5	4	3	2	1	恶劣的
农村基础设施	完善的	7	6	5	4	3	2	1	缺失的
房屋建筑设计	满意的	7	6	5	4	3	2	1	不满意
社会关系和服务	完善的	7	6	5	4	3	2	1	缺失的

3.2.3 乡村社会调查的一般程序

与一般的社会调查差异不大,乡村社会调查根据其任务和过程的先后顺序,也分为四个阶段:准备阶段、调查阶段、研究阶段和总结阶段。

1. 准备阶段

准备阶段是乡村社会调查的基础阶段和决策阶段,是整个调查工作最基础和最重要的部分。其主要任务包括:选择调查研究课题,进行初步探索,提出研究假设,设计调查方案,组建调查队伍等。其中,选择调查研究课题是解决"调查什么"的问题,其决定社会调查的方向和价值,是做好乡村社会调查的重要前提;初步探索是选好调查课题后进行的,它为调查课题提供调查的重点和起点,为设计调查方案提供客观依据,是做好社会调查的必要步骤;提出研究假设是以探索现象间的因果关系为目的的解释性课题必须要做的步骤,是解决调查课题的向导和指南,该类课题最终的结论之一就是论证该研究假设是否成立;设计调查方案是解决"怎么调查"的问题,需要对整个调查过程进行科学规划,是准备阶段的核心步骤;组建调查队伍是解决"谁来调查"的问题,组建一支高素质、高效率的调查队伍,是社会调查顺利进行的组织保证。

2. 调查阶段

调查阶段是根据调查方案设计的内容,开展具体调查工作的阶段,是收集资料的过程。在调查阶段,需要做好外部协调工作和内部管理工作。外部协调工作是针对调查对象来说的,乡村社会调查对象大多数情况下是村干部和农户,需要与调查对象做好充分的沟通协调:一是与地方政府做好沟通,寻求帮助协调组织;二是与调查对象做好沟通工作,请求对方尽力配合调查。内部管理工作是调查过程中调查人员之间的协调:一是团结合作,保证按照计划执行调查方案;二是调查中遇到问题能够及时解决,甚至调整调查方案。

3. 研究阶段

研究阶段是对调查阶段成果的审查、整理、统计、分析的过程,是对调查阶段的深化和提升,是从感性认识上升到理性认识的过程,包括整理调查资料、统计分析、理论分析等过程。整理调查资料是对调查阶段搜集到的资料进行审查、整理的过程,是提高调查资料使用价值的必要步骤;统计分析是根据调查的目的,提取调查中所获取的数据并进行统计学的计算和分析,揭示调查变量及变量之间的数学统计特征的过程,是研究阶段的重要内容;理论分析是解决"为什么"的问题,是借助理论思维,对社会调查过程中所获得的材料和数据进行加工制作,通过各种理论分析方法,对提出的研究假设进行分析,包括定性分析和定量分析。

4. 总结阶段

总结阶段是乡村社会调查的最后一个阶段,是形成调查成果的阶段,其主要任务包括撰写调查报告和总结社会调查工作。撰写调查报告是将乡村社会调查的结果有目的、有结构地表达出来,是乡村社会调查的重要成果。总结社会调查工作则是对整个乡村社会调查过程,包括准备阶段、调查阶段、研究阶段和总结阶段各个过程当中的经验进行总结,对遇到的问题进行反思,形成总结报告,作为下次类似的社会调查的参考。

3.3 乡村社会调查的主要方法

3.3.1 文献调查法

文献调查法是搜集各种文献资料、摘取有用信息、研究有关内容的方法。文献调查法的作用在于了解和调查与课题相关的各种认识、理论观点和调研方法等,通过了解相关已有调查成果,了解和学习相关方针、政策及法律法规,了解调查对象的历史和现状,保证调研工作顺利进行。

3.3.2 访问调查法

访问调查法又称"访谈法",是访问者有计划地通过口头交谈等方式,直接向被调查者了解有关社会调查问题或探讨相关乡村社会问题的社会调查方法。访问调查法根据内容可划分为结构式访问和非结构式访问。集体访谈法是通过召开会议的形式进行集体座谈和开展社会调查的一种方法,是访问调查法的一种类型。

3.3.3 问卷调查法

问卷调查法,又称问卷法。问卷是指社会组织为一定的调查研究目的而统一设计的、具有一定结构和标准化问题的表格,它是社会调查中用来收集资料的一种工具。问卷调查法是调查者使用统一设计的问卷,向被选取的调查对象了解情况,或征询意见的调查方法。

3.3.4 实地观察法

实地观察法是根据研究课题需要,调查者有目的、有规划地运用自己的感觉器官,如眼睛、耳朵等,或借助科学观察工具,直接考察研究对象,能动地了解处于自然状态下的社会现象的方法。实地观察法在乡村规划调查中又称为现场踏勘法。

3.4　乡村规划与社会调查

3.4.1　乡村规划与社会调查的关系

1. 社会调查是乡村规划的本质要求

调查研究是乡村规划采取的一项基本方法,只有通过准确、翔实的社会调查,摸清乡村自然和社会经济发展现状及需求的内容,才能为科学进行乡村规划提供前提、依据和保证。同时,乡村规划社会调查实践也是乡村规划理论和乡村规划实践之间的桥梁,通过乡村规划社会调查,广泛影响和推动着乡村规划理论不断发展,乡村规划理论通过社会调查的方法进行完善,并指导乡村规划实践的具体工作,三者是相互促进和相互影响的。

2. 社会调查是满足乡村规划新要求的需要

在国土空间规划体系重建的背景下,乡村规划也发生了相应的变化。中央农办、农业农村部、自然资源部、国家发展改革委、财政部联合发布的《关于统筹推进村庄规划工作的意见》明确了乡村规划工作的总体要求:乡村规划要以多样化为美,突出地方特点、文化特色和时代特征,防止"千村一面";因地制宜,详略得当规划村庄发展,做到与当地经济水平和群众需要相适应;坚持保护建设并重,防止调减耕地和永久基本农田面积、破坏乡村生态环境、毁坏历史文化景观;发挥农民主体作用,充分尊重村民的知情权、决策权、监督权,打造各具特色、不同风格的美丽村庄。这就要求我们加强社会调查,了解当地地方特点、文化特色,当地经济水平,调查当地生态环境与历史文化景观及村民需求,在调查现实基础上,因地制宜,制定发展规划。

3. 社会调查在乡村规划中的作用

社会调查的目的和根本任务是揭示事物的真相和发展变化的规律性,进而寻求改造社会的途径和方法,包括客观地描述社会事实,科学地解释社会事实和对策研究。乡村规划的编制、实施和管理,离不开对乡村现状和未来趋势的了解和把握。乡村规划要求在村域人口、经济发展、社会事业、土地利用等方面深入开展调查研究工作,全面收集基础数据,准确判断乡村规划需要解决的主要问题,根据上位规划和村民意愿,结合当地自然生态、资源禀赋、环境承载能力和用地适宜性的实际,研究制定乡村规划目标。

3.4.2　乡村规划社会调查

乡村规划社会调查采取走访座谈、现场踏勘、问卷调查和驻村体验等方式开展实地调研,全面了解村域基本情况、现状特征、主要问题、发展诉求等,在结合分析判断的基础上明确规划目标和工作重点。

1. 自然环境调查

乡村规划中自然生态保护与修复规划,要求按照划定的生态红线,进一步细分生态区,明确各类保护区的范围、管制规则和管控措施,针对村域自然生态存在的主要问题,明确生态修复的重点任务、具体措施和时限要求,构建以水系、林地、湿地等生态空间为主体的自然生态网络。

自然环境现状调查主要包括地形地貌、自然资源、生态环境、工程地质、自然灾害、水文气象等内容,主要搜集来自环保局、测绘局等相关部门的文字和图件资料。文字资料包括当地自然条件概况,往年灾害记录,地质、水文和气候条件等;图件资料主要包括 1:2000 地形图。

2. 人口调查

乡村人口调查主要包括户数、户籍人口、常住人口、人口迁入迁出、劳动力总数、外出务工情况等内容,应包括现有规模、构成及比例关系,历年人口变化情况等资料。乡村人口调查是乡村规划调查的基础,是乡村建设用地布局规划、居民点建设规划的基本依据。劳动力及其外出务工情况则是当地产业发展规划的重要基础数据。

乡村人口调查主要采用访谈法,在与村委会访谈过程中获得数据。乡村人口调查可供参考的表格如表 3-7、表 3-8 所示。

表 3-7   乡村人口调查表

年份	总人口/人	户数/户	男性/人	女性/人	农业人口/人	非农业人口/人	劳动力/人	备注
2015								
2016								
2017								
2018								
2019								

表 3-8   2019 年劳动力务工情况

劳动力人数	本地务农	外出务工(省外)	外出务工(省内)	外出务工(市内)

3. 产业调查

"产业兴旺"是乡村振兴的核心要求。乡村产业规划,要求结合其自然资源禀赋等条件,按照农村一、二、三产业融合发展的原则,明确产业用地的用途、强度等要求,鼓励产业空间高效利用。产业调查包括现状主导产业、社会治理状况等内容。

产业调查具体内容包括产业类型及各类型发展现状,乡村合作经济组织情况(包括经营产品、年产值、参与情况)、乡村企业发展情况(包括总投资、主要产品、销地、年产值、占地、职工数)等。对旅游村的调查还应当增加旅游资源、旅游人次、旅游周期、旅游收入等有关内容。产业调查应包括现状调查(见表 3-9 至表 3-11)和规划需求调查(见表 3-12、表 3-13)。

表 3-9　非农产业企业一览表

名称	位置	单位性质	占地规模/hm²	职工人数	主要产品	年生产总值/万元	年利润/万元	销地	污染情况

表 3-10　农业项目一览表

名称	位置	占地规模/hm²	主要产品	年产量	年生产总值/万元	年利润/万元	销地	污染情况

表 3-11　各类型产业情况统计

产业类型	产品	占地面积	分布	基础设施情况	收入
种植业					
林业					
牧业					
渔业					
非农产业企业 1					
非农产业企业 2					
非农产业企业 3					
……					

表 3-12　各组现状产业及规划产业构想

组社	现状主导产业	规划产业设想

表 3-13　产业资源及项目策划

组社	农家旅游服务类型及名字	特色资源（历史遗迹、寺庙、水库、河流）	招商引资项目和相关项目策划

4. 历史文化调查

历史文化主要包括历史文化名村、传统村落、文物保护单位、历史建（构）筑物、古树名木，以及宗祠神祀、民俗活动、礼仪节庆、传统表演艺术和手工技艺等非物质文化要素。

历史文化调查采用的主要方法是对历史文化相关资源的基本资料和分布情况进行调查，包括文献调查法和实地观察法。历史文化调查采用的主要调查工具是表格，如涉及编制村域规划的村域内文保单位分布情况、历史文化资源的基本资料及分布情况（见表 3-14）。

表 3-14　文保单位一览表

名称	位置	级别	年代	保护范围	面积/m²	保护要求

5. 土地利用调查

土地利用调查是产业规划和土地整治规划的基础，其中包括土地利用现状调查和土地整治调查。土地利用现状调查主要包括土地利用现状及其存在的主要问题，如农房建设、交通水利、公共服务、公用工程、环境绿化等各类用地现状及需求，以及各类用地的权籍归属等。土地整治调查则包括调查现状零星耕地、永久基本农田周边的现状耕地，农村宅基地现状调查，未利用地现状调查（包括荒地、盐碱地、沙地等地块现状调查），土地复垦与土壤修复（包括生产建设活动和自然灾害损毁土地调查，水土流失、土地沙化、土地盐碱化、土壤污染、土地生态服务功能衰退和生物多样性损失严重的区域排查）。

土地利用调查以实地调查为主，首先要确定工作底图。以第三次全国国土资源调查、土地利用现状变更调查、地籍调查数据为基础，并结合实地勘察、地形图、卫星遥感图、数字高程模型等资料，对数据进行地类转换、细化、边界修正、线状地物图斑化，形成不小于 1∶2000 土地利用现状数据和工作底图。其中，拟进行居民点建设规划的部分按 1∶500 实测。

土地利用现状调查表如表 3-15 所示。

表 3-15　土地利用现状表

规划分类			说明填写代码
生态用地	公益林		1100
	湿地		1200
	其他自然保留地		1300
	陆地水域		1400
农用地	耕地	水田	2110
		水浇地	2120
		旱地	2130
	种植园用地		2200
	商品林		2300
	草地		2400
	其他农用地	农村道路	2510
		坑塘水面	2520
		沟渠	2530
		设施农用地	2540
		田坎	2550
建设用地	城乡建设用地	居住用地	城镇居住用地	3111
			农村宅基地	3112
		公共管理与公共服务设施用地	机关团体新闻出版用地	3121
			科教文卫用地	3122
			公用设施用地	3123
			公园与绿地	3124
		商服用地	商业服务业设施用地	3131
			物流仓储用地	3132
		工业用地	工业用地	3141
		道路与交通设施用地	城镇村道路用地	3151
			轨道交通用地	3152
			交通服务场站用地	3153
		预留用地		3160

续表

规划分类				说明填写代码
建设用地	其他建设用地	区域基础设施用地	铁路用地	3171
			公路用地	3172
			机场用地	3173
			港口码头用地	3174
			管道运输用地	3175
		特殊用地		3180
		采矿用地		3190
	弹性用地			4000

6. 规划政策调查

规划政策是乡村规划的指导性文件,规划政策调查以文献调查法为主,主要包括调查当地国民经济和社会发展规划、上位国土空间规划、其他涉及空间利用的专项规划编制情况,以及各级出台的促进乡(镇)和村发展的相关政策及管理制度等。

7. 居民点建设现状和规划调查

1)居住建筑现状

民居风格、格局:＿＿＿＿＿＿＿＿＿＿＿＿＿＿＿＿＿＿＿＿＿＿＿

房屋类型(木结构、混凝土、土结构、砖结构等):＿＿＿＿＿＿＿＿＿＿

建筑使用情况、新旧程度:＿＿＿＿＿＿＿＿＿＿＿＿＿＿＿＿＿＿＿＿

建筑立面造型:＿＿＿＿＿＿＿＿＿＿＿＿＿＿＿＿＿＿＿＿＿＿＿＿＿

建筑色彩:＿＿＿＿＿＿＿＿＿＿＿＿＿＿＿＿＿＿＿＿＿＿＿＿＿＿＿

目前民居分布形态:＿＿＿＿＿＿＿＿＿＿＿＿＿＿＿＿＿＿＿＿＿＿＿

希望未来修建什么风格、造型的建筑?＿＿＿＿＿＿＿＿＿＿＿＿＿＿＿

2)现状聚居点概况

现状是否有相对集中聚居点(有/无),若有,请参考表 3-16 填写。

表 3-16　现状相对集中聚居点分布基本情况

序号	位置(组社)	小地名	现状规模/户	聚居点地形(平地/山坡/山地)	水源	电力
现状聚居点 1						
现状聚居点 2						
现状聚居点 3						
……						

3）聚居点规划意向

是否另有相对集中聚居点建设意向（有/无），若有，请参考表 3-17 填写。

如有，建设方式是什么（现状基础扩建/另选址新建）

规划聚居点分布（根据自身情况，确定聚居点数量）

表 3-17 规划聚居点分布情况

序号	位置 （组社）	小地名	规模/户（若是扩建， 需新增多少户）	聚居点地形 （平地/山坡/山地）	建设类型 （新建/扩建）
规划聚居点 1					
规划聚居点 2					
规划聚居点 3					
……					

8. 公共服务设施现状及布局规划调查

①村委会：_____处；位置：_____；建筑面积：_____；占地面积：_____；修建时间：_____；村委会内建筑情况：_____。

②现有幼儿园：_____处；建筑面积：_____；占地面积：_____；学生数量：_____；教职工人数：_____。

③现有小学：_____处；建筑面积：_____；占地面积：_____；学生数量：_____；教职工人数：_____。

④现有中学/高中：_____处；建筑面积：_____；占地面积：_____；学生数量：_____；教职工人数：_____。

⑤现有卫生室：_____处；建筑面积：_____；占地面积：_____；从业人数：_____；医疗配备状况。

⑥村内公共活动场地（个数、位置、配置）：_____

若无，则说明对广场布局形式及想法：_____

⑦社会停车场配置：_____

9. 乡村景观、绿化现状及规划调查

1）乡村景观现状

①自然景观现状（山、水、林、田）：_____

②活动空间景观现状：_____

③村入口景观：_____

④村内打造景观现状及分布：_____

⑤道路两侧景观现状：_____

⑥公园广场景观：_____

⑦滨水景观（植物类型及分布）：_____

⑧景观环线建设状况：_____

⑨景观建设思路：_____

2）乡村绿化现状

①村庄公共绿地总面积：_____；人均公共绿地面积：_____；绿化覆盖率：_____。

②村庄绿化建设发展思想：_____

10. 基础设施现状与需求调查

1）道路建设

调查现有道路和附属设施现状，包括等级、宽度和建设标准等。确定本村干道与各类过境通道的连接情况，园区和生产经营性用地与农村居民点之间的连接，农村居民点之间的联络线以及现有公共停车场的情况。

①过境铁路：_____；过境高速：_____；过境国道：_____；过境省道：_____。

②现状道路状况：_____；道路宽度：_____m；道路硬化：_____m；路灯：_____盏。

③道路肌理：_____。

④交通情况（自行车、农用车、机动车等）：_____。

⑤内部道路是否有断节路：_____（有/无），若有，请参考表 3-18 填写。

表 3-18　断节路具体情况

序号	位置（组社）	小地名	形成原因
断节路 1			
断节路 2			
断节路 3			
……			

⑥未来修路建议：_____。

2）给排水设施

调查供水水源、供水方式、应有的供水规模，本村雨污排放和污水处理方式，本村污水处理设施建设标准、规模与布局。调查内容可包含：

①给水：是/否接通自来水，供水公司_____，接自_____，是/否满足供水需求；若无，则供水方式_____，水源_____，是/否满足供水需求。

给水线路布置情况：_____；

水利设施现状：_____；

有哪些供水问题：_____；

②雨水排放。

采用排水方式：_____，是/否满足排水需求；

明沟、明渠位置：_____；

存在排水问题：_____。

③污水排放。

采用排水方式：_____,是/否满足排水需求；

主要排水灌渠布置情况：_____；

存在问题：_____。

3）能源

是/否接通天然气,来自_____公司,接自_____,是/否满足使用需求；若无,则主要能源为_____,是/否满足使用需求。

4）电力和通信设施

预测本村用电负荷,合理确定供电电源,电力设施和通信设施的建设标准、建设布局。

①电力:是/否通电,来自_____公司,接自_____变电站,线路敷设方式_____,是/否满足使用需求；

线路布置状况：_____；

存在问题：_____。

各组变压器统计情况参考表 3-19 填写。

表 3-19　各组变压器统计

村民小组	变压器数量/个
一组	
二组	
三组	
……	

②电信:线路敷设方式_____,有线电视百分比_____,网络入户_____,邮政局及邮政站点状况_____；

线路布置状况：_____；

存在问题：_____。

5）环卫设施

包括垃圾收集点建设布局点,公共厕所布置,垃圾处理方式,垃圾中转站/垃圾处理场位置,是/否消灭旱厕；

村内是否存在潜在污染源：_____；

环卫存在问题：_____。

各组垃圾收集点及公共厕所统计情况参考表 3-20 填写。

表 3-20　各组垃圾收集点及公共厕所统计

村民小组	垃圾收集点数量(处)	公共厕所数量(处)
一组		
二组		
三组		
……		

6) 综合防灾

村内地质灾害点位置_____,灾害类型_____,发生时间_____;

村庄是/否有消防设施;

消防设施数量及分布：_____;

防洪防震情况：_____。

本章小结

　　乡村社会调查就是乡村社会研究者有目的地通过对乡村社会事物和社会现象的考察、了解和判断、分析、研究,认识乡村社会事物和社会现象及其发展规律的一种活动。它是研究乡村社会发展问题的一种科学方法。与城市社会调查相比,乡村社会调查从调查地点、调查对象、现有资料各方面来看都具有不同的特点。社会调查的任务有描述现状、解释原因和提出对策三个层次。不同乡村社会调查根据其目的有不同的任务。乡村社会调查服务于乡村发展相关政策实施的成效评估与政策制定的依据,是乡村规划编制的重要途径,也是乡村问题学术研究的主要手段。乡村社会测量,就是根据一定的法则,将乡村社会调查的某些乡村社会事务或社会现象的属性或特征,用数字或符号表达出来的过程,有其特有的社会调查指标。乡村规划社会调查的方法包括文献调查法、访问调查法、问卷调查法和实地观察法,这些方法在乡村规划现状和需求调查中运用于不同的规划目标。本章针对各规划目标提出了调查内容、调查方法及调查工具参考。

思考题

　　[1]乡村社会调查的任务和功能是什么?

　　[2]乡村规划与社会调查的关系是什么?

　　[3]乡村规划的社会调查指标有哪些?

　　[4]乡村社会调查与城市社会调查有何不同?

第4章 乡村建设规划

4.1 村庄选址及乡村规划布局

村庄规划建设应遵循当地产业和经济要素结合的发展性,空间布局和建筑形态的多样性,周边环境和生产、生活方式的相融性,基础设施和公共配套的共享性原则,使新农村规划建设与农业生产、产业发展相结合,与自然环境相协调,形成丰富多彩的农村风貌,实现城乡公共服务和基础配套的均等和共享。

4.1.1 村庄选址

我国是传统的农耕社会,几千年来以小农经济为主,自然条件的优劣对农业生产起着决定性的作用,因此,合理地利用自然优势,趋利避害,成为人们选择居住地的首要标准。传统村落的修建受财力、物力和人力等方面的限制,人们只有充分利用自然条件,因地制宜,尽量达到通风、采光、保暖等基本的生活要求,因此影响了聚落和民居的建造形式和体系。其次,出于节省劳力的需求和"天人合一"的观念,人们在建造房屋时选择顺应自然地形条件,因而形成了不同的建筑形式和聚落体系。第三,民居建筑多就地取材,地质和气候条件通过当地建筑材料和结构形式影响单体建筑的风格和形式,进而影响了整个村落的形态。在长期立村选址、营宅造院的实践中,我国逐渐形成了融汇古代科学、哲学、美学、宗教、伦理、民俗等方面的村庄选址营造思想,并且不断地发展与充实。古代村落、城市"天人合一、道法自然"的选址思想,其实质是追求理想的生存与发展环境,其高度重视并尊重自然生态环境的内在肌理和自然规律。这种以珍惜土地、重山水、保林木、巧用自然资源的选址思想,对于当代的村庄选址和规划建设而言,仍具有重要的指导作用。

1. 规避风险,保证安全

村庄选址应在满足安全、避让地灾和生态敏感资源的前提下,选择背山、面水、近产业、靠通道的位置;应避开地震断裂带和断层,重点避开崩塌、溜砂、落石、泥石流、山体滑坡、山洪等灾害易发区,还要避开地下采空区和岩溶发育区,以及已经探明有可供开采的地下资源或重要历史遗址地。当不得不选在靠山地带时,应评估后山地形,尽可能留出安全空间,尽可能避开江、河、湖、水库和被沟切割的陡坡。对于经常发生洪涝灾害的地区,农村住宅选址应选择在常年洪水发生地以上一定高位的平缓地。

村庄选址还应避让土地利用总体规划确定的永久性基本农田边界线、自然保护区、风景名胜区和历史文化保护区的核心区及规划需要保护的生态边界线;应避让市政基础设施通道、易燃易爆等危险区、高压输电线路穿越区等。

2. 集约用地,体现经济

村庄建设宜选在水源充足、水质良好、便于排水、通风向阳的地段,选址地区自然资源应满足村庄和产业发展的基本要求;尽可能选择交通便捷,利于产业发展,能依托现有聚居点,能充分利用现有聚居点的优良建设条件和环境条件;能与村级公共服务和社会管理项目建设相结合,靠近服务范围的区域。

3. 依形就势,注重生态

村庄选址应尊重自然,顺应地形,做到"不填塘、不毁林、不夹道、不占基本农田、少挖山、少改渠、少改路",避免对山水等自然风貌的遮挡和建设性破坏;充分尊重当地生活习俗及传统布局模式,突出地域特色;遵循宜聚则聚、宜散则散的原则,采用新建、改造与保护相结合的方式,因地制宜,不片面讲集中。

4. 留住乡愁,彰显记忆

村庄的选址应体现生态优先,传承文化的原则,顺应地形和山水肌理,充分展示农村"微田园"自然景观;结合古树、古桥、古庙、古塔、古井、古祠堂等历史人文资源保护进行规划选址,充分尊重当地生活习俗及传统布局模式,突出地域特色。

4.1.2 村庄建设类型和标准

我国幅员辽阔,村庄数量众多,受地理区位条件、自然环境因素、资源条件及生产条件、民族习惯、宗教信仰、生活方式等影响,村庄种类多样,功能繁多,因此村庄建设的类型、模式和标准不应一概而论,应因地制宜,分类指导,体现地域特征和村庄自身特点。

1. 村庄规模等级划分

根据村庄聚居人口的不同,村庄规模可分为特大型聚居点、大型聚居点、中型聚居点、小型聚居点、散居等几个等级,具体如表 4-1 所示。

表 4-1　村庄规模等级划分

特大型聚居点	大型聚居点	中型聚居点	小型聚居点	散居
聚居人口数 大于 1000 人	聚居人口数 601～1000 人	聚居人口数 201～600 人	聚居人口数 少于等于 200 人	聚居人口数 在 50 人以下

2. 村庄建设基本模式

根据村庄建设方式的不同,一般来说,村庄建设主要有以下几种模式。

1) 新建模式

这种模式主要应用于农业产业化项目、地质灾害避险、拆迁安置等有拆旧建新需要的地域,一般选址在产业聚集区、中心村、集镇周边地区,在平原、丘陵和山区均可采用,关键是要选择恰当的地段,广泛征求民意,解决好资金筹措、基础设施和公共服务设施配套的问题,组合利用各类资农助农辅农资金,保障新村建设的顺利实施。

2)改建模式

在我国生态文明建设和美丽新村建设的大背景下,大量的村庄需要进行功能与环境的提升。通过对规模较大、基础条件较好的村庄,采用"三清三改"("三清"即清垃圾、清淤泥、清路障,"三改"即改水、改厕、改路),增配公共服务设施等方式对村庄进行部分保留、部分新建,把村庄整治与新村建设结合起来,建设分布合理、环境优美、设施配套的美丽新村。

3)保护模式

"传统村落是中华民族宝贵的历史遗产,是一个文化容器,是物质和非物质文化遗产的综合体"。传统村落既包含了选址格局、整体风貌、建筑细部等物质文化,也包含了传统农耕生产方式、生活习惯、饮食习俗、历史迁移、家族绵延,还包含了文学、艺术、歌舞、民间习俗等非物质文化,为考古学、历史学、建筑学、民俗学、社会学,以及地方乡土文化的研究等提供了鲜活的样本。对这类村庄的建设要坚持"保护优先、合理利用"的原则,保持传统村落的完整性、原真性,通过合理的建设、利用方式,实现文化的传承,满足原住民和游客对美好生活的诉求。

3. 村庄发展主要模式

1)入镇模式

入镇模式是指村庄位于城镇规划建设区内或紧邻规划建设区,按照符合城镇的规划要求进行建设,与城镇区共享配套。这类村庄一般规模较大,村庄发展与城镇职能紧密相关,村民务农人数较少,普遍务工。

2)集中发展模式

集中发展模式一般适用于平原(坝)、开阔河谷地区的村庄。这类村庄规模都较大,公共服务设施集中,空间的整体性强。我国北方平原地区历来农业生产较发达,适于规模化作业,村庄建设一般采用集中发展模式;在珠三角、长三角等非农产业高度发达、集体经济实力雄厚的部分村庄也采用此模式发展,如江阴华西村和常熟蒋巷村;此外,大部分因宗亲和血缘关系而聚居的传统村落也是集中发展模式,如安徽西递村、宏村等。

3)组团聚集模式

2002—2012 年是我国乡村建设历史上最为迅猛的 10 年,我国的大部分地区通过土地流转、农村建设用地指标增减挂钩、生态移民等方式掀起了社会主义新农村建设的热潮,有相当一部分的新农村建设采取了"大统筹、大流转、大集中"和"集中安置"的建设政策,出现了一大批城市居住小区式的大型、超大型村庄。特别是在我国南方地区的新农村建设过程中,由于对农村的地域差别、生产方式、生活习俗、人口流向、农民意愿、产业发展、设施配套等缺乏系统性的研究,大集中的聚居方式导致耕作半径过大、大量土地被迫撂荒、农村社会形态和乡村风貌遭到破坏、老百姓生活成本增加等问题出现。为了让村庄建设更好地"记得住乡愁",各地对"大集中"的村庄建设方式进行了反思和调整,组团聚集模式成为学界、政府、村民较为认同和接受的建设方式。该模式在充分考虑群众生产、生活半径,由多个规模相仿的聚居组团共同构成总体规模较大、既适度集中又相对独立的村庄。该模式既保留了乡村社会形态,又提高了聚居度,有利于产业发展、新村建设、基础设施和公共服务设施配套与基层治理协同推进,主要适用于我国南方的农村地区。

4)散聚结合模式

在丘陵地区,耕地的分散对乡村聚落的聚集程度及空间形态的形成有着重要的影响。丘陵地区由于地形起伏较大,耕地分布相对分散,加之耕地资源的稀缺,村庄选址以"少占用耕地"为首要条件,大多数村庄都位于山体坡地与槽地的临界点上,地形限制了耕地与居民点之间的空间距离,促成了分散的聚落形态。因此,丘陵地区的村庄脱离耕地进行大规模聚居的可能性很小,对于这类村庄应按照"宜聚则聚,宜散则散"的建设原则,以小区域内地貌单元合理划分为基础,统筹产业发展、基础设施和公共服务设施配套,形成相对集中、散聚结合的村庄聚落形态。

5)小规模聚居模式

山区地形破碎、可达性差,土地更为贫瘠,人地关系更为密切,较丘陵地区更难以集中居住。此类地区村庄的发展模式应在进行资源环境承载力评价的基础上合理确定,应通过"生态移民+局部集聚"的方式加以引导,留守居民适度集聚,便于公共服务设施配套和覆盖。

4.1.3 村庄布局形态

村庄的空间形态是集合地形地貌、气候、产业、交通、文化、宗教等诸多自然、人文因素形成的物质实体和空间表象,是农村居民的主要生活空间和精神、情感交流的空间载体。在村庄布局中应充分考虑上述因素,高度重视并尊重村庄生态环境的内在肌理和自然韵律,协调人与自然的关系,对"住宅—院落—组团—村庄"的发展层级关系灵活运用,构建合理的生长脉络和空间形态,使得新的生命体在村庄水系、道路、林盘、产业等整体框架下不断发展,像细胞分裂一样不断生长,使规划具有一定弹性,有利于村庄可持续发展。

根据村庄平面空间形态的不同,村庄形态布局可划分为团块型布局、条带型布局、散点状布局和组团式布局等几种类型。

1. 团块型布局

平坝、浅丘地区的村庄规模较大,主要以团块状布局空间形态为主。由于受地形环境约束较小,团块型布局一般为方形或椭圆形,具有相对明显的村庄边界,布局上一般以戏台、祠堂、公共服务中心、广场、池塘等重要建筑或场所布局村庄的公共空间和核心功能,外围布局民居,最外层则是农田等生产空间,整体表现为较强的圈层结构,一般具有较强的凝聚力,村落内部空间组织结构较清晰。

该类型村庄布局重点应注意对自然生态网络的构建、公共空间的营造和街巷空间的构思;应处理好街巷与建筑、院落的空间关系,避免出现棋盘式的呆板布局;应尽量将外围农业景观、院落空间、街巷空间、驻留空间有机组合,营造主次有序、丰富多变的村庄肌理格局和自然乡土景观。

2. 条带型布局

条带状村庄通常受到道路、河流、湖泊、山坡、耕地等因素的影响,村庄一般某一线性要素呈轴向生长,利用巷道连接住宅,形成较为紧密的带状平面形态。根据带状要素的不同,又可分为沿河条带状、沿路条带状和沿山条带状。"逐水而居"是影响村庄选址的一个重要因素,聚落沿河流方向发展多是考虑生活取水和农业灌溉,聚落的主要道路亦平行于河道。当村落紧临主要县、乡道或村道时,村庄便将道路作为聚落发展的外部拉动力而沿道路方向呈条带状发展,交通干道即作为聚落主要的对外联系通道和村落内各部分联系的通道。在丘陵地区,村庄往往沿山脚或山谷呈现条带状布局。该类聚落的主要道路往往只有一条且顺应地形平行于等高线。这三种类型的条带状聚落并不是独立存在的,多数时候村庄聚落是同时受河流、交通干道、山体共同作用而表现出条带状形态,三者紧密联系,方向一致。条带型聚落的道路和街巷多与聚落轴线方向一致,建筑多分布于主要道路的一侧或两侧,且平行于轴线方向;也会有一些次要建筑垂直于轴线方向,但不改变建筑的整体布局形态。

这类村庄布局重点要处理好与河流、对外交通及地形变化之间的关系,建筑空间节奏的变化,创造良好的视觉景观效果。

3. 散点状布局

散点状村庄多位于山区地带,受地形、河流等自然环境限制较大而不能在有限用地内实现紧凑布局。民居多因地制宜、见缝插针,一般几栋民房便呈点状集聚于一处,若干个互不相邻的点状聚居点通过道路联系在一起便形成一个分散型的聚落。因此,该类村庄一般没有一个规则的形状和明确的边界,道路也多顺应地形呈自由式布局。由于民居布局分散,故聚落没有一个明确的中心,不能形成聚集效应。

4. 组团式布局

组团式布局多用于具有一定地形变化的丘陵地区或河道密度不高的水网地区,同时,为了改变过去村庄规划建设过程中过于集中的方式,平原地区亦可采用组团式布局。

组团式布局通常以 10～30 户为一个组团,单个组团一般不超过 50 户,由 3～5个组团构成一个村庄,组团间保持一定的距离和留有足够的生态空间。在运用组团方式对村庄进行布局时,应区别于城市组团,在使用功能和周边环境的塑造手法上充分挖掘农村的乡土元素,利用地形变化,依山就势,营造层次丰富、变化多样、造型各异的组团空间。

相较而言,村落的形态与地形之间关系更为紧密:地形的高差越小,村落的形态越规整,相对规模越大,其形态趋向于团块或团带状;地形的高差越大,村落的形态越不规则,其形态趋向于散点状或者不规则形态。

地貌聚类村落的形态统计如表 4-2 所示。

表 4-2　地貌聚类村落的形态统计

村落类型	平坝或浅丘浅	陡丘陵型	山脊型	峡谷型
村落形态	团块状、组团状	带状、组团状	散点状、不规则形	带状、组团状

4.2　乡村交通与道路系统规划

4.2.1　乡村交通

乡村道路,连接国道、省道、县道等大中公路,延伸到乡村组户,是我国公路网络的基础部分,是共和国的神经末梢,是直接服务于农村、造福于农民的基础设施。乡村交通系统是村庄的社会、经济和物质结构的基本组成部分,在组织生产、安排生活,提高乡村客货流的有效运转及促进农村经济发展方面起着十分重要的作用。村庄的布局结构、规模大小,甚至村庄的生活方式都需要交通系统的支撑。随着城乡统筹、乡村振兴战略的持续推进,城乡之间、乡村之间的交流快速增强,作为交流的关键环节和重要空间载体,构建合理高效的乡村交通系统显得愈发重要。

1. 乡村交通的特点

①基础网络不健全,道路等级质量较差。

相比城市道路网络,农村道路网主要服务于农村广大人民群众,其自身特点主要表现为点多、面广、分布散。我国广大农村,尤其是中西部地区的农村道路网络路网密度偏低,无法满足农村经济发展的实际需求和农民越来越高的出行要求。同时乡村道路技术等级一般较低,尤其在中西部地形条件较差的地区,道路平曲线、纵坡、安全视距等多数不能满足规范要求;路况普遍较差,寿命短,桥涵构造物及配套防护设施较缺乏,抵抗自然灾害能力较弱。

②交通运输工具类型多,出行空间分布广、出行方式多元。

乡村道路作为农村地区内联外通的通道,承担着农村地区生产、生活的各种交通运输需求。除步行外,自行车、助(电)动车、摩托车、低速载货车、拖拉机及小汽车等各类农业机械和机动车辆增长较快。乡村地区出行的空间分布广,人流层次性强,既有县城与村庄之间的较长距离客流,也有乡镇与村庄之间的中距离客流,以及村庄与村庄之间、村庄到农田之间的较短距离客流。在村民出行中,助(电)动车、摩托车、步行占据主体,城乡公交也承担了一定比例。

③交通管理和安全设施不健全,管理缺失。

乡村道路建设长期投入不足,欠账严重。乡村交通缺乏交通管理人员,交通标志、道路安全设施等严重缺乏;村庄缺少专用停车场所,各类车辆停靠随意性大;随意占用道路晾晒谷物、堆放其他物料,以及沿道路两侧违章搭建房屋、摆摊设点、占道经营等情况较多。

④乡村客、货运基础设施落后,服务水平较低。

随着城乡交流愈加频繁,尤其是现代农业基地、乡村旅游等现代农业模式的快速发展,乡村地区的客运、货运需求激增,但目前绝大多数农村地区公共交通、物流交通基础设施落后,难以形成有效的社会服务网络。交通运输条件成为限制乡村旅游、乡村物流发展的因素,阻碍了乡村社会经济的发展进程。

⑤道路维护和使用管理滞后。

大多数农村公路的建设和养护资金投入有限,无法满足农村公路发展的实际需求。农村公路的养护不到位,对于农村公路特别是乡、村道路而言,临时性、突击性的群众性养护仍是最为常用的养护办法,缺乏长期、有效的养护机制

2. 乡村交通系统

乡村交通系统是乡村社会、经济和物质结构的基本组成部分,它连接着分散在广大农村地区的生产、生活,在组织生产、安排生活,提高乡村客货流的有效运转及促进农村经济发展方面起着十分重要的作用,体现了乡村生产、生活动态的功能关系。

乡村交通系统是由乡村客货运输系统(交通行为的运作)、乡村道路系统(交通行为的通道)和乡村交通管理系统(交通行为的控制)三部分组成的。乡村道路系统是为乡村运输系统完成交通行为而服务的,乡村交通管理系统则是乡村交通系统正常运转的保证。乡村的产业布局、村庄的布局结构、规模大小,甚至村庄的生活方式都需要交通系统的支撑。

4.2.2 乡村道路系统规划

1. 乡村道路的分类

按照乡村道路功能的不同,乡村道路系统可分为农村公路、田间道路、村庄道路三大部分。

1)农村公路

农村公路是我国公路网的重要组成部分,是保障农村社会经济发展最重要的基础设施之一。农村公路包括县道、乡道和村道三个层次。县道是指连接县城和县内主要镇乡、主要商品生产和集散地的公路,以及不属于国、省道的县际间的公路;乡道是指主要为镇乡村经济、文化、行政服务的公路,以及不属于县道以上公路的镇乡与镇乡之间及镇乡与外部联络的公路;村道是指直接为农村生产、生活服务,不属于乡道及以上公路的建制村之间和建制村与乡镇联络的公路。

农村公路网必须首先保证通行功能,它连接区域内各个政治、经济、文化聚点,实现区域的通达性。在保证通达性的基础上,农村公路网更侧重服务功能。农村公路网直接服务于农村地区的社会经济发展,保障广大农民生产、生活的顺利进行。

2)田间道路

田间道路是满足农田作业、农业物资运输等农业生产活动所修建的交通设施,同

时起到联系农村居民点与农业生产区的作用,包括机耕路和生产路。机耕道是连接乡村道路或其他公路,用于农业机械通往作业地块的主干田间道路;生产路是连接机耕路或其他公路,用于农业机械进行田间作业等农业生产活动的田间道路。

3）村庄道路

村庄道路是农村居民点对外联系通道、内部道路及附属设施的统称,是乡村的重要组成部分,具有多重功能的复合性,既是组织村庄各种功能用地的"骨架",又是村庄进行生产和生活的"动脉"。首先,村庄道路对村庄建设发展起着决定性作用,村庄道路格局一旦确定,实质上就决定了村庄发展的轮廓、形态,并在一定程度上关系到节点空间、临街建筑的日照和通风及建筑艺术形式的处理;其次,村庄道路除了满足村民生产、生活出行的交通功能外,还是布设村庄各类市政管线的主要空间载体;第三,村庄道路往往能较清晰地体现村庄的物质基础和精神面貌,既是乡村居民交流休憩的主要空间之一,同时又是乡村的门面,是乡村对外展示的平台。

2. 村庄道路规划基本原则

1）多元结合,统筹兼顾

村庄道路规划既要保证村民生产、生活出行的方便,更要充分考虑乡村地区出行方式的变化和产业发展需求,结合村庄布局、公共服务设施、现代农业产业项目等的统筹协调,以适应村庄的长远发展。

2）因地制宜,合理建设

乡村道路选线宜顺应、利用地形地貌,避开不良工程地质,做到不推山、不挖土填塘、不砍树,选用经济适用的技术标准,节约造价和成本。同时应符合国土空间规划的相关要求,少占耕地,做到融合环境、功能协调、密度合理。

3）合理利用,传承文脉

尽量利用原有乡村道路,保持既有农田水系的完整性,顺应现有村庄格局和建筑肌理,延续村庄乡土气息,传承传统文化脉络。

3. 村庄路网主要布局形式

不同于城市用地功能细密划分,紧凑、规整、复杂的空间结构和大体量,大尺度的空间形态,村庄建筑物体量小,用地功能简单,主要体现为模糊的边界与自然的肌理,因此,在村庄的路网规划中,切忌把城市小区的布局方式简单复制到农村地区。村庄路网的布局方式应结合地形和现有村庄格局,因地制宜采用适于村庄自身环境景观特征和人文环境需求的布局方式,并满足农民生产、生活需要,符合农村生活习惯。村庄道路网形式一般采取一字形、鱼骨形、方格式、放射式、自由式、混合式等基本形式。

1）一字形

一字形路网多见于沿主要道路两侧布置且规模较小的村庄,此类路网的形成一般有以下两种原因:20世纪80年代末至2005年期间,我国农村建房大部分处于无规划指导的状况,大量农房依托已经建好的主要村道两侧进行建设,采取无成本或低成本发展村庄的无序模式,大大增加了乡村交通安全保障、村庄公共服务设施、市政基础设施配套的成本。时至今日,在乡村地区我们仍能看到大量的这类村庄。另外,由于地形条件受到较大限制,村庄建设只能依托主要村道进行建设,这类村庄多见于西部山区的乡村地域。

2)鱼骨形(树枝形)

鱼骨形路网多用于沿主要道路两侧发展且受一定限制因素影响,不能形成回路贯通的村庄。该路网布局形式通常沿主要道路两侧(或一侧)以一定的间距平行布局村庄道路。

3)方格式

方格式路网是村庄道路最普遍的一种布局形式,适用于地形较平坦的农村地区,道路通常是沿南北向和东西向按一定的间距平行布局,垂直相交,将村庄用地划分成矩形。方格式路网最大的特点是划分的地块较为规整,用地经济、紧凑,有利于道路两侧建筑物的布置;同时交通组织便利简单,且有机动性,不会形成复杂的交叉道口。

4)放射式

放射式路网由放射状道路和环形道路组成,这种道路布局方式一般以村中公共中心为中心引出放射状道路,并在其外围布局一条或多条环形道路,构成整个村庄的路网。这种形式的道路网优点是村庄公共中心与其他功能区有直接通畅的道路相连,线路有曲有直,较易结合自然地形和现状;缺点是交通灵活性不及方格网,不适用于中、小规模村庄,如在小用地规模村庄中采用此形式,道路交叉易产生锐角,出现较多不规则地块,不利于用地的集约和建筑物的布置。因此,放射式路网通常适用于规模较大的村庄。

5)自由式

自由式路网多用于地形条件较为复杂的山区、丘陵地区和地形多变的乡村地区,这些地区通常道路选线受到较大限制,路网以结合地形为原则,线路随地形弯绕起伏,无一定的几何图形。这种形式的优点是能较好地满足地形、水系等限制条件,道路自然顺势,可节省造价,丰富村庄景观;缺点是道路弯曲,方向多变,易形成不规则地块,影响建筑物的布置和市政管线的布设。

6)混合式

混合式路网是结合村庄的现状格局和自然条件,综合吸收前述几种路网形式的优点而形成的路网形式,具有适应性强等特点。

4. 乡村道路建设标准

1)农村公路建设标准

农村地区应根据所在地区公路网的规划及经济发展状况,按照农村公路的使用功能和远景交通量来综合确定农村公路的等级。农村公路一般采用二级、三级和四级公路三个技术等级。县城通达镇乡公路采用二级或三级公路,连接镇乡与镇乡的公路采用三级或三级以上公路,镇乡通达行政村和行政村之间的公路采用四级或四级以上公路。通村公路中的特殊困难路段和交通量较小的路段可适当降低技术标准,重点实施路面工程、排水、桥涵、挡防和必要的安保工程,保证通行。

农村公路建设标准具体如表 4-3 所示。

表 4-3 农村公路建设标准

公路等级	适应的交通量 /(辆/日)	设计行车速度 /(km/h)	车道数	车道宽度 /m	适宜农村公路层次
二级公路	5000～15000	80	2	7.75	县通乡公路
		60	2	3.5	县通乡或乡际公路
三级公路	2000～6000	40	2	3.5	乡际或通村公路
		30	2	3.25	乡际或通村公路
四级公路	双车道:<2000	20	2	3.0	通村公路
	单车道:<400	20	1	3.5	

2) 田间道路建设标准

机耕路路面宽度宜为 2.5～3.5 m,路肩宽度宜为 25～40 cm;错车道的间距可结合地形、视距等条件确定;断头路应设置末端掉头场地,兼有交通功能的机耕路宜采用硬化路面;生产路路面宽度应为 2～2.5 m;其余梯、坎、径、埂等服务于村庄农户生活与农业生产的道路,可根据需要,对路面进行防滑、透水、防尘降尘的处理。

3) 村庄道路建设标准

根据村庄道路在路网中的地位、交通功能及对沿线居民的服务功能,村庄道路可分为干路、支路和巷路。干路(见图 4-1)应以机动车通行功能为主,并应兼有非机动车交通、人行功能。过境道路不应作为村庄内干路。规模较大村庄的干路宜采用单幅双车道形式,其他村庄可以单幅单车道为主,少数村庄根据其特点和生产需求可采用双幅路。双车道宽度不应小于 6 m,单车道宽度不宜小于 3.5 m。当道路宽度小于 4.5 m 时,可结合地形分别在两侧间隔设置错车道(见图 4-2),在有需求和符合安全条件的地段设置公交车站。

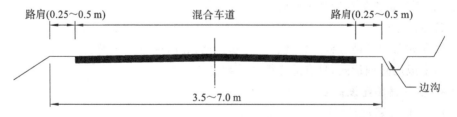

图 4-1 村庄干路标准横断面示意图

支路(见图 4-3)应以非机动车交通、人行功能为主,同时应起集散交通的作用。道路宽度宜为 3.5 m,同时应根据需求设置地下管线、垃圾回收站、错车道等。

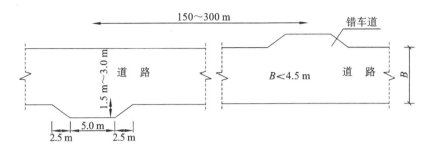

图 4-2　错车道设置示意图

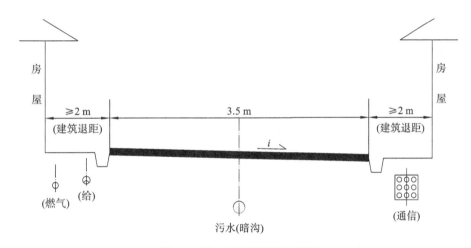

图 4-3　村庄支路横断面示意图

巷路以步行功能为主,应便于与支路连接,紧急时可作为消防安全通道,宽度宜为 1.0～2.0 m。

干路、支路、巷路的建设标准如表 4-4 所示。

表 4-4　干路、支路、巷路的建设标准

规模分级	人口规模/人	道路等级		
		干路	支路	巷路
特大型	＞1000	○	○	○
大型	601～1000	△	○	○
中型	201～600	△	○	○
小型	≤200	—	△	○

注:表中"○"为应设,"△"为可设,"—"为不设。

5. 道路路面材料

村庄道路路面材料主要根据道路的等级、功能,从经济性、乡土性、生态适应性几个方面综合考虑。干路承担的交通量和载重较大,路面材料宜采用硬质材料,如沥青混凝土、水泥混凝土、块石等;支路承担的交通量较小,路面铺装可采用沥青混凝土、水泥混凝土、块石路面或者混凝土砖等硬化或半硬化材料;巷路承担的交通量最小且以人行为主,应优先考虑选用合适的天然材料,如卵石、石板、砂石路面等,以加强村庄道路的乡土性和生态性。

6. 村庄静态停车

随着农村生活水平的提高,越来越多的农民拥有了私人汽车,同时,随着乡村旅游的发展和现代农业的发展,旅游车辆和物流运输车辆也大幅增加,随之而来的乡村停车问题日益凸显,停车场规划与建设已成为乡村振兴、美丽乡村建设必不可少的重要内容。

村庄停车场规划建设应结合当地社会经济发展实际,按照方便、经济、安全、生态的原则,合理布局和确定规模。

农村停车场建设应符合村级国土空间规划要求,应按照集中与分散相结合的方式,充分利用房前屋后的空地、闲置地、晒坦等现有资源,不得占用基本农田。鼓励私家农用车、小汽车结合宅院分散停放;宅院确无停放条件的,可在宽度满足要求的村内道路两侧适当考虑部分占道停车;有条件的村庄可结合活动广场、公共绿地等统筹设置小汽车停车场。有旅游等功能的村庄应主要考虑停车安全并避免对村民的干扰,结合旅游线路在村庄周边设置车辆集中停放场地。同时注意综合考虑停车的安全性和方便性,并可以与村健身场所建设等相结合。

停车场的建设应体现生态化、乡土化、景观化,杜绝过度硬化。在建设材质的选择上要坚持本土化,多选用当地的块石、卵石、砂石等透水性铺装,避免使用裸露土地或大面积的水泥浇筑地面,防止"水泥化、园林化"。

7. 道路交通设施

道路交通安全设施主要包括信号灯(见图 4-4)、交通标志、路面标线、护栏、隔离栅、照明设备、视线诱导标、防眩设施等。交通安全设施应结合当地的自然条件与路基路面的具体情况进行设置,做到醒目、牢固。

在高路堤、桥头引道、陡坡、急弯、临水库、沿江、傍山险路、悬崖凌空等危险路段,应在路侧设置警告、禁止标志和护柱、石砌护墩、石垛等安全设施,有条件的地方可设钢质护栏;桥头引道、漫水桥、过水路面等路段应设置警示标志;漫水桥、过水路面上应设置标杆。

在视距不良的急弯路段,应根据需要设置线形诱导、警告、减速等标志;在平面交叉路口,应设置道口标志(见图 4-5);连续长陡下坡路段应设置减速装置。受限路段应在起点和终点处设置减速、限载、限高等警告标志;在学校等特殊路段应设置警告、禁令标志及必要的指示标志。

图 4-4 信号灯

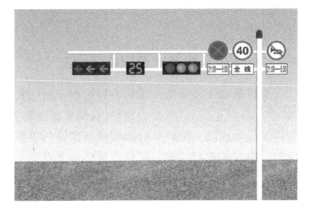

图 4-5 道口标志

4.3 乡村基础设施概述

4.3.1 国外乡村基础设施建设情况

纵观 20 世纪以来的乡村发展,主要西方国家表现出了一种基于乡村地域功能导向的乡村价值复兴逻辑,总体趋势是由农业型乡村向多功能型乡村演化,开始重视和满足乡村居民的价值存在和实际需求,将乡村产业发展、乡村文明传承、乡村生态保护、乡村生活服务有机统一,谋求乡村区域的结构、功能最优化。亚洲的韩国、日本在战后面对国内外一系列经济、政治、社会困境,在推动实现乡村振兴方面进行了一系列探索和实践,并取得显著成效。

欧盟社区型基础设施完善,尤其体现在道路、雨水排放、污水处理、垃圾收集和各类安全设施的空间布局等方面。如垃圾箱、垃圾收集和处理的费用由地方政府征收的房地产税及其他税收支付,农村社区自我垃圾处理意识较高。德国在 20 世纪 40年代开始支持乡村基础设施建设,持续推动村庄更新,重新审视村庄原有的风貌和老旧建筑的价值,重视村庄布局的合理规划和生态环境整治,发展独具特色和发展潜力的村庄。法国先后出台了国家公园、区域自然公园、乡村整治规划等政策,支持村庄保护自然和文化资源、改善生活和接待设施等,为发展乡村旅游创造条件。瑞士通过财政补贴和村民税收两种方式筹措资金,配套建设了学校、医院、休闲娱乐场所、以及修建天然气管道、增设乡村交通等基础设施,以此完善农村公共服务体系。

20 世纪 70 年代以来,韩国将新村运动深入农村地区,使农村经济社会得到前所未有的发展,在很大程度上改变了农村地区相对滞后、城乡差距不断扩大和工农业发展失调的情况。其着力点从改善农村居民之生活条件,如修建公路、供水设施的形式,到对农村进行整体规划与建设,通过农村电力设施的普及和卫生环境的改善,提升农民的生活环境与生存质量。大量村庄在这一过程中积极修建房屋、道路和桥梁,架设电缆和管道,农村面貌迅速改善,农民从中得到实惠,生活水平达到一个新的高度。

4.3.2 国内乡村基础设施建设情况

乡村基础设施是指为发展乡村生产和保证农民生活而提供的公共服务设施。经过"十一五""十二五"的大力建设,我国乡村基础设施,特别是生活基础设施建设已经取得了很大成就。随着乡村基础设施建设的迅速发展,少数乡村基础设施已经较为完善。但我国乡村基础设施建设从整体上看仍然落后于世界发达国家,基础设施建设总体水平在世界上仍处于落后位置。近年来,乡村基础设施得到了一定的发展,但仍存在一些问题。

1. 区域发展不平衡

由于我国长期以来实行优先发展城市的策略,从而形成了城乡不均衡的社会利益分配体制和格局,以及与之相对应的城乡二元基础设施供给体制。这种供给系统促进了城市基础设施建设的快速发展,而乡村基础设施建设则发展缓慢,在很多方面远远落后于城市,无法满足农民的生活需求,尤其体现在区域发展不平衡、内部结构不合理等方面。

区域发展不平衡的主要原因是发达地区与欠发达地区乡村基础设施差距较大。东部发达地区的乡村基础设施投资远高于中西部欠发达地区的乡村基础设施投资。乡村基础设施建设存在内部结构不合理的问题,在农村能源消耗结构中,天然气等清洁能源所占比例较低。农村电力设施供给不足,农村电力设备落后,中西部地区农村电网相对薄弱。农村用电、用气成本较城市而言偏高,农民无法负担高额费用。在供水方面,虽然当前我国农村人畜饮水环境得到了很大改善,但农村集中式供水比例仍然很低,农村自来水普及率仍然相对较低。在互联网方面,农村互联网相关基础设施普及情况仍然相对较低,互联网普及率远低于城镇。

2. 建设与维护不协调

此外,我国乡村基础设施建设与维护不协调,农村基础建设存在着重建设轻维护的问题。轻维护在一定程度上缩短了许多基础设施的使用寿命,从而被迫重建基础设施导致投入资源的浪费。多数农村地区在建设基础设施上付出了大量的人力、物力、财力,却疏于对基础设施的保养与维护,在基础设施的维护方面投入较少。

3. 乡村振兴

十九大以后,中国特色社会主义进入了新时代,乡村振兴成了乡村规划的主旋律。农业、农村和农民问题是国民经济和民生的根本问题。解决三农问题的根本在于农村经济的发展,农村经济发展的基础在于乡村基础设施建设。加强乡村基础设施建设是我国实施乡村振兴战略的重要步骤。加强乡村基础设施建设,需要多方出力共同补齐短板,并根据不同地区的实际情况,采取不同的模式,完善科学管理和决策机制,加快完善乡村基础设施建设,促进乡村基础设施建设高效协调运行。

4.3.3　乡村基础设施配置原则

基础设施规划是新农村建设规划的重要内容,基础设施的改善是农业和农村发展的有力支撑。科学的基础设施规划,可以有效落实国家政策,为农业增产、农民增收、农村繁荣注入强劲动力。但是社会主义新农村文化基础设施规划仍然存在许多问题,与农村经济建设发展和农民百姓的需求还有一定的差距。因此,我们必须清楚认识到加强新农村基础设施规划的重要性和紧迫性,保证新农村建设沿着社会主义方向健康发展。

1. 区域统筹,以城带乡

政府承担行政区内乡村基础设施的建设任务,县级以上地方政府对区域内乡镇村庄进行统筹安排。避免农村基础设施重复建设,防止城乡基础设施布局混乱,发挥城市对农村的辐射作用。

2. 注重效益,门槛限制

自然村庄中人口规模偏小的较多,达不到规模效应。如果居民点太分散,也无法实现应有的效益。对政府来讲,基础设施建设好做,然而维护的费用很高。忽视规模效益和维护费用而盲目进行基础设施建设,将会出现设施无法正常运转、资源浪费的情况。

3. 节约成本,精简内容

乡村基础设施建设要充分立足现有设施进行改造,防止大拆大建,落实"节水、节地、节能、节材"的"四节"方针。

4.4　乡村公共服务设施概述

随着我国社会经济的发展,城乡统筹背景下的城镇化进程,以及当前国家实施乡村振兴战略的重大决策部署,村庄建设规划具有重大意义,基本公共服务设施规划则是其中不可或缺的重要内容。

公共服务设施(public service facility),又称公共设施,是提供公共服务的载体,其概念类似于西方经济学中公共产品。在吴志强等主编的《城市规划原理》(第四版)中,又将公共服务设施定义为"具有公共性和服务性特征,是保障生产、生活的各类公共服务的物质载体"。学者们出于不同学科研究角度,对公共服务设施的分类和内容界定不尽相同。

在《城市公共设施规划规范》(GB 50442—2008)中,城市公共设施用地(city public facilities land use)指在城市总体规划中的行政办公、商业金融、文化娱乐、体育、医疗卫生、教育科研设计、社会福利共七类用地的统称。

2012 年国务院颁布的《国家基本公共服务体系"十二五"规划》,明确了基本公共服务"指建立在一定社会共识基础上,由政府主导提供的,与经济社会发展水平和阶段相适应,旨在保障全体公民生存和发展基本需求的公共服务。享有基本公共服务属于公民的权利,提供基本公共服务是政府的职责"。并指出基本公共服务范围"一般包括保障基本民生需求的教育、就业、社会保障、医疗卫生、计划生育、住房保障、文化体育等领域的公共服务,广义上还包括与人民生活环境紧密关联的交通、通信、公用设施、环境保护等领域的公共服务,以及保障安全需要的公共安全、消费安全和国防安全等领域的公共服务"。罗震东等学者定义公共服务设施是指具有非竞争性和非排他性特征的主要由政府部门提供的公共产品,包括行政管理、教育、医疗、文化体育和社会服务设施等。

乡村公共服务设施是相对城市公共服务设施而言,是指为满足农村社会的公共需要,为农村社会公众提供范围较广泛的、非营利的公共产品劳务和服务行业的总称。基本公共服务标准,指在一定时期内为实现既定目标而对基本公共服务活动所制定的技术和管理等规范。基本公共服务均等化,指全体公民都能公平可及地获得大致均等的基本公共服务,其核心是机会均等,而不是简单的平均化和无差异化。基本公共服务体系,指由基本公共服务范围和标准、资源配置、管理运行、供给方式以及绩效评价等所构成的系统性、整体性的制度安排。

4.4.1 国外乡村公共设施建设情况

随着经济全球化和政治民主化的发展,公共服务已经成为公共行政和政府改革的核心理念,也是现代政府职能的重要表现和组成部分。政府是否能够满足广大群众日益增长的公共服务需求,提高公共服务的供给能力,缓解社会阶层矛盾,促进社会公平和稳定发展,已经成为衡量一个国家政府治理能力的重要标准。作为福利国家策源地的英国,早在1948年,时任英国首相的艾德里就宣称英国是世界上第一个建立"从摇篮到坟墓"的公共服务体系的国家。随着公共服务供给模式的不断改革深化,英国已形成覆盖范围较广、内容较完善的服务体系,这成为民众改善生存质量,增强生活幸福感,平等而高效享受社会服务的重要途径。我国也颁布实施了《"十三五"推进基本公共服务均等化规划》国家级重点专项规划,以清单式同样推进基本公共服务,增进人民福祉,维护社会公平。纵观全世界,日韩、英美、德国等国家的乡村发展规划都取得了一定的成就,对这些国家新农村运动的回顾,可为我国乡村公共服务设施配置提供参考与借鉴。

1. 日本

从20世纪70年代开始,随着城市扩展和城乡收入差距的持续扩大,日本开展了一系列农村环境综合整备工作,以保障农村生活水平、保护农村特色与环境、解决农村社会问题。20世纪90年代以来,改善农村滞后于城市生活环境的服务设施成为整备的重点内容。为实现农村生活的便利性、安全性和舒适性,农村整备将一种称为"生活圈"的圈层体系作为组织农村社区服务、配置公共设施的基本单元,通过重组农村地域空间,力图使公共服务有机融入农村居民的生活中去。

　　不同层次的生活圈配置不同类型的公共服务设施,相互叠加形成公共服务体系。日本在《农村生活环境整备计划》中提出的生活圈是指某一特定地理、社会村落范围内的人们日常生产、生活的诸多活动在地理平面上的分布,以一定人口的村落、一定距离圈域作为基准,将生活圈按照"村落—大字—旧村—市町村—地方都市圈"进行层次划分。不同层次的生活圈对应不同类型的公共服务设施,在生活圈的中心配置公共服务设施,多个生活圈相互组合、叠加,形成公共服务体系。其中,基本生活圈中心满足居民的日常需求,提供最基本的福利设施;高等级的生活圈中心提供更为多样和专业化的公共服务。

　　"过疏化现象"是日本经济高速发展过程中地区间社会经济发展不平衡的一种表现。这一现象突出反映在人口分布上。日本的"过疏化现象"伴生于日本经济的高速增长,是农村人口流动尤其是农业劳动力快速转移中产生的现象。"过疏化地区"就是指那些人口锐减,生活水平与生产功能呈现难以维持状态的地区。日本政府依据《过疏法》指定过疏化町。

　　日本为消除"过疏问题",在乡村公共服务设施问题上,实施费用主要由政府承担,加强基础设施和公共服务设施建设,提高公共资源的建设和利用效率,改善乡村生产、生活环境。在乡村公共服务设施配置方式上,通过修建村镇道路,使汽车能直接进入各户住宅用地内;在规划和建设村镇公园时,充分听取居民意见并请居民参与;村镇环境改善中心举行各种集会或娱乐等活动;建设村镇下水道;建设亲水空间或生态池。

　　日本对于区位不同的村庄采取不同的公共设施配置措施,分类配置更加具有针对性和可实施性。根据区位的不同,农村可以分为过疏化地区农村、远郊现代农村、近郊现代农村三类,具体如表 4-5 所示。

表 4-5　日本农村分类

农村类型	公共服务设施配置要求
过疏化地区农村	考虑地区特点和区域间的平衡;充实保健、福利和医疗三方面服务;跨区域共建
远郊现代农村	注重文化设施和基础教育设施的配置;集中设置较为全面的老年人福利设施;设置功能较为全面的诊疗所
近郊现代农村	公共服务设施类型丰富,延展项目多;各类公共设施通常配置数量多

　　对于区位不同的村庄,根据人口密度、年龄结构等方面不同而导致的设施需求差异性,采取不同的公共设施配置措施。近郊现代农村配置类型丰富且数量较多的公共设施;远郊现代农村重点关注老年人福利设施,文化设施及基础教育设施;人口过疏化地区关注区域间的平衡及跨区域共建,完善交通等基础设施,并充实保健、福利、医疗三方面的服务。结合实际,分类配置,菜单化、模块化,更加具有可实施性与针对性,值得乡村公共服务设施配置标准研究与建设的借鉴。

2. 英国

目前英国绝大多数农村地区较为发达,在《我们未来的乡村》白皮书中,英国政府提出如下愿景:一个宜居的乡村,建设繁荣的社区,提供高水准的公共服务;一个工作的乡村,推动经济活动多样化,实现稳定和普遍的就业;一个受到保护的乡村,保证自然环境的改善和可持续;一个充满活力的乡村,强化乡村社区,使乡村的命运掌握在其自身手里,使各级政府都能听到来自乡村的声音。

英国公共服务设施主要通过疏解人口和产业,建设了中心村(key settle)促进乡村人口集中。其公共设施内容主要有基本的地方服务(酒馆、商店、社区服务店、车库等设施),现代化的乡村邮政服务(商业服务网点、银行及金融服务),学校、培训、交通、通信、幼托和早教等。英国的乡村振兴在社会保障层面主要体现在卫生医疗、农民住房、社会治安等方面。比如向人们提供全面的、免费的医疗服务,农村地区基本形成了惠及每家每户的完善的健康服务体系;向中低收入家庭和无家可归者提供基本的住房保障;推出睦邻警察服务、邻里守望项目和农村社区矫正制度,有效保障了农民群体的合法权益。

针对英国大量家庭农场的发展现状,英国政府实行了许多扶助家庭农场发展的优惠政策,如给予经济补贴、给予价格支持、帮助销售滞销农产品等,有利于保护农场主的切身利益。在政府的大力支持下,英国农民取得了丰厚的收益,农民的合法权利得到了有效保障,乡村社会的振兴发展也得到了有利促进。

4.4.2 国内乡村公共服务设施发展历程

1. 早期起步阶段

乡村公共服务的萌芽时期是从新中国成立初期的乡村"百废待兴"到1957年我国全面土地改革。此时的乡村公共服务设施有着分配项目严格、功能设施专门化的特点。1958年,为适应生产发展的需要,我国乡村实行人民公社制度。从人民公社时期社会总体来看,结构单一、以行政化决策为主导形成了低水平但具有较高效率的乡村公共服务供给机制。十一届三中全会后,我国实行土地乡村家庭联产承包责任制,标志着我国乡村进入全面改革时期。随着城乡二元经济发展两极化及乡村村民对公共服务的需求与日俱增,乡村财政供给缩水,乡村公共服务需求与供给之间的矛盾日益突出,乡村公共服务进入窘迫时期。

在1994年国有土地有偿使用政策推行以前,乡村成了承担市场经济产品的倾销市场,农民赖以生存的农业基础进入了快速发展时期。2000年以后,国家充分认识到乡村经济发展严重制约国民经济提升,逐渐重视"三农"解决问题,乡村公共服务形势的变革逐渐展开,乡村公共服务体系开始重构,进入快速发展时期。2006以来,乡村市场经济发展不断加速,农民的社会保障机制也开始不断完善。国家一系列体制改革直指乡村,从取消农业税试点、土地流转制度试行到基础设施建设、义务教务改革、村村通公路工程、乡村医改等,无不表明了国家对"三农"问题的重视。农民告别了向国家上缴"皇粮国税""以农养政",进入了乡村公共服务受"补给"的时代,乡村公共服务设施的发展随之进入了稳步求进的阶段。

2. 快速发展阶段

2008 年《中华人民共和国城乡规划法》颁布实施后,乡村规划得到重视。但是与城市的规划体系相比,乡村规划体系缺失,多数村庄依然没有编制建设规划,更不用谈公共服务设施专项规划。规划的缺失,使得农村公共服务设施空间分布相对随意,无法发挥公共服务设施最优服务。此外,还有《村庄整治技术规范》(GB 50445—2008),2013 年住房城乡建设部《村庄整治规划编制办法》,2014 年国家标准《美丽乡村建设指南》(GB/T 32000—2015)等的出台促进乡村规划得到进一步的技术指导。

目前,我国农村建设规划主要依据《镇规划标准》(GB 50188—2007)。《镇规划标准》(GB 50188—2007)经原建设部 2007 年 1 月 16 日以第 553 号公告批准发布。其修订是在总结《村镇规划标准》(GB 50188—1993)颁布十多年来我国村镇规划建设事业发展变化的基础上,特别是镇的数量迅速增加和建设质量不断提高,镇的发展变化对于改变农村面貌和推进农村的现代化建设,加速我国城镇化的进程,日益显示出其重要性,而进行修编的。

为适应镇的建设发展形势,该标准的名称改为《镇规划标准》,其适用范围为全国县级人民政府驻地以外的镇的规划,且乡的规划可按该标准执行,是由于我国的镇与乡同为我国基层政权机构,且都实行以镇(乡)管村的行政体制。随着我国乡村城镇化的进展、体制的改革,编制的规划得以延续,避免了因行政建制的变更而重新进行规划。

该标准对于镇村体系和规模分级等有明确的界定,详细规定了农村公共设施的类别和项目,但是对农村公共服务设置的等级研究相对不足,只划分了中心镇和一般镇两级。另外,新标准对农村公共服务设施规划的指导方面也存在欠缺,对建设新农村公共服务设施的指导不具体。

4.4.3 乡村公共服务设施的主要内容

在国家相关法规的基础下,目前全国各地在乡村规划这一领域还存在不少地方规范。浙江省在总结安吉经验的基础上结合实际,于 2014 年 4 月发布了全国首个美丽乡村的地方标准——《美丽乡村建设规范》;福建省也于 2014 年 10 月发布了省级地方标准《美丽乡村建设指南》;《四川省"幸福美丽新村"规划编制办法》(2014)、《成都市城镇及村庄规划管理技术规定》(2015)等的出现,通过标准引领、指导四川省省市范围内的美丽乡村建设。

在乡村规划这一领域,各地对公共设施的类别划分差别较大,但大多包括行政管理、教育机构、文体科技、医疗保健、商业金融和集贸市场等。

由于教育机构在公共建筑用地中占的比例较大,且与人口年龄构成和提高人口素质密切相关,因而单独设小类。集贸市场虽属商业性质,但与一般商业机构有较大不同,在用地布局和道路交通等方面具有不同要求,其用地规模与常住人口规模无直接关系,并且不同镇区集贸市场的经营内容与方式、占地数量与选址等都有很大差异,因此单独设小类。

乡村公共服务设施在乡村中所起的作用是多方面的。它直接服务于村民的生活,提升村民的生活质量,促进生产,解决就业,某些公共服务设施还可带动村庄集体经济的发展。它为村民提供公共活动场所,通过活动延续村庄的传统文化,通过交流增强村庄的和谐氛围。另外,公共建筑还能够形成良好的村庄景观风貌。

乡村公共服务设施常见分类方式有如下几种。

1. 按照经济性质分类

按照经济性质,公共服务设施可以分为公益性和经营性两大类。公益性公共服务设施属于政府扶持内容,一般由政府直接拨款建设,目的是保障村民的基本权益,包括行政管理、教育、医疗等内容;经营性公共服务设施属于市场调节的内容,应根据本村发展水平和具体要求灵活安排,主要包括商业服务设施和市场性健身、娱乐设施。

公益性公共服务设施通常分大、中、小型村庄配置,为防止村庄公共服务设施配置大而无当,村委会建设规模应控制其上限,一般使用面积不超过 300 m²。

经营性公共服务设施通常包括日用百货、集市贸易、食品店、综合修理店、小吃店、便利店、理发店、健身娱乐场所、农副产品加工点等。经营性公共服务设施一般按照人均建筑面积指标来配置,参考总指标为 200~600 m²/千人,依据村庄需求特点,在总指标区间选取配置。配置内容和指标值的确定应以市场需求为依据。

2. 按照服务对象分类

按照服务对象,公共服务设施可分为为本村服务、为邻村服务、为外部社会服务三类。其中,为邻村服务的主要包括村委会、学校、卫生室等;为外部社会服务的主要指村庄旅游服务设施,过境公路边的村庄沿路安排商业服务设施为外部社会服务。

3. 按照经济发展水平分类

按照经济发展水平,公共服务设施可分为基本型、小康型、富裕型三种类型。基本型是指为保障村民基本生活需求而必须配置的设施,如商店、理发店等;小康型是指在满足村民物质需求之外,还兼顾村民的精神生活,包括教育、文化等设施,并达到一定的水平;富裕型是指公共配套设施无论是在内容上还是在规模和质量上都达到了较高要求。村庄公共服务设施的配套水平一定要与村庄的经济发展水平和实际需求相适应,切不可搞大而无当的形象工程。

4. 按照用地性质分类

按照用地性质,并参考《镇规划标准》(GB 50188—2007),与大多数省份类似,在《四川省"幸福美丽新村"规划编制办法》(2014)中,基本生活公共设施包括文化教育、行政管理、医疗卫生、体育设施等公益型设施。基本生活公共设施配套要按聚居点规模分级配套的原则,提出配套的内容和标准,配套水平与聚居点规模相适应。完善村级"1+6"公共服务设施(村级组织两委+便民服务中心、农民培训中心、文化体育中心、卫生计生中心、综治调解中心、农家购物中心)的配置,并与村民住宅同步规划、建设和使用。以旅游为特色产业的幸福美丽新村,可结合实际,安排游人中心、接待中心等旅游服务设施。

4.4.4 乡村公共服务设施的配置原则与布局方式

1. 配置原则

公共设施项目的配置,要依据乡村的层次和类型,并充分发挥其地位职能而定,在综合规划建设实践的基础上进行,并充分尊重以下基本规律。

1) 城乡统筹

按照推进城乡经济社会发展一体化的要求,缩小城乡居民享有公共服务的差距,加快实现城乡公共服务均等化。保障"基本型",扩大"小康型",争取"富裕型"。加强城市反哺乡村,特别应协调好城镇对周边村庄的公共服务支持。

2) 联建共享

引导公益性公共服务设施的合理布点,对于服务人口较多、规模较大、投资相对较高的公共服务设施,可视具体情况,由多个村庄联建共享,形成一定区域的公共服务中心,以避免人力、物力和财力的浪费,也可避免公共服务设施利用率不高、人气不旺的矛盾。

3) 经济适用

公共服务设施配置类别、数量和规模,应该根据村庄的不同需求(职能、规模、地域、环境条件的差异)因地制宜地取舍和侧重;坚持"先基本,后富裕""主导公益,引导经营"的思路来配置公共服务设施;分清哪些是必不可少的,哪些是按人口规模配置的,哪些是由市场来主导的;从村民实际需求出发,合理配置公共服务设施,提高村民生活质量。

4) 集中布置

村庄公共服务设施应尽量集中布置在方便村民使用的地带,形成具有活力的村庄公共活动场所。根据公共设施的配置规模,其布局可以采用点状和带状等不同形式。

2. 配置相关因素

我国幅员辽阔,城乡之间的差异较大。有些边远地区及少数民族地区中不少城乡地多人少,经济水平低,具有不同的民族生活习俗;有些山地城乡地少人多;还存在个别特殊原因的城乡,如人口较少的工矿及工业基地、风景旅游区等。总体而言,人口、区位等因素是每个乡村公共服务设施配置都需要考虑的。

人口规模决定设施配置,规模较大的村庄需要设置学校、幼儿园、集贸市场等公共服务设施,规模较小村庄主要利用周边规模较大村庄的此类设施,不再单调建设。

《镇规划标准》(GB 50188—2007)中,术语"中心村"(key village)解释为:镇域镇村体系规划中,设有兼为周围村服务的公共设施的村。镇村体系是县域以下一定地域内相互联系和协调发展的聚居点群体。这些聚居点在政治、经济、文化、生活等方面是相互联系和彼此依托的群体网络系统。随着行政体制的改革,商品经济的发展,科学文化水平的提高,镇与村之间的联系和影响将会日益增强。部分公共设施、公用工程设施和环境建设等也将做到城乡统筹、共建共享,以取得更好的经济、社会、环境效益。

乡村公共服务设施的配置应在村域范围内统筹布点。村委会、小学、文化站等应在行政村范围内综合考虑、集中布点,宜设置于规模较大、位置适中、基础条件较好、交通便利的自然村,方便本行政村的各自然村村民使用;商业服务设施等则需要充分考虑本自然村村民使用的便利性。

不同村庄本身区位条件和特点也影响公共服务设施配置。不同区位的村庄,其公共服务设施的配置条件和方式有较大的区别。距离城镇较近的村庄,某些公共服务设施可借助城镇,不需要单独配置。相对独立的村庄,由于只能依靠自身的服务设施满足日常需求,因此其服务设施的配置应比较齐全。村庄产业特征一定程度上决定了公共服务设施功能。例如,以林果业为主的村庄,必须考虑果品运输、交易的公共服务功能;以旅游业为主的村庄,必须重视旅游服务公共设施的建设。

3. 布局方式

1)公共设施选址方法

除教育和医疗保健机构应独立选址外,其他公共服务设施宜相对集中布置,体现集聚规模、使用方便、节约用地、保持特色的原则,形成公共活动和景观中心。商业金融和集贸设施宜设在入口附近或交通方便地段;学校宜设在阳光充足、环境安静的地段,小学、初中应结合县教育部门有关规划进行布点;以旅游为特色产业的聚居点,游人中心、接待中心等旅游服务设施宜布置在村口或结合公共设施中心布置;应结合公共服务设施中心或村口布置公共活动场地,满足村民交往活动的需求;社会保障设施用地应布置在环境好,相对安静的位置,有条件的可与相邻村联合设置;市场设施用地的选址应有利于人流和商品的集散,并不得占用公路、主要干路、车站、码头、桥头等交通量大的地段。

公共服务设施应统一规划,分步实施,与村民住宅同步建设和使用。规划可预留用地,为远期建设留有余地。

2)布局方式

(1)结合主要道路带状布局

沿村庄干路两侧布置公共服务设施,形成线性公共活动场所。干路人流多,且连通到村民家,可方便大部分居民,同时还有利于组织街巷空间,形成村庄主题景观。一般情况下,沿路带状布局方式应作为优先选择的布局方式。

(2)结合公共空间设置

结合村庄公共空间布置公共设施,形成围合、半围合空间,作为村庄主要活动场所。

（3）结合村口设置

在村庄入口集中布置公共服务设施，富有特色的建筑形式可以形成村庄入口标志，突出村庄形象的同时，又可以方便村外或路过的人们使用，有利于充分发挥公共设施的服务作用。

（4）点状布局

公共服务设施分散布置在村庄居住组群中，形成散点状布局。这种方式的优点是服务半径小，每一组群内的村民使用都很方便，村庄服务条件整体均衡。

4.5 农村住宅设计通则

我国幅员辽阔，民族众多，由于地理、气候、生产和生活方式、社会发展、文化特征、建筑材料等的不同，在漫长的历史中形成了许多地域特色鲜明的住宅类型。先民们巧妙地运用地方材料，通过合理的建筑形式、平面布局、空间组合、细部构造和独特的建造方式，不仅满足了当地居民生产和生活的需求，营造了适合当地的人居环境，更造就了优秀的建筑艺术和文化。在社会高速发展的今天，农村居民出于对美好生活的向往而对农村人居环境、对农村住宅提出了新的诉求；而新型建筑材料、先进的施工技术、多元文化、多元建筑风格也早已走进乡村大地，在我们的农房建设中有成功的案例，也有失败的教训。我们在用科技改变生活的同时，在合理借鉴和吸收外来建筑文化的同时，也需要更加注重本土文化的传承。

4.5.1 农村住宅设计基本原则

1. 体现功能性

农村住宅应体现农村生产和生活方式，满足村民生活及健康条件的基本需求，符合村民生产和生活习惯，户型设计多样，居、食、储、卫等功能空间划分明确、合理，并根据地块条件采用平面和竖向较为规则、抗震性能较好的结构体系，以及有利于空间灵活分隔的结构形式。

2. 体现经济性

农村住宅建筑设计应满足"安全、卫生、适用、美观"的要求，应遵循实用、经济、绿色、美观和节地、节水、节材、环保的原则，建设节能省地型农村住宅。农村住宅一般不宜超过三层。在人均宅基地较少或建设用地较局促的农村聚居点，可根据实际情况确定建筑层数。

3. 体现地域性

农村住宅的形式多种多样，采取什么形式的农村住宅，要按照当地的经济条件，考虑农民生产和生活的需要、民族风俗习惯、自然环境条件，结合地域文化和传统民居特点来决定。通过丰富外观立面、优化内部功能，充分利用地方建筑材料，塑造自然和谐的农房建筑特色,防止出现呆板的"火柴盒"式的建筑造型和光怪陆离、奇奇怪怪的建筑造型。村庄内存在历史文化建筑时,新建的农房建筑应当与历史文化建筑风格保持协调。对既有历史文化建筑风貌进行维护或修缮时,应按照整旧如旧的原则,确保其历史文化价值和传统建筑风貌得以延续。

4.5.2 农村住宅设计要点

1. 建筑功能

农村住宅设计应充分考虑居住实态和家庭构成,布局应紧凑方正,空间划分上基本做到寝居分离、食寝分离、净污分离。北方地区卧室宜临近厨房,便于利用厨房余热采暖。南方地区卧室宜远离厨房,避免油烟和散热干扰。

农房居住空间组织宜具有一定的灵活性,可分可合,满足不同时期家庭结构变化的居住需求,避免频繁拆改。应依据方便生产的原则设置农机具房、农作物储藏间等辅助用房,并与主房适当分离。功能分区应实现人畜分离,畜禽栅圈不应设在居住功能空间的上风向位置和院落出入口位置,基底应采取卫生措施处理。

农村住宅应高效利用、合理规划庭院空间,根据农民生活习惯,安排凉台、棚架、储藏、蔬果种植、畜禽养殖等功能区。同时,应鼓励发展垂直立体庭院经济,在空间上形成果树种植、畜禽养殖、蔬菜种植、居住、农产品加工的立体集约化模式。

农村住宅的厨卫上下水应齐全,上水卫生、压力符合相关规定,下水通畅且无渗漏,洗漱用水与粪便独立排放。在农村住宅设计中,应根据当地实际和农民需求,配套设置电气、电视接收、电话、宽带等现代化设施,设置相应的使用接口和分户计量设备。

2. 环境与健康

农村住宅建设应尽量保持原有地形地貌,减少高填、深挖,不占用当地林地及植被,保护地表水体。在建筑群体组合、单体建筑的空间结构上,应在运用现代科学技术的基础上,充分结合传统村落建筑"筑台、架空、跌落、错层、分层、悬挑、吊脚、俯岩出入"等处理手法,充分利用地形起伏,河流、坑塘、水渠等水面,采取灵活布局,形成错落有致的村庄景观。

农村住宅应在建筑形式、细部设计和装饰方面充分吸取地方、民族的建筑风格,采用传统构件和装饰。绿色农房建造应传承当地的传统构造方式,并结合现代工艺及材料对其进行改良和提升。鼓励使用当地的石材、生土、竹木等乡土材料。属于传统村落和风景保护区范围的绿色农房,其形制、高度、屋顶、墙体、色彩等应与其周边传统建筑及景观风貌保持协调。

农村住宅庭院应充分利用自然条件和人工环境要素进行庭院绿化美化,绿化以栽种树木为主、种草种花为辅。庭院景观应引入菜地,体现田园风情。

农村住宅的主要围护结构材料和梁柱等承重构件应实现循环再利用。在保证性能的前提下,尽量回收使用旧建筑的门窗等构件及设备;应使用对人体健康无害和对环境污染影响小的保温墙体、节能门窗、节水洁具、陶瓷薄砖、装饰材料等绿色建材。

　　农村住宅应通过良好的设计,合理组织室内气流;农村住宅应按照国家现行标准建设农村户用卫生厕所,推广使用"三格式"化粪池,并可与沼气发酵池结合建造。水资源短缺地区宜结合当地条件,推广新型卫生旱厕及粪便尿液分离的生态厕所。

　　农村生活垃圾应进行简易分类,做到干湿分离。生活污水不得直接排入庭院、农田或水体,应利用"三格式"化粪池等现有卫生设施进行简易处理。有条件的地区,可采取户用生活污水处理装置或集中式污水处理装置对生活污水进行处理。

4.6　乡村基础设施配置标准

4.6.1　给水工程

　　给水规划应充分利用现有条件,改造完善现有设施,保障饮水安全,实现合理用水、计划用水、节约用水。给水处理工艺规划应根据农村的经济水平和管理水平,力求安全可靠,操作管理方便。供水能力即最高日的用水量,应包括生活用水量、畜禽饲养用水量、公共建筑用水量、消防用水量、其他用水量等。

　　生活用水量、畜禽饲养用水量可按照表 4-6、表 4-7 计算。

表 4-6　生活用水量

给水设备类型	最高日用水量/(L/人·d)	时变化系数
从集中给水龙头取水	20～30	3.5～2.0
户内有给水龙头无卫生设备	30～70	3.0～1.8
户内有给水排水、卫生设备,无淋浴设备	40～100	2.5～1.5
户内有给水排水、卫生设备和淋浴设备	100～140	2.0～1.4

注:采用定时给水的时变化系数应取 3.2～5.0。

表 4-7　畜禽饲养用水量

类别	用水定额/[L/(头·天)]	类别	用水定额/[L/(头·天)]
马	40～50	羊	5～10
牛	50～120	鸡	0.5～1.0
猪	20～90	鸭	1.0～2.0

　　公共建筑用水量可按生活用水量的 8%～25% 进行估算;管网漏失水量及未预见水量,可按最高日用水量的 15%～25% 计算。

　　给水方式分为集中式和分散式两类。靠近城市或集镇的聚居点,优先选择城市或集镇的配水管网延伸供水;距离城市、集镇较远的聚居点,优先选择联村、联片供水或单村供水;无条件建设集中式给水工程,可选择手动泵、引泉池或雨水收集等单户或联户分散式给水方式。应建立水源保护区,保护区内严禁一切有碍水源水质的行为和建设任何可能危害水源水质的设施,现有水源保护区内所有污染源应进行清理整治;加强对分散式水源(水井等)的卫生防护,水源周围 30 m 范围内不得有污染源。在保证水量的情况下,可充分利用水塘等自然水体作为消防用水,或设置消防水池安排消防用水。

现有供水不畅的输配水管道应进行疏通或更新,供水管道在户外必须埋入地下,管顶埋设深度不小于 0.5~0.7 m;穿越道路、农田或沿道路铺设时,供水管道埋深不得小于 1.0 m。供水管道与排污管、渠不应布置在一起,如有交叉,供水管道要布置在排污管、渠之上。供水管道宜沿现有道路或规划道路敷设,尽量缩短线路长度,避免急转弯、较大的起伏、穿越不良地质地段,减少穿越铁路、公路、河流等障碍物。

4.6.2 排水工程

污水量可按用水量的 75%~90% 进行计算。排水体制应选择雨污分流制。条件不具备的小型聚居点可选择合流制,但在污水排入系统前,应因地制宜地采用化粪池、生活污水净化池、沼气池、生化池等污水处理设施进行预处理。

1. 污水处理设施规划

生活污水宜经集中处理后排放,减轻水环境污染;有条件的聚居点,污水集中处理应达到《城镇污水处理厂污染物排放标准》(GB 18918—2002)三级标准;污水用于农田灌溉时,应符合农田灌溉水质标准的有关规定。

距离城镇较近的聚居点,宜充分依托城镇污水处理系统进行集中处理;位于城镇污水处理厂服务范围外的聚居点,可采用沼气池、生化池、双层沉淀池或化粪池等进行处理,再利用人工湿地、生物滤池等对污水进行后续深度处理达标后排放。生活污水沼气化粪池净化率应不小于 50%。污水处理设施的位置应选在聚居点的下游,靠近受纳水体或农田灌溉区。

2. 排水管网规划

排水管渠应以重力流为主,宜顺坡敷设,不设或少设排水泵站;排水干管应布置在排水区域内地势较低或便于雨污水汇集的地带;排水管道宜沿规划道路敷设,并与道路中心线平行;截流式合流制的截流干管宜沿受纳水体岸边布置;布置排水管渠时,雨水应充分利用地面径流和沟渠排除,污水应通过管道或暗渠排放;位于山边的聚居点应沿山边规划截洪沟或截流沟,收集和引导山洪水排放。

雨水排放可根据当地条件,采用明沟或暗渠收集方式;应充分利用地形,及时就近排入池塘、河流或湖泊等水体;雨水排水沟渠的纵坡不应小于 0.3%,雨水沟渠的宽度及深度应根据各地降雨量确定,沟渠底部宽度不宜小于 150 mm,深度不宜小于 120 mm;雨水排水沟渠砌筑可选用混凝土或砖石、条石等地方材料。

4.6.3 供电工程

供电工程规划应包括预测供电负荷,确定电源和电压等级,布置供电线路,配置供电设施；电力设施规划应充分考虑其运行噪音、电磁波对村民生活的干扰和影响；供电变压器容量的选择，应根据服务范围内的生活用电、生产设施用电和农业用电负荷确定；配电房的建筑面积应控制在 50 m² 左右。人均生活用电量指标按 250～1000 kwh/(人·年)计算，农业用电负荷可按每亩用电负荷计算。

供电线路布置宜沿公路、内部主要道路布置，因地制宜架空或地下埋设；架空线路布置有序，无私拉乱接现象，无安全隐患，电力线杆 10 kV 设置间距宜为 50～100 m，0.38 kV 设置间距宜为 40～60 m；电力走廊不应穿过住宅、危险品仓库等地段，应避开易受洪水淹没、河岸塌陷、滑坡的地区；应减少交叉、跨越，避免对弱电的干扰；变电站或开闭所出线宜将工业线路和农业线路分开设置。

4.6.4 电信工程

电信工程规划应包括确定电信设施的位置、规模、设施水平和管线布置；电信设施规划宜靠近上一级电信局来线一侧，应设在容量负荷中心；电信设施应设在环境安全、交通方便，符合建设条件的地段。固定电话安装规划普及率应为 40 门/百人，有线电视用户应按 1 线/户的入户率标准进行规划。电信线路的布置应避开易受洪水淹没、河岸塌陷、滑坡的地区，应便于架设、巡察和检修；宜设在电力线走向的道路另一侧，线杆设置间距宜为 45～50 m。

4.6.5 生活用能

生活用能应密切结合聚居点规模、生活水平和发展条件，因地制宜、统筹规划，保护农村生态环境，逐步取代燃烧柴草、秸秆和煤炭。坚持能源选择多元化、集中与分散供给相结合、政府引导与本地积极建设相结合的原则。距气源近、用户集中的聚居点应依托城镇供气；距气源较远的大中型聚居点的燃料可以罐装液化石油气为主；散居农户和偏远地区的聚居点，提倡使用沼气，推广太阳能等清洁能源的使用，结合垃圾、粪便、秸秆等有机废物的生化处理，因地制宜地搞好分散式或相对集中的沼气池建设，变废为宝，综合利用。

应结合当地经济和社会发展需要，确定燃料需求标准。村民天然气生活用气量指标为 0.5～0.9 m³/(户·日)，液化石油气生活用气量指标为 0.4～0.8 kg/(户·日)。因地制宜地选择能源供应方式，优化供应设施布局。供应设施选址应避开易受洪水淹没、河岸塌陷、滑坡的地区，采用管道供应的聚居点，管道布置宜采用环状与枝状相结合的方式。

4.6.6 农村垃圾、公共厕所等环境卫生设施

当前，农村生活垃圾乱堆乱放，是农村环境"脏乱差"最直接的表现，农村垃圾、公共厕所已成为农村人居环境整治最迫切的工作。当前农村"厕所革命"关系到亿万农民群众的生活品质，厕所问题不是小事，作为乡村振兴战略的一项具体工作，补齐这

块影响群众生活品质的短板十分重要。

近年来,各地各有关部门积极行动、采取措施,农村改厕取得了一定进展,卫生厕所不足的状况有所缓解,相关疾病发生、流行得到一定控制,农民群众文明卫生素质有所提升。同时,各地农村改厕工作进展不平衡,重视程度不够,推动方式简单化,农民主体作用不突出,技术创新跟不上,农民群众"不愿用、没法用、用不上"等现象不同程度存在。

农村生活垃圾具有量大面广、分布分散、组成成分复杂、有害成分上升和地域差异大等特点,容易导致一系列农村环境卫生问题。目前农村乡镇以下垃圾处理基础设施落后,大部分地区收集垃圾所使用的露天垃圾池或垃圾桶缺乏必要的密封和清洁措施。另外,转运工具也存在数量不足和设施不配套问题。除个别地区配备了垃圾压缩车外,大部分农村以其他交通工具运送垃圾,存在转运效率低、运输费用高和转运中的跑冒滴漏现象。一些距离生活垃圾处理地点远、运输费用高、财力又较弱的农村就会选择就近处理,存在较大的环境风险。

垃圾收集、处理尽量采用"村舍收集、乡镇集中、区县处理",实现生活垃圾收集处理的资源化利用、减量化收集、无害化处理。工业废弃物、家庭有毒有害垃圾宜单独收集处置,少量非有害的工业废弃物可与生活垃圾一起处置;塑料等不易腐烂的包装物应定期收集,可沿村庄内部道路合理设置废弃物遗弃收集点。可生物降解的有机垃圾单独收集后应就地处理,可结合粪便、污泥及秸秆等农业废弃物进行资源化处理,包括堆肥处理和利用沼气工程厌氧消化处理。集中堆肥处理,宜采用条形堆肥方式,时间不宜少于2个月,且场地选择在田间、田头或草地、林地旁,与村民生活区保持一定距离。砖、瓦、石块、渣土等无机垃圾宜作为建筑材料进行回收利用;未能回收利用的砖、瓦、石块、渣土等无机垃圾可在土地整理时回填使用。

农村环境卫生设施配置标准如表4-8所示。

表4-8 环境卫生设施配置标准

环境卫生设施名称	配置要求	卫生防护距离
公厕	不低于25~50 m²/千人,每厕最低建筑面积应不低于25 m²,结合公共设施设置	—
化粪池	—	30 m
垃圾桶	每户配备一个垃圾桶,由农户自行将生活垃圾分类	—
垃圾箱	旅游新村每50~100 m设置一个,新村每100~150 m设置一个	—
垃圾收集点	服务半径不大于300 m,原则上每村设置一个	—

注:①卫生防护距离系指产生有害因素的污染源的边缘至住宅建筑用地边界的最小距离;②在严重污染源的卫生防护距离内应设置防护林带。

公厕应采用粪槽排至"三格式"化粪池的形式,与沼气发酵池结合建造,应加盖密闭,并确保粪池不渗不漏;户厕应按实际需要选择厕所类型,其改造和建设应符合国家有关疾病防控的规定,户厕改造宜一户一厕,改造率达到 100%。

4.7　乡村公共服务设施配置标准

本节以《四川省"幸福美丽新村"规划编制办法》(2014)为例,引导读者进一步理解乡村公共服务设施配置标准。

公共服务设施分为公益型和商业型两种类型。公益型公共服务设施是指行政管理、教育、医疗卫生、社会保障、文化体育等公共服务设施;商业型公共服务设施是指日用百货、集贸市场、饭店旅店、便民服务、娱乐场所等公共服务设施。

除教育和医疗保健机构应独立选址外,其他公共设施宜相对集中布置,体现集聚规模、使用方便、节约用地、保持特色的原则,形成公共活动和景观中心。商业金融和集贸设施宜设在入口附近或交通方便地段;学校宜设在阳光充足、环境安静的地段,小学、初中应结合县教育部门有关规划进行布点;以旅游为特色产业的聚居点,游客中心、接待中心等旅游服务设施宜布置在村口或结合公共设施中心布置;应结合公共服务设施中心或村口布置公共活动场地,满足村民交往活动的需求。

社会保障设施用地应布置在环境好,相对安静的位置,有条件的可与相邻村联合设置。市场设施用地的选址应有利于人流和商品的集散,并不得占用公路、主要干路、车站、码头、桥头等交通量大的地段。

公共服务设施应统一规划,分步实施,与村民住宅同步建设和使用。规划可预留用地,为远期建设留有余地。公共服务设施的配套水平应与聚居点人口及等级规模相适应,规模较小的可按服务半径共享配套设施,其公共服务设施配置标准应符合表4-9 的规定。

表 4-9　乡村公共服务设施配置标准

类别	建筑名称	配置要求	
		特大、大型	中、小型
行政管理	管理用房	建筑面积 100～200 m²,含警务、社保、医保等用房	建筑面积 100～200 m²,含警务、社保、医保等用房
教育	托幼(儿)园	生均占地面积 10 m² 左右	—
	小学	生均占地面积为 13～18 m²	生均占地面积为 13～18 m²
医疗卫生	卫生站	建筑面积 50～100 m²	建筑面积 50 m²
社会保障	敬老院	按人均 0.1～0.3 m² 的标准设置	—

续表

类别	建筑名称	配置要求	
		特大、大型	中、小型
文化体育	文化活动室	含科技服务点,建筑面积 100～200 m²	含科技服务点,建筑面积 50～100 m²
	图书馆	建筑面积为 50～100 m²	—
	全民健身设施	结合小广场、集中绿地设置,用地面积一般不少于 420 m²	小型运动场(篮球场)420 m²
商业服务设施	市场设施	占地面积 50～200 m²	—
	放心店	建筑面积 50 m² 左右	建筑面积 50 m² 左右
	邮政、储蓄代办点	结合商业服务建筑设置	—

四川"1+6"(村级组织两委+便民服务中心、农民培训中心、文化体育中心、卫生计生中心、综治调解中心、农家购物中心)村级公共服务设施配置标准应符合表 4-10 的规定。

表 4-10　四川"1+6"村级公共服务设施配置标准

设施名称	注释	特大、大型新村	中、小型新村	备注
村委会	建筑面积 100～150 m²	●	●	可合并设置
综合调解中心	建筑面积约 50 m²	●	△	
村民培训中心	建筑面积 100～150 m²	●	—	
卫生计生中心	(含卫生室、计生服务)建筑面积 50～100 m²	●	●	中小型可只设卫生室
文化体育中心	(含图书室、文化活动室、体育活动室)建筑面积 100～300 m²	●	●	体育健身运动可户外设置
便民服务中心	提供代办、就业、社保等服务,建筑面积 50～100 m²	●	—	中小型可设流动性便民服务点
农家购物中心	(含农家超市、农资店)建筑面积 50～200 m²	●	△	中小型可只设农家超市

注:"●"为必设;"△"为可设;"—"为不设。

由上文可见,乡村公共服务设施配置标准主要围绕"设"与"不设"和应当设置多大两个核心问题展开。此外,商业服务型公共设施可根据市场需求设置,公共服务设施除满足功能要求和方便村民的活动外,必须与环境相协调,注重特色空间的营造,风貌允许与住宅建筑有所差异,但应体现地方特色。

本章小结

乡村基础设施是为发展乡村生产和保证农民生活而提供的公共服务设施的总称,包括农业生产性基础设施、农村生活基础设施、生态环境建设、农村社会发展基础设施四个大类,包括交通邮电、农田水利、供水供电、商业服务、园林绿化、教育事业、文化事业、卫生事业等生产和生活服务设施。

乡村公共服务设施是指为村民提供公共服务产品的各种公共性、服务性设施,根据内容和形式分为基础公共服务、经济公共服务、社会公共服务、公共安全服务,按照具体的项目特点可分为教育、医疗卫生、文化娱乐、交通、体育、社会福利与保障、行政管理与社区服务、邮政电信和商业金融服务等。本章梳理了乡村基础设施与公共服务设施配置这一乡村规划的重点内容,涉及乡村规划中村庄选址与乡村规划布局,以及农村住宅设计通则。

思考题

[1]村庄如何进行选址?
[2]村庄发展有哪些模式?
[3]请总结村庄路网不同布局形式的优缺点。
[4]乡村公共设施如何进行布局?

第5章 乡村数字城镇框架建设

"数字城市"(digital city)是指以计算机技术、多媒体技术和大规模存储技术为基础,以宽带网络为纽带,运用遥感、全球定位系统、地理信息系统、虚拟仿真技术等,对城市进行多分辨率、多尺度、多时空和多种类三维描述的一种人地(地理环境)关系系统,即利用信息技术手段把城市的过去、现状和未来的有关内容在网络上进行数字化虚拟表达。"数字城镇"(digital town)是数字城市的组成部分,是指运用计算机信息技术、空间信息技术等,采用统一的信息规范与标准,将城镇的自然、社会、经济、人文等要素数字化,实现多类型、多时相、多分辨率的文本、图像、音视频数据的有机组织与高效管理,提供方便直观的检索显示、分析挖掘等工具,为政府部门和公众提供一个基于网络的公共信息服务平台。

运用城市地理信息系统及大数据、物联网等数字城市框架体系下的新技术,服务于市政管理和便民服务,已成为经营现代城市的重要标志,在城市规划、建设和动态管理方面取得了较大的社会和经济效益。随着城乡信息化鸿沟的不断缩小,城乡规划建设水平的不断提高,城市化与城镇化水平进程的不断加快,我国面临着大、中、小城镇协调、统筹和提高发展质量的重大问题,在这一历史进程中,需要建设中国特色的"数字城镇",以推动大、中、小城镇的有序发展和科学管理。

下面以柳江镇为例,介绍乡村数字城镇框架建设的主要内容。

5.1 数字柳江建设的背景和目标

5.1.1 柳江镇区域概况

柳江镇地处"大峨眉国际旅游区"核心圈层,位于洪雅县城西南 25 km 花溪河支流柳江两岸,距成都 150 km,距瓦屋山景区 53 km,距七里坪景区(峨眉山零公里处) 33 km,距槽渔滩景区 25 km,是成都至瓦屋山旅游干线上的重要节点。作为洪雅县的核心旅游品牌,柳江镇主要以观光休闲、区域性旅游服务为主,镇上常住人口、旅游度假人口总规模约 3 万人。

柳江古镇主体位于柳江城镇建成区东侧,与中心城区紧密融合,是一个自然风光多样的山水型生态古镇,始建于南宋绍兴十年(公元 1140 年),距今 800 多年历史,是四川十大古镇之一。柳江古镇曾经是经花溪河、青衣江前往夹江、乐山、重庆的水运交通枢纽,也是川西南茶马古道的重要支线。柳江古镇开发始于 2007 年,2008 年 5 月正式对外开放,先后获得"全国特色景观旅游名镇""四川十大最美古村落"和"国家级优美乡镇"称号,2015 年被评为国家 AAAA 级旅游景区。柳江古镇景区背靠峨眉山、瓦屋山、玉屏山拱卫左右,杨村河、花溪河汇集环绕,主要景点有老街、川西吊脚楼、临河古栈道、重力坝、曾家园、水码头、圣母山碑林、光明寺、侯家山寨等。柳江古镇气候湿润,雨量充沛,常年烟云缭绕,素有"烟雨柳江、雅女之乡"的美誉。根据《洪雅县柳江镇总体规划(2013—2030)》和《柳江古镇控制性详细规划》,通过古镇升级打造,发展柳江城镇,完善城镇功能,提升城镇设施水平,使柳江城镇成为洪雅县西南部区域的中心城镇和区域交通枢纽,区域经济、文化和商业中心。以柳江古镇为核心,规划面积 4.33 km²,整合"山-水-古镇"的资源优势,打造集高端度假、休闲、生态、商务、娱乐、商贸等功能于一体的古镇旅游综合体。实现从"小柳江"向"大柳江"的规划建设格局转变,从低端大众旅游市场向高端度假、会展和文化旅游市场转变,建成西南地区最具吸引力的川西古镇。

"洪雅—峨眉山"旅游快速通道建成后,全面打通大峨眉国际旅游区的西环线,形成"成都—洪雅—柳江古镇—七里坪—峨眉山"的世界遗产新线路,实现"峨眉拜佛·洪雅度假"的"大峨眉"环线旅游愿景,带动沿线旅游项目开发。近年来,柳江镇大力提升城镇规划建设水平,交通、排水、给水、旅游服务设施等市政基础建设实现跨越式发展。但随着旺季游客的逐年增多和商业投资快速增长,柳江当地政府和景区管理部门面临的挑战也更为复杂,基础设施的信息化管理与维护、主要景区的智慧旅游服务需要同步跟上发展速度。

5.1.2　柳江镇建设的目标和任务

培育现代旅游服务业需要数字城市建设和智慧旅游技术支撑。"数字城镇"是"数字城市"的技术子集,在现有基础条件下,搭建适合小城镇发展、管理的数字城镇框架,是应对柳江镇域产业结构转型挑战的必然选择。为服务于柳江古镇旅游产业升级,其数字城镇建设的目标定位确定为"数字柳江·智慧旅游"。综合运用现代 IT 技术并整合各类信息资源,开发集成业务系统,形成小城镇规划、建设和管理的数字化新模式。

数字柳江城镇框架建设和示范项目是世界银行贷款四川省小城镇发展项目的信息化工程部分,主要围绕世界银行"消除贫困、繁荣共享"的宗旨,提出"生态柳江、绿色柳江、数字柳江、产业柳江、和谐柳江"的建设理念,并结合海绵城市新技术,规划建设道路工程、桥梁工程、城市雨水花园工程、净水厂及配套管网工程、数字化城镇示范工程等。其中,"数字柳江"是服务于项目相关基础建设工程建成后的运营管理平台。

从数字化工程建设内容上看,数字柳江城镇框架和应用示范主要包括以下两个方面。

①硬件支撑,包括加强柳江镇网络通信环境提升,规划建设重点景区无线网络 WiFi 热点的覆盖;加强景区安全管控,在重点景区和场馆位置安装视频监控网络;新建智慧旅游服务中心机房,定制虚拟旅游体验设备。

②软件建设,在城镇数字化管理的整体框架之下,提供围绕有关市政空间数据管理和旅游产业的应用服务。数字柳江建设是一个长期规划、分步骤有序推进的过程,信息基础设施的完善是前提和基础。

数字柳江建设的总体目标,是为柳江全域旅游发展提供信息化支撑环境,提升柳江镇的城镇管理水平,探索基于数字城镇框架的中国西部典型地区旅游城镇建设、运行和管理的信息服务新模式。主要任务分解如下。

①制作一套服务于数字化城镇管理的高分辨率空间数据库和电子地图集;面向乡镇空间信息和基础设施资产管理,建成地理空间数据管理平台。

②利用勘察资料并结合管网数据建库,主要针对柳江镇新建自来水厂开发地下管线管理地理信息系统,完成地下管线数字化管理的应用示范。

③在数字城镇框架基础之上建立旅游综合数据库,开发集成 WebGIS 应用的旅游综合信息发布系统,集成景区商户管理系统。

④在"智慧旅游服务中心"集中展陈智慧旅游体验装置,包括景区导游导览系统、景区三维虚拟浏览系统、景区 VR 互动系统。

⑤优化提升古镇景区网络环境,开发基于移动互联网的微信公众服务系统和智慧旅游 App。

5.2 数字柳江建设的需求分析

从软件工程的角度看,应用示范系统的实施过程包括需求分析、设计、开发、调试、安装部署等阶段。数字城镇框架搭建是所有信息系统建设工作的基础,包括数字城镇管理部分和智慧旅游体验部分,并基于框架及其数据标准,进行业务化的应用系统开发。从数字柳江的顶层设计入手,以城镇管理和社会发展中亟须的信息基础设施为线索,识别出数字城镇框架所需的业务范围和功能实现途径。

5.2.1 数字城镇管理部分

1. 地理空间数据管理

从数据管理方面分析,数字城镇框架主要对柳江镇的地理空间数据和社会经济属性数据进行统一管理。柳江镇域面积 104.2 km²,需叠加建立遥感影像、数字高程模型(DEM)、行政区划、道路交通、河流水系、土地利用、景区景点、地下管网等十个专题图层。虽然柳江镇的基础地理信息数据量并不大,但考虑构建影像金字塔和瓦片地图服务,用于景区安防监控的视频存储等,应构建磁盘阵列(RAID)以满足数字柳江建设对数据存储空间和信息安全方面的需求。

从计算能力方面分析,数字城镇框架主要承担地理数据的服务及 GIS 分析和处理的任务。地理数据服务方面鉴于游客方面的需求,访问量较大;GIS 分析和处理方面的功能调用来源是柳江镇各业务管理部门的需求,任务量较少,所以在计算能力的需求上,峰值要求并不高,但应构建独立的 Web 服务器和 GIS 服务器来满足信息服务和空间分析的计算需求。

2. 地下管线数据管理

针对柳江镇供水管网及核心景区不足 1 km² 范围内的地下管线探测建库。数据库建设成果和软件平台搭建对于提高柳江镇以供水管网为主的地下管线可视化管理水平,柳江镇管线系统维护的效率、质量和水平,以及对将来地下工程的安全实施、城镇建设远景规划发展都具有重要意义。

地下管线管理地理信息系统的运行环境需要服务器操作系统、数据库软件、空间数据库引擎等安装所需的数据存储空间,构建 IT 数据存储所需空间以上的 RAID 能满足对数据存储空间和安全方面的需求。从计算能力方面分析,地下管线管理地理信息系统主要承担地下管线数据管理与可视化查询统计、断面分析等功能,管线服务主要面向水务管理和水厂等部门,数据访问量较小,对计算能力的需求满足实用即可。

3. 网络环境建设基础

柳江镇网络基础设施主要由四川省电信有限公司洪雅县分公司柳江支局负责运营。目前,洪雅县出口总带宽已达 80 Gbps,柳江支局接入洪雅电信环网,已实现100 M 光网光纤到户(FTTH),全县覆盖率 100%;4G 网络已实现柳江镇核心景区全覆盖。对于未来规划景区范围,已预留光纤线路接入通道,网络基础设施建设情况良好,数字城镇的网络建设出口可最终接入洪雅电信环网。为满足数字城镇建设中各类应用场景对网络的需求,网络硬件环境主要由防火墙、交换机、无线接入点(无线AP)、各类服务器、图形工作站、打印机、磁盘阵列等构成。

柳江古镇景区内宾馆等公众区域大多已接入光纤网络,但由于采用上下行不对称方式,网络服务能力有限。提供给游客终端使用的大多为客栈或农家乐内的家庭网络,带宽不够,仅能满足基本上网需求。公共 WiFi 覆盖未全面规划,多属商家自发行为,采用谁建谁维护的原则。从现有无线 AP 服务能力及覆盖范围来说,难以实现良好的网络使用环境。柳江古镇是开放式景区,按照洪雅县旅游局对柳江镇的预计,2030 年旅游人数达到 33000 人/天的规模,当前 WiFi 接入能力还有较大提升空间。

针对当前现状,网络环境提升建设方案拟以电信柳江支局网络为基础,结合电信部门相关规划,在设计上充分考虑网络带宽与计算能力需求及 WiFi 热点覆盖的新建重点区划。从网络带宽方面分析,为满足网络稳定和网速的要求,应构建双链路千兆网络,为数字柳江的跨越式发展留有充足的空间。

5.2.2　智慧旅游体验部分

1. 智慧旅游展陈装置

柳江古镇西入口综合服务区"智慧旅游服务中心"建筑为一层,建筑面积 540 m²。根据柳江古镇旅游空间承载量测算为日游客容量 32 人次,其功能描述为:在展厅醒目位置放置智能触摸屏,设置智慧旅游服务台,引导游客体验旅游管理数字化、服务智能化、体验个性化。展陈的智慧旅游体验装置包括基于触摸屏的景区导游导览系统和景区三维虚拟浏览系统,基于头盔沉浸式体验方式的景区 VR 互动系统。此外,游客也可以在智慧旅游服务台的电脑终端上使用旅游综合信息发布系统查询当地旅游资讯,通过扫描二维码、下载 App 等方式获取移动互联网应用服务。

2. 旅游综合数据管理

旅游综合数据管理包含的信息内容有旅游资源、旅游服务设施、游客信息、导游信息、旅游专题地图、三维全景数据、旅游商品、旅游天气、旅游营销资讯、旅游政务新闻等,数据形式上包括文本、图片、视频、音频、地图等。旅游综合数据还存在时态数据特征,指旅游综合信息发布系统、景区商户管理系统及移动互联网应用系统等运行过程中收集、生产的数据,包括游客信息(住宿、餐饮、游览轨迹、行为习惯等)、评价信息、旅游营销数据(预订、退订、支付等)等,数据量随时间不断增长,数据量增长的速度取决于用户的数量。

智慧旅游体验部分对计算能力的需求主要体现在三维虚拟场景的渲染方面,这对触控一体机的计算能力,特别是显卡和内存方面要求较高。为满足旅游综合信息有关高并发用户访问方面的速度和响应需求,还需要提供独立的 Web 服务器,并进行缓存优化处理,减小对实时任务处理的依赖。

5.3 数字柳江总体设计

5.3.1 框架设计

1. 总体框架设计

柳江数字城镇的总体框架结构分为三层体系:基础层、应用层、服务层。基础层是数字城镇赖以存在的信息基础设施,由基础设施环境和地理空间框架两个部分组成,包括电信网络基础设施、空间数据库及数据管理平台、基础空间信息共享框架标准、地理编码标准和信息安全体系等要素;应用层是数字城镇建设的核心内容,由地下管线管理地理信息系统、旅游综合信息发布系统、景区商户管理系统等组成;服务层是各业务系统提供功能的具体服务呈现,以应用层各应用系统和平台为支撑,内容逻辑上分为数字城镇管理部分和智慧旅游体验部分。

基础层的地理空间框架主要包括空间数据集、管理服务平台和支撑环境三个方面。空间数据集以已有基础地理信息数据为基础,通过更新、整合有关专业部门的信息数据,构建基本的空间数据基础;其管理服务平台呈现为地理空间数据管理平台;支撑环境包括软件环境、硬件环境和网络环境。

1) 空间参考

柳江镇空间数据集包含控制点、地名、境界、交通、水系、居民地、植被及土地覆盖、地形和影像数据库。数据库内容应按照面向实体化、网格化、信息化的要求进行整理,采用 GIS 空间数据库管理。

空间数据集的大地基准采用 2000 国家大地坐标系,高程基准采用 1985 国家高程基准,数据精度视不同尺度控制在 1∶500～1∶10000,建成区 1∶500、城乡接合部 1∶2000、农村地区 1∶5000,如表 5-1 所示。

表 5-1 柳江基础地理信息建库数据尺度与分辨率

城市地域	DLG(数字线划图)		DOM(数字正射影像)		DEM(数字高程模型)	
	尺度	精度/m	尺度	精度/m	尺度	格网/m
建成区	1∶500	0.1	1∶1000	0.1	1∶2000	2×2
城乡接合部	1∶2000	0.4	1∶5000	0.5	1∶2000	2×2
农村地区	1∶5000	1.0	1∶5000	0.5	1∶10000	10×10

2)数据更新与维护

设计数据更新机制,除定期对空间数据集进行更新外,还应建立主动更新的机制,即市政设施项目的竣工节点均要求及时上报现势数据并更新原有数据,保证数据的现势性,并且定期检查、处理空间数据集内容等方面出现的质量问题,保障空间数据集维护正常。

3)标准和规范

数字城镇框架建设需参照国家电子政务信息资源交换体系相关标准的总体框架、技术要求和数据规范,结合支撑数字小城镇建设的具体数据格式和技术特征,构建具有良好扩展性和标准化的服务接口。其中,地理空间数据管理平台须遵循的主要标准如下:

《数字城市地理信息公共平台运行服务质量规范》(GB/T 33448—2016)

《数字城市地理信息公共平台地名/地址编码规则》(GB/T 23705—2009)

《数字城市地理信息公共平台建设要求》(CH/T 9013—2012)

《数字城市地理信息公共平台运行服务规范》(CH/T 9014—2012)

《数字城市地理信息公共平台服务接口》(CH/T 9027—2018)

《数字城市地理空间信息公共平台地名/地址分类、描述及编码规则》(CH/Z 9002—2007)

2. 系统集成模式

数字柳江框架以网络基础设施建设为前提,以智慧旅游服务建设为重点,以地理空间信息为核心的数据资源和框架集成为纽带,以各业务系统的协同工作支撑柳江数字化小城镇综合管理。在应用示范系统设计中浏览器/服务器模式(browser/server,简称 B/S)和客户机/服务器模式(client/server,简称 C/S)共存,还包括基于移动互联网的智慧旅游应用等多种媒介方式。

一般而言,数字城市建设遇到的第一大难题就是因数据建库面宽量太大,导致信息基础设施建设受阻。同时,软件平台和相关技术没有形成行业认同和推广的标准,造成行业间甚至行业内平台各异、数据集成困难,形成许多信息的孤岛,使数字化建设的整体效益降低。为解决数字柳江的建设中数据整合和软件集成问题,数字柳江框架建设使用了"一张图"的信息资源整合模式和基于"总线"的系统集成模式。

"一张图"的理念已广泛运用于城乡规划和自然资源管理中,在数字柳江的"一张图"建设中更注重地理空间数据与旅游信息资源的整合。"一张图"主要建立在标准和规范的基础上,确保各管理部门的地理空间数据能整合到一张底图之上,同时以地理空间数据为数字柳江信息资源的主干,将各类专题数据作为"枝叶"与地理空间数据建立关联。

"总线"既是一种描述电子信号传输线路的结构形式,也是一类信号线的集合,更是子系统间传输信息的公共通道。总线能使整个系统内各部件之间的信息进行传输、交换、共享和逻辑控制,总线的优点就是能够更加方便地更换各个部件。地理空间框架作为数字柳江的系统服务总线,应用层和服务层模块能够实现基于总线的灵活扩展和拆卸,保证数字柳江整体框架的可扩展性。下层为上层提供功能接口和数据支撑,为数字柳江业务系统的可配置性提供保障。

柳江镇地域面积虽然不大,但是数字柳江是个巨系统,主要体现在城镇建设和发展涉及的空间数据管理职能,需要在数字柳江的工程建设中对应相应的业务系统。数字柳江采用基于"总线"的系统集成模式来实现数字城镇框架、智慧旅游示范系统及地上地下数据管理系统集成,为城镇综合管理服务。

因此,设计将数字柳江地理空间框架建设成为数字柳江的服务总线。地理空间数据是城镇管理中必不可少的信息类型,同时空间信息是各类管理业务的纽带,只有地理空间框架能够担当起数字柳江服务总线的角色,符合地理空间框架的接口标准才能够确保各管理业务系统最终能够集成到数字柳江系统中来。

采用软件即服务(software-as-a-service,简称 SaaS)的设计理念和技术。数字柳江地理空间框架及智慧旅游等业务系统采用 SaaS 的系统设计理念和相关技术,每个业务系统软件都以服务的形式而存在,并将所有的数据服务和功能服务全部使用 APIs 的方式来提供给服务的消费方,系统之间的 APIs 全部采用 Web Services 的方式提供,数据格式可以采用 XML 或者 JSON 的格式,确保所有业务管理系统都能够通过网络集成到数字柳江地理空间框架的信息服务总线中。

通过对空间数据集的空间参考、数据尺度/分辨率、内容和属性、数据整理、数据更新与维护的机制等方面进行设计,实现数字柳江地理空间框架数据的统一性。利用管理服务平台发挥城镇信息总线的作用,将智慧旅游等示范应用及其他城市管理系统有机的整合起来,达到良好的框架设计目标。

5.3.2 软件体系及功能设计

数字城镇框架建设的技术路线,是综合运用现代信息技术并整合各类数据资源,开发、集成一系列跨平台的应用系统。建设内容分为以下两方面。

①硬件支撑环境构建,依托新建游客接待中心,建设中心机房和柳江古镇景区的信息基础设施,包括重点景区 WiFi 无线网络和服务于景区安防的视频监控系统。

②软件研发与系统集成,围绕市政管理和旅游产业应用服务,系统开发分为以下三部分(见图 5-1):

a.数字城镇管理部分,包括地理空间数据管理平台、地下管线管理地理信息系统、景区商户管理系统、旅游综合信息发布系统;

b.智慧旅游体验部分,包括景区导游导览系统、景区三维虚拟浏览系统、景区 VR 互动系统;

c.移动互联网应用部分,包括智慧旅游公众服务系统、智慧旅游 App。

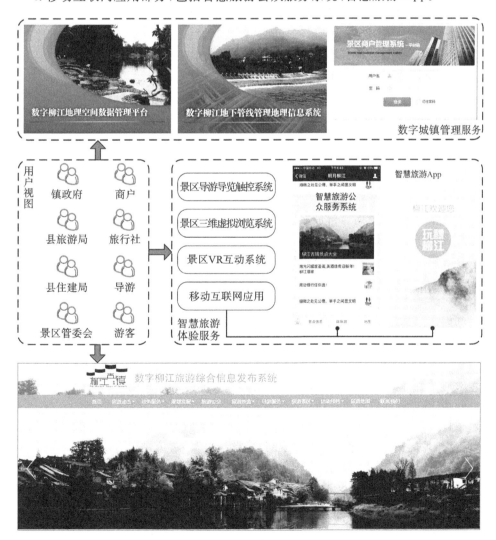

图 5-1　数字柳江软件体系组成

本节重点介绍数字城镇应用示范的主要软件系统,以及景区导游导览触控系统、景区三维虚拟浏览系统、智慧旅游公众服务系统、智慧旅游 App 里面的一键打车系统。

1. 地理空间数据管理平台

地理空间数据管理平台基于数字化城镇管理实际需求,设计并构建支撑柳江数字城镇建设的数据资源,包括专题地图、矢量符号、统计报表等形式;分析城镇部件空间数据和模型,确定数字城镇管理所囊括的基础数据类型,包括空间数据和业务数据,如地下管线的空间分布地图、旅游服务设施分布地图、景区及周边交通导航数据;基于数据的用途和参与分析的种类,确定数据的格式、精度等要求和规范,并结合测绘与城市规划建设规范进行数据加工、格式转换、校验和数据入库;基于地理空间数据"一张图"理念完成建库,搭建基于 GIS 的数据管理平台;在统一空间参考下,叠加地形、地貌、交通、人口、土地利用等公共基础空间数据作为底图,实现对专题性空间数据资源的存储、管理、更新和分析,支撑数字城镇框架相关业务系统运行。

2. 地下管线管理地理信息系统

以镇上新建自来水厂地下管线作为整个地下管线管理地理信息系统的核心数据对象,运用 GIS 针对地下空间管理的相关技术,建立一套规范、统一的地下管线管理软件系统。系统功能设计为:

①管网数据展示,支持所有类型的管道、窨井、管道接头、盲板等仿真展示;

②管网分析,支持各种管网测量操作、管网业务查询、统计分析、断面分析、水平净距分析、垂直净距分析;

③数据更新,当管网后台数据发生变更时,能及时呈现到场景中进行预览。

3. 景区商户管理系统

对古镇景区进驻商家统一管理,游客通过在线营销平台预定支付,构建在线离线/线上到线下(online to offline,简称 O2O)消费模式。软件要求能够满足:

①多终端部署,即 Web 端＋App(商家端＋用户端)＋微信(WAP)触摸版;

②周边地理位置信息查询,顾客可对商家购物点评与分享,商家可手机验证;

③红包、店铺代金券可采用多种方式供会员领取,并可设定与消费金额、会员等级、积分等相关信息关联;

④商城预存款、在线支付,多种形式的账户付款方式既安全可靠又灵活多样。

4. 旅游综合信息发布系统

根据柳江古镇景区管委会、柳江镇政府、洪雅县旅游局等相关职能部门提供的资料,结合实地详查,获取旅游发展与规划、建设与投资、营销、导游、接待设施等分类数据,建成支撑柳江旅游产业发展及旅游地理信息系统开发运行的综合数据库。基于WebGIS 提供柳江古镇的交通路线、停车场等综合信息服务,并以地图服务为中心,提供导航信息查询,成为柳江旅游行程规划的数字辅助工具。

5. 展陈于游客中心的互动系统

展陈于游客中心的互动系统包括景区导游导览触控系统、景区三维虚拟浏览系统、景区 VR 互动系统,通过将图片、地图、图表、视频及 VR 内容等多媒体信息展现给游客,实现主体景区空间三维虚拟浏览,使游客能快速构建起对柳江整体旅游空间和资源区位的认知,方便游客快速查询了解游览对象。

6. 移动互联网应用

移动互联网应用包括基于微信平台的智慧旅游公众服务系统和智慧旅游 App。前者通过对柳江旅游微信公众号的定制,提供有针对性的营销推广服务,游客可使用微信扫描景区二维码,便捷地感知景区概貌。后者通过开发玩转柳江智慧旅游 App,提供景区内一键叫车、停车指引、厕所寻址、掌上交通、活动预告、广播推送等智慧旅游特色服务。

5.3.3 数据库设计

1. 地理空间数据库

地理空间数据库在内容上主要包含以下三类数据:

①水系、交通、管线、人口及设施、地形地貌等矢量地形数据;

②高分辨率遥感影像数据及 DEM 高程数据;

③在统一的空间框架基础上相互叠加,再利用关联的地理要素属性数据,构建空间数据库的整体。

地图数据库整合了基础地理数据、自然地理数据、人口和社会经济数据、旅游资源数据、资源和生态环境数据及城镇服务设施空间数据等,并基于数字柳江基础地理空间框架设计的空间参考完成大地基准、高程基准、地图投影和坐标系统的统一化。

柳江电子地图集的建设以柳江城镇管理和社会发展中亟须的数字产品为核心,将地形、地貌、交通、人口、土地利用、地质等公共基础空间数据作为统一底图,并在此基础上叠加柳江的基础地理环境、社会经济、人口、城市服务设施、旅游资源等数据,编制各类专题地图,构成柳江基础地理空间信息框架建设的主要内容。其中,旅游综合信息发布系统涉及的地图集主要服务对象为游客和景区管理人员,在设计上主要包括旅游资源点分布图、旅游资源聚集区地图等类型的地图。地下管线管理地理信息系统是数字城市建设的专题内容,在地图集的设计上主要包括地下管线走向图、地下管线阀门位置图、地下管线重点维护区段等,并结合空间数据库的地形数据和遥感影像数据。

2. 旅游综合数据库

旅游综合数据库是柳江镇智慧旅游系统的重要支撑,是系统数据交换和共享的场所。根据柳江镇旅游管理实际需要,基于柳江基础地理信息数据库,对柳江镇基础行政区划数据、遥感影像数据、旅游资源、各类旅游设施的空间数据、业务管理数据等旅游综合数据进行统一存储和管理,搭建旅游综合数据库。

柳江镇智慧旅游系统是一个数据量大、业务关系复杂的软件系统,因此数据库数据必须完整、准确,并具有现势性,这要求建立一个动态可维护的数据库结构。同时海量数据的存储、历史数据的管理则要求旅游综合数据库能对旅游综合数据进行统一管理,并建立一个高效率、低冗余的存储机制。

柳江镇旅游综合数据库从总体结构上分析可分为三个部分:基础空间数据库、属性数据库和旅游专题信息数据库。其中,基础空间数据库使用柳江镇数字城市框架基础地理信息建设成果;旅游专题信息数据库包含旅游资源、旅游地图、旅游统计表等专题性资料数据。旅游综合数据库的各个库在物理上分开,但在逻辑上是紧密相关的,旅游专题信息数据库与基础空间数据库通过逻辑上的外键关联,以保持数据的一致性。

5.3.4　网络环境设计

数字柳江构建了"一个数据平台,多个专题应用"的可扩展数字城镇框架。一个数据平台指地理空间数据管理平台,该平台用于向其他专题应用提供空间数据。多个专题应用是根据应用需求建立的多个专题应用系统,各个应用系统可具有自己的专题数据库,并通过空间数据服务机制共享柳江基础空间数据库。在柳江镇范围内铺设光纤网络,建设室内外的 AP 接入点,以 WLAN 方式将无线网络覆盖景区重点区域,为游客提供基础网络服务,便于实现柳江数字城镇的各类应用便捷接入,同时,基于该网络环境接入监控系统,实现客流量、安防等方面应用,为数字平台提供视频信息。

1. 网络环境设计

设计无线局域网络(wireless local area networks,简称 WLAN)覆盖柳江古镇核心景区,采用核心交换机连接接入交换机的方式,根据实际距离接入交换机可采用全光纤接入到无线 AP 上。如果距离较近,可以采用有源以太网(power over ethernet,简称 POE)供电的方式直接用以太网连接无线 AP。

为减轻大量无线 AP 无缝接入的难度,无线控制器(access controller,简称 AC)将实现对全网 AP 的自动配置下发、射频管理、信道分配等统一管理和安全接入控制。同时,AC 具备无线定位功能,可以定位无线终端所在位置,简化了人员管理。

考虑到整个网络中设备数量多、网络庞大、维护工作量大、设备故障点排查难度大,以及整个网络存在多厂商设备,为减轻网络维护人员的工作量和工作难度,设计在网络应用服务器上部署网络管理软件。

从景区旅游信息综合服务、地下管线管理地理信息系统的应用出发,部署应用服务器并配合数据库服务器及磁盘阵列,为数据处理、发布和专题地图制图提供图形工作站、便携式 PC 等,便于发布和维护应用平台,为网络管理员、系统后台管理员、数据库管理人员、应用平台的运维人员及公众用户等提供网络硬件支持。

2. 网络拓扑结构

为满足数字城镇建成运行的网络应用,网络拓扑设计采用了扩展星形网络,包括 2 台核心交换机与 8 台接入交换机,各交换机采用级联方式的分层结构(见图 5-2),

包括"接入层"和"核心层"2 个层次。在各层中的每一台交换机又各自形成一个相对
独立的星形网络结构。通过单独的机房,集中部署所有关键设备(见表 5-2),如服务
器、管理控制台、核心或骨干层交换机、路由器、防火墙、UPS 等。通常把系统运维人
员的工作站和网络打印机等设备连接在接入交换机上,工作负荷相对较小的普通 PC
用户可通过无线方式连接到接入交换机上,核心交换机能提供负载均衡和冗余配置。

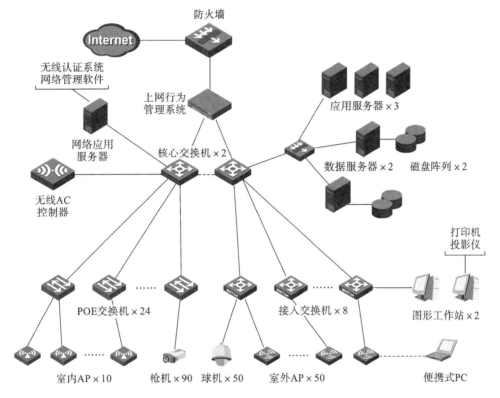

图 5-2　网络拓扑结构

表 5-2　主要网络设备配置及用途

设备类别	序号	设备类型	用途	数量	单位
服务器	1	服务器	数据服务器(1 台用于数字城镇和地下管线数据库服务、1 台用于智慧旅游数据库服务)、应用服务器(1 台用于数字城镇和地下管线 GIS 应用、1 台用于智慧旅游 GIS 应用)和 Web 服务器(1 台)	5	台
	2	磁盘阵列	1 台用于地图数据、管线数据的存储服务,1 台用于智慧旅游综合数据及视频数据的存储服务	2	套

续表

设备类别	序号	设备类型	用途	数量	单位
网络服务	3	网络交换机	核心交换机 2 台、POE 交换机 24 台、接入交换机 8 台,用于各服务器和 PC 端接入网络	34	台
	4	光纤模块	光纤接入交换机所用	60	个
	5	AC 控制器	提供 AC 控制功能	1	台
	6	室内 AP	游客室内重点场馆的无线网络接入服务	10	台
	7	室外 AP	游客室外重点景区的无线网络接入服务	50	台
安全监控	8	室外高清红外高速球机	用于景区内重要区域环视监控	50	台
	9	室外高清红外枪式摄像机	布设于景区内固定监控点	90	台
信息安全	10	网络防火墙	对机房内设备和信息资源提供保护	1	台
	11	上网行为管理系统	上网策略及审计管理	1	套
业务管理	12	图形工作站	数字城镇应用系统的 GIS 数据库更新、维护管理	2	台
	13	便携计算机	数字城镇应用系统的客户端,用于日常系统使用、展示和汇报	1	台
	14	投影仪(含投影幕)	数字城镇应用系统运行展示,数字城镇框架的地图数据成果展示	1	套

IP 规划部署如表 5-3 所示,机柜、服务器等设备已连接部署到位,可提供设计方案中所述相应服务。其中,各类监控设备、室内外 AP、工作站、PC 等低速的外围网络设备接入到接入交换机,各接入交换机与应用服务器、数据服务器、磁盘阵列、无线AC 控制器、网络应用服务器等核心服务或控制设备接入高速核心交换机,核心交换机通过上网行为管理系统对上网行为进行管控、识别应用内容,最终通过防火墙接入电信网络,为用户提供网络服务。应用服务器用于部署各类应用示范系统服务,网络应用服务器部署无线认证系统及网络管理软件,工作站及便携 PC 用于接入各类客户端应用。POE 交换机与接入交换机用于接入 AP 及监控摄像机,大量数据通过磁盘阵列进行存储。

表 5-3 IP 地址分配方案

子网划分	IP 地址	使用部位
子网 1	192.168.1.2~192.168.2.141	安防监控

续表

子网划分	IP 地址	使用部位
子网 2	192.168.0.10～192.168.0.50	服务器
子网 3	172.16.1.2～172.16.1.252	有线网络
子网 4	172.16.2.2～172.16.2.252	无线网络
子网 5	192.168.2.2～192.168.2.61	无线和有线 AP

2 台图形工作站和 1 台笔记本电脑均安装 ArcGIS Engine、地理空间数据管理平台和地下管线管理地理信息系统的客户端应用。5 台服务器均安装 Windows Server 2008 R2 操作系统,系统部署及相关软件说明如表 5-4 所示。

表 5-4　服务器部署情况

机器名称	IP	用途	软件部署
Server1	192.168.0.10	手机 App 后台应用服务及数据库服务	部署 MySQL 5.5、Tomcat 8.0,移动端推送组件
Server2	192.168.0.20	管理监控视频,景区商户管理系统,并连接磁盘阵列	部署监控视频系统管理软件、景区商户管理系统软件
Server3	192.168.0.30	管理景区三维虚拟浏览系统	部署景区三维虚拟浏览服务页面及 IIS 应用服务器
Server4	192.168.0.40	旅游综合信息发布及旅游交通 WebGIS 服务	部署 ArcGIS Server、IIS 服务器及相关页面
Server5	192.168.0.50	数据服务器和应用服务器,并连接磁盘阵列	Microsoft SQL Server 2008, ArcGIS Desktop 10.3 和 Arc GIS Engine,地理空间数据管理平台和地下管线管理地理信息系统的客户端应用程序(GDB Manager,Pipenet)

3. 中心机房建设的安全要求

数字柳江框架的相关业务系统中存储了根据国家测绘标准制备的基础地理空间数据,以及当地旅游行业运营相关的商业数据。由于涉及旅行社、游客、景区等组织和个人的权益,根据信息系统安全等级保护相关标准,数字柳江相关业务系统的运维须达到信息系统安全等级保护的二级保护要求。

软件平台建设整体考虑网络、系统、应用、数据等多层面的安全设计,根据不同角色实施不同的安全策略。确保系统持续稳定运行,防止信息损坏、泄露或被非法修改;要具备应对各种事故的恢复机制,确保信息的数据安全性和服务连续性。

在最终的软硬件成果投入运行之前,要求运营团队制定相应的管理制度和办法,技术要求中的物理安全方面具有基础建设保障。"智慧旅游服务中心"(中心机房所在地)的建筑设计须满足信息系统安全等级二级保护的物理安全要求,包括防风、防震、防雨、防盗窃、防破坏、防雷、防火、防水、防潮、防静电、电力供应、电磁防护等方面的技术指标。

5.4 数字柳江应用示范系统

5.4.1 地理空间数据管理平台

地理空间数据管理平台是以柳江镇基础地形图和城市规划图为基础,对镇域内的空间数据资源进行存储、管理、分析和更新的地理信息管理平台。应用系统可为镇政府及市政管理等部门提供城镇规划管理过程中的空间数据维护机制,使其始终与城镇建设进程状态保持一致,并能基于现势数据进行管理和旅游方面的空间分析。软件平台采用 C/S 系统架构,主要由 GIS 通用功能、查询定位、分析与统计、桥梁资产管理、图库更新等模块组成(见图 5-3)。

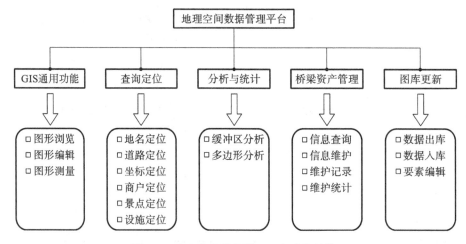

图 5-3 地理空间数据管理平台功能结构

1. 图层数据建库

纳入地理空间数据管理平台的数字化图层数据有地名、景点、商务、公共服务设施、控制点、植被特征点、配气站、取水点、行政地名、防灾点、自来水管线节点、水厂及泵站、交通线、道路设施等(见图 5-4)。

2. 公共基础设施资产管理

公共基础设施是政府财政资金投资形成的资产,是城乡生产生活的物质基础。长期以来,政府投资的公共基础设施项目完工后跟踪管理没有被充分重视,容易造成资产损失、浪费。加强公共基础设施资产管理,尤其是提升信息化管理水平,是保障相关资产安全的重要途径。

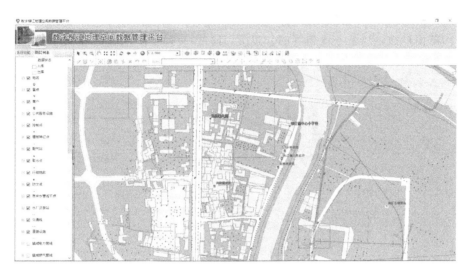

图 5-4　地理要素图层管理视图

　　桥梁作为城镇交通的咽喉,在城乡路网中有着重要的枢纽地位,由于受交通量承载负荷和自然、人文等因素的影响,桥梁资产管理在市政设施管理体系中占有重要地位。平台亦将世界银行投资建设的柳江镇三座桥梁纳入地理空间数据管理的资产管理数据对象。

3. 基本功能介绍

1) GIS 通用功能

　　支持导入和导出 CAD、Shape 格式的文件,使用 GIS 中图形浏览、图形编辑、图形测量等通用功能模块对空间数据图形进行操作。其中图形浏览主要利用放大(缩小)、平移、全幅、固定比例放大(缩小)、刷新等基本工具,任意切换查看整体或局部区域的数据,可查看规划区域的具体位置和周围环境;图形编辑用于局部修改或调整空间数据,在日常维护数据时可以选取任意空间数据图层,利用草图、延长线、裁剪、分割线、交叉打断、移动、平移复制、旋转复制、选中图形、组合、合并等工具对其图形及属性进行编辑修改;图形测量既可测量两地的距离,也可测定划定区域的面积、周长,主要用于旅游路线的规划及施工面积的测量等。

2) 查询定位功能

　　通过地名定位、道路名定位、坐标定位、景点定位及服务设施定位几种方式,在空间数据库内进行模糊查询或精确查询,并实现坐标定位。查询结果可作为缓冲分析的基点,分析该定位点附近一定范围内商户、服务设施等的分布情况。

3) 分析与统计功能

　　分析与统计功能主要包括缓冲区分析和任意多边形分析两种方法(见图 5-5)。前者可将一个景点或一条道路作为分析基点,获知一定范围内商户和服务设施等的分布、面积总和等信息,分析得出景点的餐饮容量、住宿床位数量、经营面积等,有助于景区运营的接待能力测算和景区容量预警;后者可通过选定一个区域范围,获知该区域内的商户、景点、服务设施等的分布统计信息,有助于景区规划、扩建和评估。

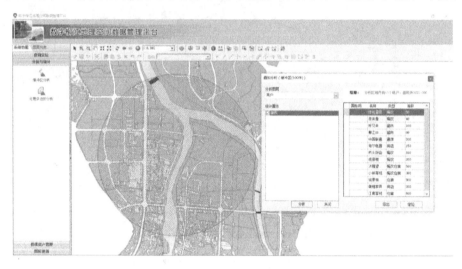

图 5-5 分析与统计功能展示图

4)桥梁资产管理功能

桥梁资产管理功能用于维护桥梁资产的基本信息。通过对桥梁的维修、管护、巡查,将出现的问题及工作情况进行记录,并上传现场拍摄的照片,方便对桥梁运行和管护信息的查询。市政管理部门利用基本信息查询、桥梁信息维护、日常维护记录、资产维护统计等功能,实现示范性的公共基础设施资产数字化管理(见图 5-6)。

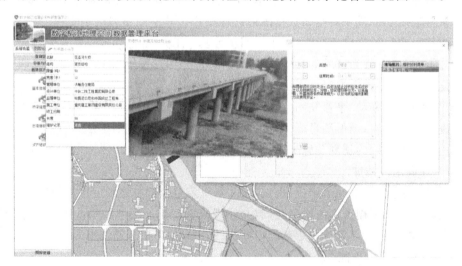

图 5-6 桥梁资产管理功能展示图

5)图库更新功能

图库更新功能用于对数据库进行批量更新。当有大范围的数据需要更新时,通过创建点、线、面等要素编辑手段,实现空间数据的出库,并在外部软件支持下修改后再入库,以达到批量更新(维护)数据的目的。

5.4.2 地下管线管理地理信息系统

地下管线管理地理信息系统充分利用地理空间数据管理平台提供的基础数据,遵循统一的空间数据标准,利用 GIS 软件对柳江镇自来水厂施工设计图资料进行数据转换等处理后,建立自来水管线设备数据库和地下管线管理的地图可视化系统。其主要功能包括管线编辑、查询定位、空间量算及管线分析等(见图 5-7),随着水厂的持续运行和业务管理模式升级,用户可扩展供水用户管理、停水通知、设备巡检等业务功能。

纳入地下管线管理地理信息系统的数据库主要包括柳江镇基础地形图数据库和柳江镇自来水管线数据库。其中,自来水管线数据主要包含供水管、原水输水管、清水输水管、水厂及泵站、阀门、消火栓、放气井、检查井、泄水井等数据。

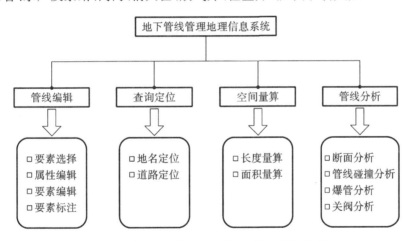

图 5-7 地下管线管理地理信息系统功能结构图

1. 管线编辑功能

管线编辑功能用于对管线设施信息进行维护。当管线及其附属设施需更新或维修时,管理员利用草图、延长线、裁剪、分割线、交叉打断、移动、平移复制、旋转复制、选中图形、组合、合并等工具,对设施图层中的点、线、面要素进行编辑和更新,以达到数据维护的目的。

2. 查询定位功能

查询定位功能在辅助定位管线或其附属设施时使用。通过地名、道路名称输入定位到对应地点(见图 5-8);在空间数据库内进行模糊或精确查询,并对管线和设施点属性进行标注,直观地显示要素属性,便于制作专题图(见图 5-9)。

3. 空间量算功能

使用长度量算工具可获取指定管线的长度,面积量算工具可测定一段管线所在

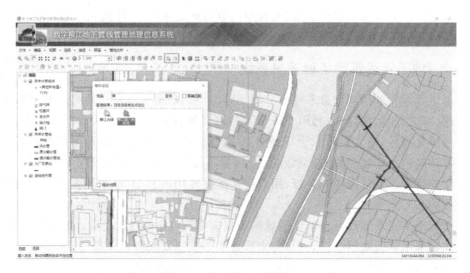

图 5-8　查询定位功能展示

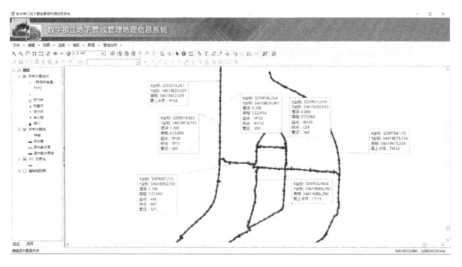

图 5-9　管线和管线设施点标注

区域范围的面积或周长,用以掌握地下管线空间铺设情况。

4. 管线分析功能

管线分析功能包括断面分析、管线碰撞分析、爆管分析、关阀分析等空间分析方法。断面分析指在管线分布区域进行开挖施工时,可利用纵剖面设置、纵断面分析(见图 5-10)等方式查看管线的管径、埋深等基本信息,并进一步确认管线的沟高、标高、材质等属性;管线碰撞分析用于支持未来管线增设或综合管线管理,可分析不同管线之间碰撞的最小距离,为施工提供参考;爆管分析(见图 5-11)用于水管出现爆管的情景分析,通过计算影响到的其他自来水管和涉及的阀门,选择最快的方式关闭阀门并做好防范措施;关阀分析指利用该模块分析关闭阀门会影响的所有自来水管及引起停水的区域,并快速判断受影响的区域,一般用于定期维修、巡检工作前的预备分析工作,以便通知受影响区域的用水户。

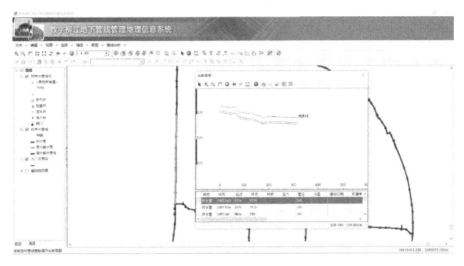

图 5-10 管线纵断面分析展示图

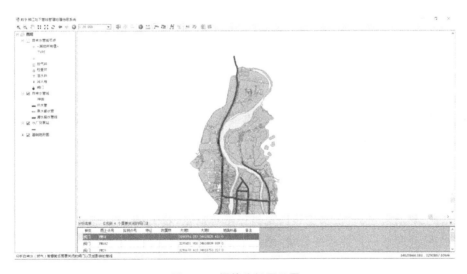

图 5-11 爆管分析展示图

5.4.3 旅游综合信息发布系统

旅游综合信息发布系统主要包括旅游信息发布子系统和旅游地理信息子系统两部分(见图 5-12)。旅游信息发布子系统能够辅助旅游管理者发布旅游政策和管理办法、旅游行业监管动态、旅游资源与景点信息。旅游地理信息子系统满足游客在柳江旅游的导航导览需求,提供柳江古镇主要景点、游客中心、道路交通、停车场、乡村酒店和客栈、厕所、医院等旅游接待设施的空间信息,并提供附近设施查找、路线导航等功能,提升游客自助服务的智能化水平。

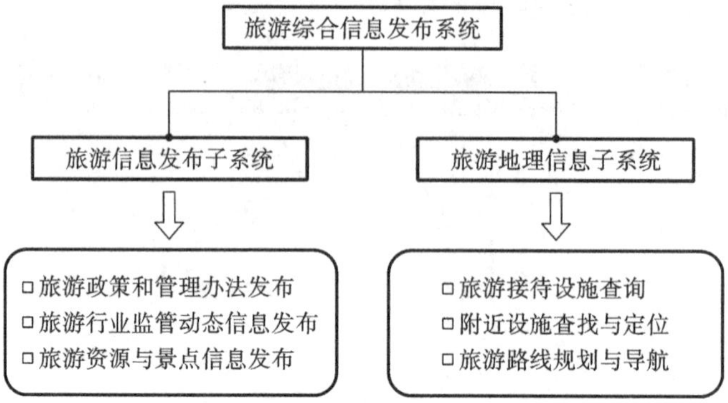

```
                    ┌──────────────────┐
                    │  旅游综合信息发布系统  │
                    └──────────────────┘
              ┌───────────┴────────────┐
    ┌──────────────────┐      ┌──────────────────┐
    │  旅游信息发布子系统   │      │  旅游地理信息子系统   │
    └──────────────────┘      └──────────────────┘
            ⇓                        ⇓
  ┌────────────────────┐    ┌────────────────────┐
  │ □旅游政策和管理办法发布 │    │ □旅游接待设施查询      │
  │ □旅游行业监管动态信息发布│    │ □附近设施查找与定位     │
  │ □旅游资源与景点信息发布 │    │ □旅游路线规划与导航     │
  └────────────────────┘    └────────────────────┘
```

图 5-12　旅游综合信息发布系统功能结构

旅游综合信息发布系统的用户不仅包括县旅游局、镇政府、景区管委会等管理者,还包括类型各异的游客群体,其采用 B/S 系统架构,维护独立的 Web 服务器和数据库服务器。旅游信息发布子系统和旅游地理信息子系统都使用统一的旅游综合数据库。数据来源于县旅游局提供的统计数据表和实地调查记录,含 A 级景区、星级农家乐、客栈、旅行社、导游信息、服务网点等详细清单资料,分别建立起景点数据库、美食数据库、住宿数据库、导游数据库、投诉数据库、满意度调查库、内容管理库、用户数据库、路线规划库。

1. 旅游信息发布子系统

旅游信息发布子系统是旅游综合信息服务的门户网站,主要用于发布旅游服务单位管理与奖惩公告、旅游资源的空间和属性信息、旅游景区景点信息,开展旅游目的地营销和旅游招商等工作,吸引游客和投资者。

1)旅游行业监管动态信息发布

由旅游管理者发布柳江旅游行业的监管动态信息,并受理游客投诉(见图 5-13)、采集游客满意度调查数据(见图 5-14),发布旅游主管部门对旅游服务商的奖惩情况、导游人员列表、宾馆饭店星级评定等信息,提升柳江古镇旅游行业管理的整体水平,优化旅游行业服务环境,塑造柳江旅游目的地的良好形象。

2)旅游资源与景点信息发布

以文字、数字、图片、视频、图表等多种媒介形式一体化发布,全面展示柳江旅游资源信息(见图 5-15)。重点发布柳江古镇景区的总体概况,主要景点的开放时间、门票价格和购买方式,景点和民俗文化活动的代表性宣传照片(如 360°全景照片)和视频,以及景区维修通告、景区游览线路推荐等信息,辅助游客规划行程。

2. 旅游地理信息子系统

旅游地理信息子系统通过调用高德地图 API 接口,实现主要景点、游客中心、道路交通、停车场、乡村酒店和客栈、厕所、医院等旅游服务设施的搜索,并提供路线规划、附近设施查找等功能。基于位置服务(location based services,简称 LBS),满足

图 5-13 游客投诉流程与页面

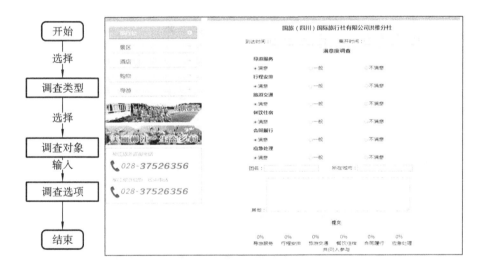

图 5-14 游客满意度调查流程与页面

游客对旅游服务设施的专题查询需求,如就近停车、快速就医等情景下的空间信息查询需求。

1)旅游接待设施查询

游客基于 WebGIS 查询柳江古镇范围内的旅游服务设施,并以地图服务的方式反馈搜索结果。

2)附近设施查找与定位

以游客当前位置为中心,实现附近旅游服务设施查询,如查询最近的厕所、停车场、乡村酒店和客栈、医院等(见图 5-16)。

图 5-15 旅游资源信息介绍页面

图 5-16 地图搜索界面

3）旅游路线规划与导航

规划与导航包括两部分功能：一是从外地到柳江的导航路线规划，以及大峨眉周边景区的行程串联规划辅助，方便游客实现一站式行程定制；二是柳江古镇景区的导航路线规划，使用地理空间数据管理平台中最新的道路网络及旅游服务设施空间数据，提供镇域内旅游路线的规划与导航服务（见图 5-17）。

图 5-17　旅游路线查询界面

5.4.4　景区导游导览触控系统

景区导游导览触控系统采用 B/S 系统架构,和景区三维虚拟浏览系统一样,均采用 84 英寸触控一体机展陈交互,4K 屏,分辨率 3840 像素×2160 像素。系统由简介、景区、民俗、美食四大板块组成(见图 5-18),游客可点击触摸屏上的按钮选择浏览主题。

图 5-18　触屏版首页界面

1. 简介

简介板块主要介绍了柳江古镇的地理区位、历史沿革、发展变迁、典型风貌,使游客全方位了解景区的旅游背景信息。同时,还展示了柳江古镇的导游全景图,方便游客纵览景区的空间布局(见图 5-19)。

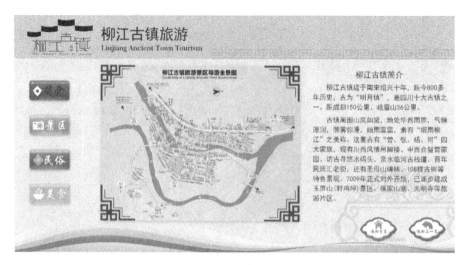

图 5-19　简介展示界面

2. 景区

景区板块展示了柳江古镇整体风貌和部分重要景点。整体风貌分为烟雨柳江、柳江夜景两个主题，重要景点包括古街牌坊、玉屏梯田、千年石阶等标志性景点的照片和简介。游客可通过该板块快速查阅柳江古镇的代表性景点概貌(见图 5-20)。

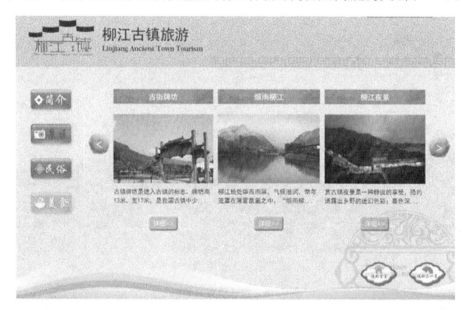

图 5-20　景区展示界面

3. 民俗

民俗板块介绍了柳江古镇的民俗风情、文化、节庆活动等旅游资源，如"古镇旅游文化节""民俗表演""野鸡坪营地"等。介绍信息包括活动举办的时间、地点、内容及历史渊源等,游客可快速获取重要旅游活动资料(见图5-21)。

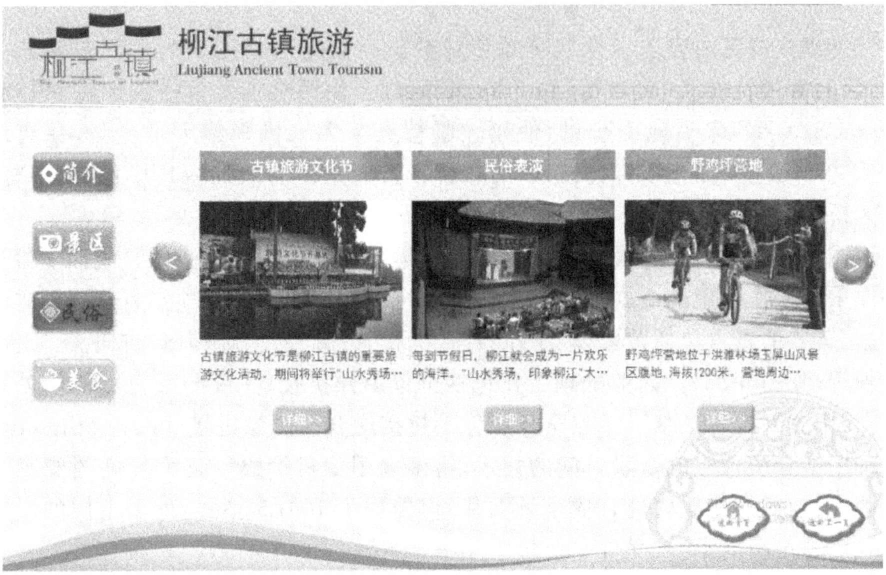

图 5-21 民俗列表界面

4. 美食

美食板块推荐了柳江古镇特色美食,如烤兔、九大碗、万岁凉粉等,介绍了这些美食的店面照片、位置等详细信息,方便游客按图索骥体验景区美食(见图5-22)。

图 5-22 美食列表界面

5.4.5 景区三维虚拟浏览系统

三维虚拟浏览内容来自景区全景影像数据。数据采集范围为柳江古镇核心景区,即沿河古建筑群和"美食街"约 3 km 长区域。使用全景云台搭载佳能 60D 相机和尼康 D810 相机采集地面全景,使用大疆精灵 3 无人机采集天空全景,在离地面150～200 m 高度用低空航拍仪获取鸟瞰柳江古镇景区的最佳视角影像(玉屏梯田、柳江大桥等)。

地图和天空的实景建设流程包含外业采集和内业处理两个步骤。地面实景建设的外业采集工作使用单点式地面全景云台相机设备,对 55 处地面点景观逐站采集单景数据,覆盖的景点包括曾家园、千年石阶、老街、吊脚楼、玉屏梯田、古码头、心洲岛、重力坝等(见图 5-23)。内业处理工作包括全景影像拼接、亮度与颜色的均衡处理等流程,其中关键技术是基于单点全景影像的拼接融合。图像拼接(image stitching)是一种利用实景图像组成全景空间的技术,指多幅图像拼接成一幅大尺度图像或 360°全景图,一般通过专业软件合成全景图片;再使用 HTML5 格式,根据不同的发布要求设置虚拟漫游的类型、文件名及输出路径。

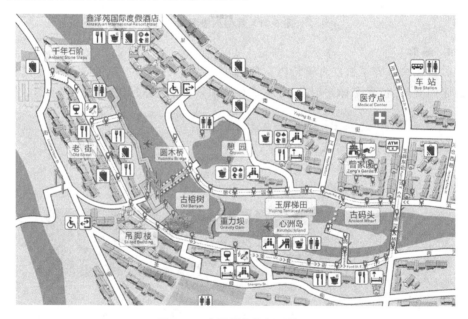

图 5-23　全景影像数据采集区

三维虚拟浏览系统的操作区域划分为"全景浏览"和"地图导览"两组工具,并设置了相应的工具条(见图 5-24)。触碰"全屏"按钮,系统进入三维浏览全景(见图 5-25);触碰"地图"按钮,游客可通过柳江古镇的二维地图导览景点,并切换查看图例(见图 5-26)。使用全景浏览操作区的"前进""后退""图组"(前三个按钮),可以控制浏览场景的切换;使用"＋""－"按钮,可以缩放三维虚拟场景视图。系统应用特色是可以让观众自由穿梭于各景点之间,基本实现景区内虚拟漫游;从地面、空中多视角观察一体化实景影像,能够在更大视野范围,多角度、全方位浏览柳江古镇景区。

图 5-24　系统界面及工具条展示

图 5-25　三维浏览全景视图

5.4.6　智慧旅游公众服务系统

基于微信平台的柳江古镇智慧旅游公众服务系统,功能模块包括智慧旅游微信公众号、"微导游""身边地图"。静态数据主要来源于上文所建的旅游综合数据库,系统共享其中的景点数据库、美食数据库、导游数据库、内容管理数据库、用户管理数据

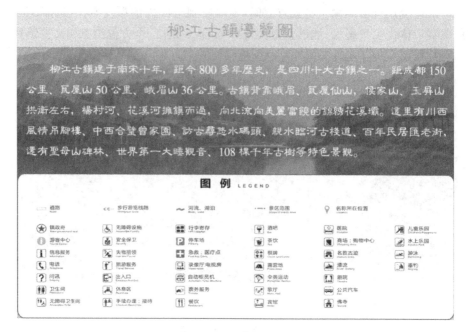

图 5-26　导览图图例

库等数据资源。

系统采用 B/S 方式部署,软件架构具备开放性,提供完整规范的开发接口,满足主流平台和跨平台快速应用开发的需求。支撑对旅游综合数据的统一存储和管理。通过微信平台构建了景点信息"微官网",调用高德地图 API 接口并设置不同的参数,实现对旅游接待设施的导航功能。

1. 微信公众号

关注微信公众号"明月柳江"后,用户可获取旅游景点详细信息,包括景区名称、景区级别、推荐度、地址、相册、介绍等内容(见图 5-27);还能获取景区特产、票务、导游、民俗及文化活动预告和风土人情介绍等信息。后台管理员可以对微信公众号进行维护。

2. 微导游

通过景区账号自定义菜单"微导游"系统打开景区介绍等功能。通过系统内置的"身边地图"功能查看游客所处景区地图,提供设施类型的筛选菜单。用户根据需要可随意切换查询游览中的常见问题,如找停车场、找演出、找餐厅、找洗手间、找特色餐饮、找乡村酒店和客栈、找电瓶车站等,在景区的公共 WiFi 覆盖下,可以使用手机实现对景区信息服务"一手掌控"。

5.4.7　景区"一键叫车"App

"一键叫车"功能是"玩转柳江"智慧旅游 App 开发的特色应用。国内大多数古镇景区都建有步行街,且在景区主要规划范围内禁止机动车驶入,旺季游客高峰到来

图 5-27　基于微信平台的智慧旅游公众服务系统

时会造成人与车的严重拥堵,故柳江古镇景区投入一批专用于接送游客的电瓶车。电瓶车有多种座位配置,开发景区"一键叫车"App 应用为游客提供"拼车"服务。游客只需在手机端通过菜单点击发出叫车指令,随后在原地等待司机即可。该应用既可为游客提供便利的游览交通工具,增强景区交通秩序的维护能力,还可为景区运营增加收入。此外,在旅游景区的管理过程中,使用该 App 可获取游客游览行为的大数据,为景区内部交通规划提供数据分析基础,具备较强的通用性和推广性。

"一键叫车"App 由客户端、司机端与后台服务端构成。客户端主要用于游客发单叫车,司机端用于司机接单,而后台服务端则负责派车服务管理并存储用户乘车数据。

1.　游客端

游客端由发单、等待、行程中和支付四个功能模块组成(见图 5-28)。打开 App后系统自动定位游客所在位置,游客输入目的站点和乘车人数后,可点击"确定叫车"按钮,系统将自动完成订单推送。游客可在操作界面中确认司机是否接单,并实时获取司机车牌号、空座位数及到达上车点所需时间等相关信息。行程结束后,游客可通过支付宝或者微信支付路费,并对司机行程服务情况进行评价(见图 5-29)。

游客发出约车指令后,可在 3 分钟之内免责取消订单,3 分钟后需支付一定的违约金。若游客临时改变目的站点,司机将重新规划行程送游客前往新地点,系统根据实际行车里程自动计价。

2.　司机端

司机端由登录、接单、行程中及收款四个功能模块组成(见图 5-30)。司机登录App 后,可看到系统自动推送的订单信息,并选择是否接单;若选择接单,系统将自

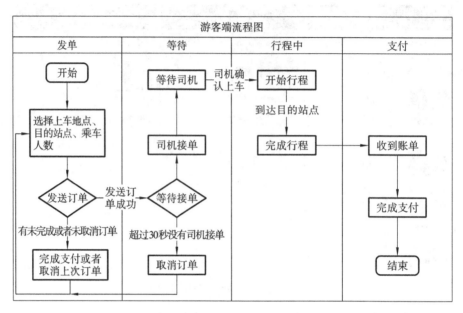

图 5-28 "一键叫车"App 游客端流程图

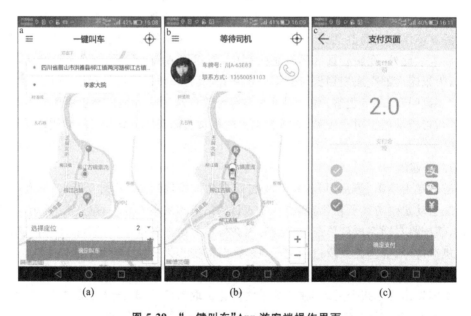

图 5-29 "一键叫车"App 游客端操作界面

(a)呼叫电瓶车发单;(b)等待司机接单;(c)行程结束支付

动规划行程路线前往游客上车点。游客上车后,司机点击"开始行程"按钮,系统自动规划最优路径,并根据里程计价(见图 5-31)。

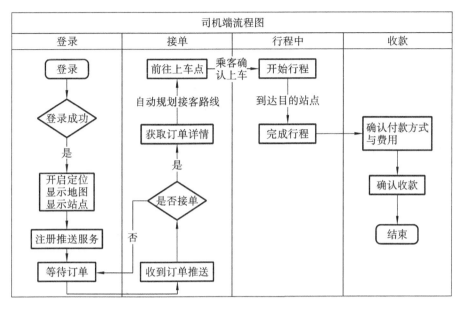

图 5-30 "一键叫车"App 司机端流程图

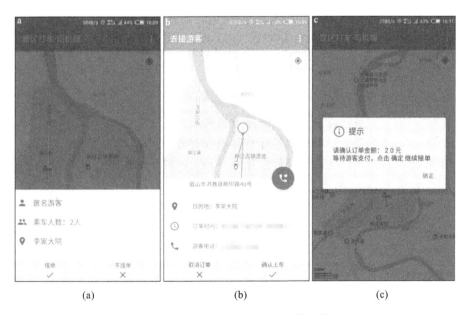

图 5-31 "一键叫车"App 司机端操作界面

(a)接到电瓶车订单;(b)接送游客信息;(c)等待游客支付

本章小结

数字城镇是在物联网、云计算等新一代信息技术的支撑下,形成的一种新的信息化城镇形态。作为一种全新的城镇化管理和运行模式,建设数字化小城镇的目的是解决乡村地区小城镇发展的实际问题,如智能规划和智慧管理、优化配置资源、设计宜居环境、提升生活品质,及提高小城镇的可持续发展能力。

本章以数字柳江为例,详细介绍了数字城镇框架的规划和建设过程、设计和开发应用软件的关键技术,讲解了主要示范系统的功能和特点。可以预见:

①推动物联网、大数据、云计算等新一代信息技术创新应用,强化信息网络、数据中心等信息基础设施建设将是未来实现新型城镇化的重要路径之一;

②数字城镇与政府职能化管理是现代城镇管理体系发展的必然趋势,管理方式也将由过去的部门垂直管理逐渐转变为纵横交错的网络化、信息化的矩阵式管理;

③依托数字城镇管理框架,有助于利用数字信息手段,在一定程度上破除"千城一面、千镇一面"的重复性规划问题,为村镇发展和乡村旅游规划提供准确的基础数据,保障规划的可实施性和可持续性;

④在柳江智慧旅游体验建设基础上,依托现有虚拟现实、导游导览系统等设施,进一步打造文旅 IP,助推全域旅游发展,促进新型城镇化发展。

思考题

[1]数字城市与数字城镇的区别和联系是什么?

[2]乡村数字城镇建设需要搜集哪些数据资源?

[3]数字城镇框架建设可依据的标准和规范有哪些?

[4]智慧旅游对乡村地区城镇数字化建设和发展有什么作用?

第三篇
乡村文化遗产与
乡村景观

第 6 章　乡村文化遗产保护

6.1　乡村文化遗产保护相关概念

谈到乡村文化遗产保护,首先必须弄清楚:什么是遗产? 什么是文化遗产? 什么是乡村文化遗产?

6.1.1　遗产

"遗产"一词的英文"heritage"来源于拉丁语,其本意为"父亲留下的财产"。时至今日,随着经济社会的发展,其内涵和外延发生了较大变化。其内涵由原来"父亲留下的财产"发展成为"祖先留给全人类的共同的文化财富",其外延也由一般的物质财富发展成为看得见的"有形文化遗产"、看不见的"无形文化遗产"和天造地设的"自然遗产"。联合国为此专门成立了教育、科学及文化组织(以下简称教科文组织,UNESCO)与世界遗产委员会来负责全球范围内的文化与自然遗产保护。

据相关资料表明,美国最早使用了"遗产"一词的新内涵。1965 年,美国白宫会议首先提出设立"世界遗产信托基金"建议案。该建议案认为有必要通过国际合作,共同保护"世界杰出的自然风景区和历史遗址"。到 1970 年,美国又首次将这一理念写入当时的一部重要法案——《国家环境政策法》中。该法案认为,自然环境的保护固然重要,但人文环境也应被视为生活环境的重要组成部分。每位国民都应树立起保护人类共同遗产的观念,共同保护国家的历史遗产、文化遗产和民族遗产。各项工程启动之前,必须进行先期遗产调查。同时代颁布的《人类环境宣言》《人类环境行动计划》中,除了进一步阐释人类与环境的关系问题,还明确提出应尽快缔结《保护世界文化和自然遗产公约》的建议。

与此同时,联合国对此表示了大力支持。1972 年,联合国教科文组织颁布了以保护人类自然环境和人文环境为宗旨的《保护世界文化和自然遗产公约》及《各国保护文化及自然遗产建议案》。这两份文件的颁布,使得"文化遗产""自然遗产"和"世界遗产"的概念迅速传播开来,并成为国际交流的重要议题。而后世界各国申报世界文化及自然遗产名录活动,也为这一理念的普及与传播起到了很大作用。

6.1.2　文化遗产

正如上文所述,"遗产"的概念在 20 世纪 70 年代发生了巨大变化。在法国、英国、美国、日本和韩国,该词的内涵和外延都大体经历了一个从"父母留给子女的财富"，逐渐发展为"历史的见证"及"整个社会的共同继承物"这样一个不断拓展的过程。其间，"物质遗产""文化遗产""自然遗产""世界遗产""人类共同文化遗产"的新概念不断涌现，使得"遗产"一词的外延几乎包括了人类所创造文明的方方面面，精神财富理所当然包括在内。

对"遗产"精神层面的价值，人类自古就比较重视。这突出表现在一些谚语、成语故事、传说、口头文学等所蕴含的深刻含义中，并通过代代相传，成为一个民族和国家的宝贵精神财富。这也是人类社会不断进步发展的动力和源泉。联合国教科文组织驻北京前代表青岛泰之博士认为："一个民族的文化遗产是该民族现存文化的记忆。"因此，"文化遗产"可以定义为"人类社会所承袭下来的前人所创造的一切优秀文化"。文化遗产分为有形文化遗产与无形文化遗产两大部分。但由于自然遗产与文化遗产之间的密切联系，有时人们也将自然遗产一并纳入文化遗产行列实施同步保护。截至 2019 年 7 月，中国已有 55 项世界文化、景观和自然遗产列入《世界遗产名录》，其中世界文化遗产 37 项、世界自然遗产 14 项、世界文化与自然双重遗产 4 项。

1. 有形文化遗产

所谓"有形文化遗产"，是指那些看得见、摸得着，具有具体形态的文化遗产。有形文化遗产包括小型可移动文化遗产和大型不可移动文化遗产两大类。小到泥塑、雕刻、剪纸、刺绣、纺织、造纸等诸多民间工艺品，大到民居、寺庙、村落、古镇甚至历史文化名城均可纳入有形文化遗产范畴。在已列入联合国教科文组织《世界遗产名录》的紫禁城、天坛、长城、颐和园、平遥古城、苏州古典园林、皖南西递及宏村古村落、孔府、孔庙、丽江古城、布达拉宫、大昭寺和罗布林卡等中国的世界文化遗产中，大多数都属于建筑类的有形文化遗产。

2. 无形文化遗产

无形文化遗产，又称"非物质文化遗产"。联合国教科文组织在 2003 年 10 月 17 日通过的《保护非物质文化遗产公约》中指出："'非物质文化遗产'，指被各社区、群体，有时是个人，视为其文化遗产组成部分的各种社会实践、观念表述、表现形式、知识、技能以及相关的工具、实物、手工艺品和文化场所。这种非物质文化遗产世代相传，在各社区和群体适应周围环境以及与自然和历史的互动中，被不断地再创造，为这些社区和群体提供认同感和持续感，从而增强对文化多样性和人类创造力的尊重。在本公约中，只考虑符合现有的国际人权文件，各社区、群体和个人之间相互尊重的需要和顺应可持续发展的非物质文化遗产。"

6.1.3 乡村文化遗产

乡村是人类文明最重要的承载地，从原始部落到氏族公社到村镇再到城市和邦国，这一演化的历史是人类社会共同的发展轨迹。而作为一个拥有 7000 年农耕文明的农业大国，中华民族的祖先曾在这片广袤的土地上创造出独特而令人瞩目的农业文明，留下了众多的文化遗产。传承并保护好这些文化遗产，对于弘扬中华民族优秀文化,具有重要的意义。据有关方面统计,在我国政府已公布的近 7 万处各级文物保护单位中约有半数在农村,此外还有大量已登记但未公布或者尚未发现的文物点,至于农村各类非物质文化遗产也是极其丰富的。这些文化遗产是历史留给我们的珍贵财富,如果保护得好,利用得当,完全可以作为推动"乡村振兴"的"材料"和"基础"。

进入 21 世纪,我国的农村文化遗产保护工作开始得到有关部门的注意,并在逐步采取一些积极措施。在农村乡土建筑及其聚落遗产的保护方面,2002 年我国在修订的《中华人民共和国文物保护法》中提出了"历史文化村镇"的概念,原建设部、国家文物局在 2003 年开始进行"中国历史文化名镇(村)"的评选工作;2008 年 4 月,国务院还颁布了《历史文化名城名镇名村保护条例》。但这些法规文件所保护的对象主要是那些"不可移动文物、历史建筑、历史文化街区"。农村各地方为了能够成为"名村""名镇",也把保护农村文化遗产的主要工作精力放在历史建筑及传统村落风貌的保护上。围绕农业生产领域的文化遗产,2002 年,联合国粮农组织(FAO)与联合国开发计划署等国际组织,在全世界开展了"全球重要农业文化遗产保护项目",浙江青田的"稻鱼共生系统"成为五个试点项目之一,从而引发了国内对相关农业生产领域的文化遗产的关注。2003 年 10 月 17 日联合国教科文组织第 32 届大会通过了《保护非物质文化遗产公约》,2005 年 3 月国务院办公厅印发了《关于加强我国非物质文化遗产保护工作的意见》,2006 年 11 月,原文化部通过了《国家级非物质文化遗产保护与管理暂行办法》,并在广大城乡开展非物质文化遗产的评选和保护工作。其中,农村传统民俗、民间工艺、节日等精神文化遗产成为关注重心。由此,围绕农村文化遗产保护工作自然形成了"历史文化村镇""农业文化遗产"和"农村非物质文化遗产"三个重心不同又互有交叉的农村文化遗产保护体系。

乡村文化遗产是在乡村地区赋存的,与乡村生产、生活密切相关的,种类繁多、特色各异、经济文化与生态等价值相统一的文化遗产体系。把乡村文化遗产所具有的核心价值的属性作为评判标准,将乡村文化遗产划分为农业文化遗产、乡土建筑遗产和乡村民俗遗产(见表 6-1)。

表 6-1　乡村文化遗产分类系统

文化遗产大类	文化遗产项目	文化遗产类型举例
农业文化遗产	农业遗址	大汶口遗址、裴李岗遗址、南庄头遗址
	农业工程	四川都江堰、新疆坎儿井、宁夏古灌区
	农业文献	《齐民要术》《农政全书》《尚书·禹贡》
	传统耕作技术与农具	农田复种轮作技术、间种套种、耙子、风鼓、秧马
	农业生物品种	各种野生稻、野生大豆、地方畜禽品种等
	传统农业品牌	从江香猪、青田田鱼、盘锦大米、阳澄湖大闸蟹、陕西大红枣
	特色农业景观	云南哈尼梯田、海南火山石盐田、贵州雷山乌东水系景观、广东桑基鱼塘景观

续表

文化遗产大类	文化遗产项目	文化遗产类型举例
乡土建筑遗产	特色民居	香溪古堡、开平碉楼、福建土楼、陕北窑洞
	乡土宗教祭祀地	各地土地庙、安徽侯村祠堂、赣南风水塔
	乡土道路设施	梅岭古驿道、程阳风雨桥、黄河古渡口
	乡土生活设施	各地村落的水井、池塘、碾盘等
	乡土文化娱乐场所	乌镇戏台、周庄书院、庆安会馆
	乡土建筑小品	西递村牌坊、旺苍山寨寨墙、大尧村碑刻
	传统村落景观	藏羌村寨、广西金竹壮寨、江西婺源传统村落、黄姚古镇
乡村民俗遗产	乡村祭祀活动	民间社火、祭寨神、妈祖祭祀
	节气与农谚	二十四节气，华北农谚"白露早，寒露迟，秋分种麦正当时"
	乡村体育竞技	如摔跤、掰手腕、斗鸡、斗牛、斗羊、赛马等民间体育活动
	民间生活礼俗	各地村规民约、楹联习俗、族谱、土族婚礼、惠安女服饰
	乡村生活用具	各地乡村的簸箕、马灯、筐箩、独轮车、摇车
	乡村音乐舞蹈	青海花儿、江川号子、侗族大歌、京西太平鼓、抚顺地秧歌
	民间文学	孟姜女传说、古鱼雁民间故事、阿诗玛
	民间传统工艺	吴桥杂技、满族剪纸、婺源三雕、苗族蜡染技艺等
	传统节日	傈僳族刀杆节、热贡六月会、胡集书会、秀山花灯

注：根据佟玉权的《农村文化遗产的整体属性及其保护策略》一文中表格绘制。

1. 农业文化遗产

农业文化遗产是与农业生产活动直接关联的农村文化遗产类型。2002 年，联合国粮农组织给"全球重要农业文化遗产"(globally important agricultural heritage)所下的定义是：农村与所处环境长期协同进化和动态适应下所形成的独特的土地利用系统和农业景观，这种系统与景观具有丰富的生物多样性，而且可以满足当地社会经济与文化发展的需要，有利于促进区域可持续发展。尽管该定义的内涵非常丰富，而且国内也有一些学者在进行农村文化遗产的实际研究时，将农业遗产的研究范畴加以拓展，但该遗产分类仍无法涵盖农村具有整体意义的所有遗产类型。因此，根据相关专家的研究，农业文化遗产是与农业生产活动相联系的农村文化遗产类型，是系统性的农村文化遗产的重要组成部分。

根据农业生产特点，并考虑到文化遗产赋存实际，农业文化遗产主要包括农业遗址、农业工程、农业文献、传统耕作技术与农具、农业生物品种、传统农业品牌、特色农业景观等文化遗产项目。

2. 乡土建筑遗产

20 世纪 80 年代末到 90 年代，我国建筑学界率先关注到乡土建筑，并以文化人类学等视角开展田野调查。近年来,乡土建筑的保护问题开始得到政府及有关方面的重视。2005 年 8 月,中国乡土建筑文化暨苏州太湖古村落保护研讨会发表《苏州宣言》,呼吁保护和抢救中国优秀的乡土建筑文化遗产。同年 12 月,国务院颁布的《关于加强文化遗产保护的通知》明确提出:"在城镇化过程中,要切实保护好历史文化环境,把保护优秀的乡土建筑等文化遗产作为城镇化发展战略的重要内容。"2006 年,第三次全国文物普查工作试点进行,乡土建筑被列为一个普查门类。

那么,究竟什么是乡土建筑遗产? 1999 年 10 月,国际古迹遗址理事会(ICOMOS)在墨西哥通过的《关于乡土建筑遗产的宪章》(*Charter on the Built Vernacular Heritage*)认为:乡土建筑是社区自己建造房屋的一种传统的和自然的方式,是一个社会文化的基本表现,是社会与它所处的地区关系的基本表现,同时也是世界文化多样性的表现。因此,从内涵上讲,农村乡土建筑遗产应该以乡村聚落为存在形式,是人们长期以来与当地独特的自然、人文环境相适应过程中所形成的,具有鲜明民族特色、地域风格的生活建筑遗存及其场景。农村的乡土建筑遗产主要包括特色民居、乡土宗教祭祀地、乡土道路设施、乡土生活设施、乡土文化娱乐场所、乡土建筑小品、传统村落景观等多种类别。

3. 乡村民俗遗产

本书所指的"乡村民俗遗产"含义较为宽泛,与农村的"非物质文化遗产"的范畴近似。根据联合国教科文组织 2003 年通过的《保护非物质文化遗产公约》中的定义,"'非物质文化遗产',指被各社区、群体,有时是个人,视为其文化遗产组成部分的各种社会实践、观念表述、表现形式、知识、技能以及相关的工具、实物、手工艺品和文化场所"。根据该公约,非物质文化遗产应涵盖五个方面的项目:①口头传统和表现形式,包括作为非物质文化遗产媒介的语言;②表演艺术;③社会实践、仪式、节庆活动;④有关自然界和宇宙的知识和实践;⑤传统手工艺。公约还指出,非物质文化遗产概念中的非物质性的含义,是与满足人们物质生活基本需求的物质生产相对而言的。

考虑到非物质文化遗产的广泛性,并与农业文化遗产、乡土建筑遗产相区别,本书特别使用"乡村民俗遗产"的概念,并将乡村民俗遗产界定为与乡村精神生活密切相关的,以"非物质"或"无形性"为主要存在形式的农村文化遗产类型。在具体类别划分上,尽可能地与国家已公布的"国家级非物质文化遗产名录"中的类型划分相协同。乡村民俗遗产的主要类型有乡村祭祀活动、节气与农谚、乡村体育竞技、民间生活礼俗、乡村生活用具、乡村音乐舞蹈、民间文学、民间传统工艺、传统节日等。

6.2　乡村文化遗产保护原则

6.2.1　整体保护原则

在乡村文化遗产保护中,首先要坚持整体保护原则。这也是世界文化遗产保护的普遍性原则之一。乡村文化遗产作为一种重要的遗产类型,在长期的发展历程中,已经和它周围的自然环境、历史文化、居民生活、宗族、情感记忆等紧密联系在一起,并且这种联系已经成为乡村文化遗产不可分割的组成部分。因此,无论是乡村文化遗产保护研究或是乡村规划,凡涉及乡村文化遗产的保护内容,不能只保护文化遗产中的某个类型或某几个类型,而是应该把乡村文化遗产系统及其赖以存在的自然和人文环境作为一个整体加以保护。

认识到了乡村文化遗产的系统性,那就要求规划师在进行文化遗产的保护和利用规划时,需要对每一个文化遗产要素做仔细甄别和单独评估,在考虑各个要素与整体文化遗产系统的联系的基础上,确定其保护的级别并选用恰当的利用方式。

6.2.2 原真保护原则

真实性是自然与文化遗产价值的基础,是进行遗产的科学研究、保护与修复规划及登录与管理的依据。"原真性"一词源于英文"authenticity",意为原本的、真实的、可靠的、非复制的等。世界遗产委员会制定的《世界遗产公约实施行动指南》(1997)要求:"列入《世界遗产名录》的文化遗产至少应具有《保护世界文化和自然遗产公约》所说的突出的普遍价值中的一项标准以及真实性标准","要满足对其设计、材料、工艺或背景环境以及个性和构成要素等方面的真实性的检验"。

贯彻乡村文化遗产保护的原真保护原则,要反对两种极端思想或倾向:一是文化遗产保护的原生态,主张对乡村文化遗产进行封闭保存,反对任何形式的商业性开发活动的介入,甚至不主张在文化遗产地修筑道路等基础设施和要求尽量减少与外界的交流;二是对乡村文化遗产的建设性破坏和经营性破坏行为。

6.2.3 动态保护原则

乡村作为人类最为古老的聚落类型,在漫长的发展历史中,总能留下不同时期的时代烙印。因此,乡村文化遗产界定本身是动态的,需要随着时代变化而发生相应的变化。乡村文化遗产也是一种与其所处时代相对应的社会生产和生活方式,保护的价值就在于对我国传统建筑、生产和生活方式的继承,它是一种"活着的"遗产类型。乡村文化遗产保护与更新的目的是保护其历史价值和在新的社会经济背景下,改变原有的功能结构,使其适应现有的经济结构调整,并促进社会结构的优化,推进乡村的"有机更新"。

6.3 乡村文化遗产保护开发利用

中国的乡村文化遗产保护应该走积极开发利用之路,而非被动保护,要将"死的"遗产变为"活的"资产,最终实现中国乡村文化遗产的可持续保护和利用,并在当代产生新的价值,实现乡村振兴。对我国乡村文化遗产积极地保护开发利用的方式主要有以下几个方面。

6.3.1 触媒激活

传统村落的保护和复兴关键之一在于激活。曾经辉煌的遗产村落往往有许多闲置的集体资产,如祠堂、粮库、学校、商店,利用这些资产引入活化遗产村落的"触媒(酶)",植入有时代特色和活力的文化和产业,特别是创意文化和产业。它们是激活遗产村落的关键点,可以使乡村文化遗产重新焕发生机。

6.3.2 修补利用

每个凋敝的遗产村落有少则三分之一、多则百分之百的废弃宅基地和闲置建筑,部分宅基地可以用来接纳城里来的客人和引入产业,包括民宿和精品度假酒店、艺术家工作室、创意文化产业等。在这里,对遗产的修补和利用技术要求很高,亟待建筑和村落系统化的有机更新方法及相关技术的推广,以实现新形势下传统村落继续保持活力。

6.3.3 全域旅游

以遗产村落为依托,发展全域旅游,包括民宿发展,乡土美食开发,土特产品和乡土非物质遗产的发掘和利用,民俗传承,游览线路的组织和开发,环境解说系统的建立,艺术及设计展览及创意文化和产业的发展与体验,等等。通过遗产与新生活、新经济及新文化的联姻,带动遗产村落的全面复兴。这是保护利用乡村文化遗产的最终目标。

本章小结

本章对遗产、文化遗产、乡村文化遗产的相关概念进行了梳理,提出了整体保护、原真保护、动态保护三项原则,并探索保护利用方式,走积极开发利用之路,实现中国乡村文化遗产的可持续保护和利用,在当代产生新的价值,实现乡村振兴。

思考题

[1]什么是乡村文化遗产?
[2]如何在乡村振兴政策背景下,实现乡村文化遗产保护利用?

第 7 章　乡村景观与生态保护

乡村景观是乡村空间与物质实体的外显表现,是自然景观与人工景观的有机结合。谈到乡村景观与生态保护,必须弄清楚:什么是乡村景观? 什么是生态保护?

7.1　乡村景观

7.1.1　乡村景观的概念

"景观"一词最早出现在欧洲《圣经·旧约全书》中,用来描绘耶路撒冷城美丽的景色。后来在 15 世纪中叶西欧艺术家们的风景油画中,景观成为透视中所见地球表面景色的代称。这时,景观的含义同汉语中的"风景""景致""景象"等一致。17 世纪左右,景观已经成为专门的绘画术语,意义是"陆地风景画"。当前,在文学、艺术及园林等领域内,景观的含义仍基本上等同于"风景"。

在德语中,"景观"(landschaft)本身的含义是一片或一块乡村土地,但通常被用来描述美丽的乡村自然风光。英语中的"景观"(landscape)源于德语,也被理解为形象而又富于艺术性的风景概念。

中国从东晋开始,山水风景画就已从人物画的背景中脱颖而出,山水风景很快成为艺术家们的研究对象,景观作为风景的同义语也因此一直为文学家、艺术家沿用至今。这种针对美学风景的景观理解,既是景观最朴素的含义,也是后来科学概念的来源。从这种一般理解中可以看出,景观没有明确的空间界限,主要突出一种综合直观的视觉感受。

19 世纪初,德国地理学家洪堡将景观定义为"某个地球区域的总体特征",但是景观还基本上等同于"地形",主要用以说明地壳的地质、地理和地貌属性。后来,俄国地理学家进一步发展了这一概念,并赋之以更为广泛的内容,把生物和非生物的现象都作为景观的组成部分,并把研究生物和非生物这一景观整体的科学称为"景观地理学"。1885 年,德国人温默将景观的概念引入地理学。20 世纪 20 年代中期,美国学者索尔发表著名论文《景观的形态》,把景观看作地表的基本单位。他认为景观由两部分构成:第一部分是自然景观,即一地区在人进入前的原始景观;第二部分是文化景观,即经人所改造过的景观。目前,地理学意义上的景观是指地球上有机界与无机界对象的有机结合,也就是自然景观与人文景观的结合。自然景观是由自然地理环境要素所构成的,在形式上主要为高山、平原、丘陵、江河、湖泊、沼泽等,在构成要素上表现为地貌、水文、植被等。人文景观是人类适应、改造自然景观的创造物,是人类在长期的生产、生活中,对自身发展的科技、文化、历史、社会的一种总结与概括,通过形体、色彩及其他方式表达出来的创造物。它的具体组成有建筑物、桥梁、陵墓、园林、雕塑等。

目前,地理学中对景观比较一致的理解:景观是由各个在生态上和发生上共轭的、有规律地结合在一起的最简单的地域单元所组成的复杂地域系统,并且是各要素相互作用的自然地理过程总体,这种相互作用决定了景观动态。

生态学认为,景观是指人类生存空间的视觉总体。生态学研究景观整体的结构、功能及演变,研究的焦点是在较大的空间和时间尺度上景观生态系统的空间格局和生态过程。

文化学则强调文化对自然景观的作用和影响,人文景观是人们为了满足某种需要,利用自然物质加以创造,并附加在自然景观上的人类活动形态。一部分是能够以视觉感知的景象,如服饰、农田、道路、学校、交通工具等;另一部分是不被人们直接感知的、无形的,但对景观的发展有重大作用的人文因素,包括思想意识、生活方式、风俗习惯、宗教信仰、审美观、道德观、政治、生产关系等。这些因素虽然不能直接被视觉所感知,但可以通过"渗透"与"作用"在可被人们视觉感知的因素上表现出来。

总体而言,对景观可以做如下理解:

①景观由不同空间单元镶嵌组成,具有异质性;

②景观是具有明显形态特征与功能联系的地理实体,其结构与功能具有相关性和地域性,景观既是生物的栖息地,更是人类的生存环境;

③景观是处于生态系统之上、区域之下的中间尺度,具有尺度性;

④景观具有经济、生态和文化的多重价值,表现为综合性。

当前,从景观规划设计的角度而言,景观的概念有狭义和广义之分。狭义景观与园林联系在一起,即认为景观基本上等同于园林,景观规划设计者一般持有这种观点。在这种概念下,景观的基本成分可以分为两大类:一类是软质的东西,如树木、水体、和风、细雨、阳光、天空等,称为软质景观,通常是自然的;另一类是硬质的东西,如铺地、墙体、栏杆等,称为硬质景观,通常是人工的。但山体例外,它是硬质景观,但又是自然的。广义的景观是空间与物质实体的外显表现,大致包括四个部分:一是实体建筑要素,即建筑物;二是空间要素,包括广场、道路、步行街、公园和居民自家的小庭院等;三是基面,主要包括路面的铺地;四是小品,如广告栏、灯具、喷泉、卫生箱、雕塑等。

乡村景观是相对于城市景观而言的,其作为具有特定指向的景观类型,有着与城市景观不同的性质、形态与内涵。不同学者从不同学术角度对乡村景观进行了界定。贝尔格等认为,乡村景观是占有一定地区的一组相互联系的环境形成的自然综合体。金其铭等认为,乡村景观是在乡村地区具有一致的自然地理基础、利用程度和发展过程相似、形态结构及功能相似或共轭、各组成要素相互联系、协调统一的复合体。这两种说法都是从地理学的角度出发来定义乡村景观的。王云才则从地理学和规划学的角度出发,认为乡村景观是指城市景观以外的空间,是聚落形态由分散的农舍到能够提供生产和生活服务功能的集镇所代表的地区,是以农业为主的生产景观和粗放的土地利用景观。谢花林等从景观生态学的角度认为,乡村景观是乡村地域范围内不同土地单元镶嵌而成的复合镶嵌体,既受自然环境条件的制约,又受人类经营活动和经营策略的影响,镶嵌体的大小、形状和配置具有较大的变质性,兼具经济价值、社会价值、生态价值和美学价值。韩丽等从风景美学的角度认为,乡村景观是从人类审美意识出发,作为审美信息源而存在的,自然田园风光是乡村景观中最主要的构成部分,是乡村旅游景区建设的基础。刘滨谊则从景观建筑学的角度认为,乡村景观是可开发利用的综合资源,是具有效用、功能、美学、娱乐和生态五大价值属性的景观综合体,是在乡村地域范围内与人类聚居活动有关的景观空间,包含乡村的生活、生产和生态三个层面。

乡村景观研究具有多学科特性,因此很难用几句话简单地给出其定义。范建红等认为乡村景观既需要指向其地域特殊性,也要指向景观类型性;既需关注客观的物质景观因素,也需关注主观的景观成分。

7.1.2 乡村景观的构成要素

乡村景观是由自然要素和人文要素综合构成的,自然与人类活动之间长期的相互作用形成了独特的乡村景观,也就决定了其是以自然景观为基础、以人文因素为主导的人类文化与自然环境相结合的景观综合体。

1. 乡村景观的自然环境要素

乡村景观的自然环境要素主要包括气候、地质、地形地貌、土壤、水文、动物、植被等要素,它们的有机结合构成了自然环境的综合体。气候要素是景观分异的重要因素,主要包括太阳辐射、温度、降水、风等,可分为热带、温带和寒带等气候带,其主要体现在水热状况的差异以及季风的影响。不同气候带的水热条件存在较大的差异,其直接或间接地影响到乡村景观的其他要素,对乡村景观的影响是长期的、漫长的,在不同的气候条件下一般会形成显著不同的区域景观类型。地质要素包括地质构造和岩石矿物特性两个方面,一般而言,地质构造主要造就了区域景观的宏观面貌,如山地、高原、洼地等;岩石矿物是形成景观的物质基础,特别是形成土壤的物质基础,不同的岩石矿物给予景观不同的特性。地形地貌要素是景观类型形成和分异的主要因素之一,主要包括大的地形单元(如山地、高原、平原、盆地等)和小的地貌分异因素(如丘陵、坡度、坡向等)。土壤要素包括土壤类型、分布、结构、性状、土壤侵蚀和土壤养分状况等。水文要素包括河流、湖泊、冰川和沼泽等天然水体,以及灌溉水渠、水库和坑塘等人工水体。动物要素主要指一些天然的动物群落及其分布的状况和特征,由于其比较特殊,在景观分类中一般不考虑。植被要素是景观组成的一个重要因素,是对景观类型的直接反映,应该作为景观类型划分的重要标志,其包括原始森林、人工林地、农田作物、防护林带和绿地等。

2. 乡村景观的人为景观要素

乡村景观的人为景观要素主要是指人类在改造自然过程中,为满足自身的需要,对自然景观要素的改造所产生的半自然半人工景观或在自然景观基础上建造的人工景观。人为景观的类型和结构反映了人类对自然景观的改造程度和方式。处理好自然景观和人为景观之间的关系,对乡村持续发展起到至关重要的作用。人为景观主要包括农村聚落和建筑、农业景观、交通道路、乡村工农业生产、农田基本建设和灌溉水利设施、乡村居民的娱乐生活设施等。

3. 乡村景观的文化环境要素

乡村景观的文化环境要素是指人类在与自然之间长期的相互作用过程中,逐渐形成的民俗文化、社会道德观、价值观和审美观等,具体来说包括道德观念、生活习惯、风土人情、生产观念、行为方式、宗教信仰和社会制度等多个方面。文化景观是一个地域各种文化现象的全面综合体,深受自然景观和人为景观的影响和制约,表达了一个地域的人文地理特征,在乡村景观分类与规划中的体现一般要物化在农业生产方式、作物种类、农村居民点的形式和结构、聚落布局、庭院以及绿化树等方面。一定区域的文化景观特征处于不断的变化之中,原有居民长期活动而形成的现象特征,往往因新的经济因素或外来文化的进入而发生变化,更为重要的是,新因素在活动过程中在原有人文现象特征上叠加了其自身特征。因而,一个区域的文化景观可以看作是一幅复合的画面,它是由新特征叠加在先代残存特征之上的连续层次构成的。也就是说,一个区域内的文化景观特征具有复合性。由于各地不同的自然环境、人文特征和历史发展基础,有的乡村演进较快,有的乡村演进则较缓慢,因而呈现出各异的文化景观类型。但它们都是在原有基础上,按各自特点沿着现代化的道路在逐渐演变、逐步前进。这些都说明了地理环境是通过生产力来影响人类社会发展的,文化景观的发展变化是受生产力的发展水平制约和影响的。

7.1.3　乡村景观的分类

国外开展景观分类研究较早,主要以景观生态学为指导思想,其中北美学派对土地生态分类的研究较为广泛和深入,而欧洲学派的分类则更详细和广泛,除了涉及土地,还从景观的自然度及人类对自然的干涉等各个方面对景观进行分类。

国内对乡村景观分类研究最早出现在土地分类上。随着学者们对乡村景观认识的深化,对乡村景观的类型研究就从前期的土地类型和农业类型方面跨入整体乡村景观类型方面。这一时期较有影响的分类包括如下几种:金其铭等考虑到乡村景观是具有自然景观特色的人文景观类型,将乡村景观划分为乡村聚落景观和乡村非聚落景观;李振鹏借鉴国内外景观分类的理论和方法,遵循乡村景观分类的原则和景观生态学基本原理,采用功能形态分类方法,将乡村景观划分为景观区、景观类、景观亚类和景观单元四级分类体系(见图 7-1)。

1. 景观区

根据乡村所处地理区域的综合功能景观特征的差异,可以依据区域水热组合条

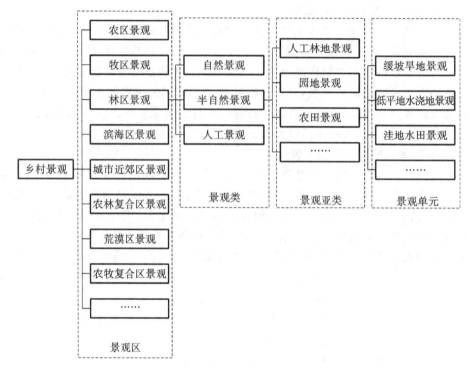

图 7-1　乡村景观功能形态分类体系框架示意图

(图片来源:根据李振鹏《乡村景观分类的方法研究》一文改绘)

件、较大尺度的地域分布规律、区位因素和土地利用结构等来综合确定其类型,如农区景观、牧区景观、林区景观、滨海区景观、城市近郊区景观、农林复合区景观、荒漠区景观、农牧复合区景观等。

2. 景观类

在景观区内,依据人类活动对景观干扰程度的大小,可以把景观划分为自然景观、半自然景观和人工景观三大类。

自然景观是指未受人类活动干扰的原始景观和受人类活动干扰较小的景观,如极地、荒漠、天然水域、原始森林、天然草地等,主要强调景观为环境服务的功能。自然景观的共同特点是它们具有原始性和多样性,不论是由于地貌过程还是生态过程所产生的景观特有性和生物多样性,都具有很大的科学价值,一旦破坏,难以恢复。因此,对于自然景观的研究应以保护其科学价值和生态平衡为中心,资源的开发与利用必须以严格的生态保护措施为前提。

半自然景观主要指受人类活动影响较大的一些人工种植景观,如采伐林地、刈草场、放牧场、有收割的芦苇塘、农田、果园等,其主要强调景观的生产功能。半自然景观的显著特征是景观构图的几何化与物种的相对单纯化,随着传统农业向现代农业的演进,原有分散和形状不规则的耕作斑块向着线性和规则多边形的方向演变,斑块的大小、密度和均匀性都会发生变化。半自然景观由于其经济价值和生态价值而成

为我们最重要的研究对象,通常它具有如下特性和研究重点:

①可再生资源的生产性,谋求比自然生态系统更高的生物生产力,设计能发挥最大功能的景观结构;

②景观变化的持续性,人类活动影响下的定向演变,通过变化和速率的调控以实现可持续发展的目的;

③人类生存环境的稳定性,注重协同,人类系统与生物系统间的生物控制共生与自我调节。

人工景观主要是指人类根据实际需要,在自然和半自然景观基础上创造的一种自然界原先不存在的景观,完全是人类活动创造的,其强调景观的文化支持功能,如工厂、矿山、交通道路系统、水利工程景观、军事工程景观和旅游休闲景观等。大量的人工建筑物成为景观的基质而完全改变了原有的地面形态和自然景观;人类系统成为景观中主要的生态组合,通过景观的能流、物流强度大,不再构成封闭系统,同时整个复合系统的易变性和不稳定性也相应增大,人类所创造的特殊信息流渗透到一切过程,许多原有的自然规律正在经受新的检验。人工景观的共同特征和研究重点如下:

①规则化的空间布局;

②显著的经济性和很高的能量效率;

③高度特殊化的功能和巨大的转化效率;

④景观视觉多样性的追求。

3. 景观亚类

在景观类内,根据景观功能与属性(生态系统类型和人文特征)的空间差异性,主要是依据土地利用类型和特征的差异性来确定景观亚类,其命名主要是依据土地类型与土地利用现状。如自然景观划分为天然森林景观、天然草地景观、天然水域景观、极地景观、裸地景观等;半自然景观分为农田景观、园地景观、人工林地景观等;人工景观可细分为聚落景观、工程景观、人工水域景观和道路景观等,其中水域景观和道路景观是两种比较特殊的景观生态系统,具有特殊的功能,对一个地区的发展变化具有特殊的作用。

4. 景观单元

景观单元是小尺度大比例尺乡村景观规划与制图的基本单元。在景观亚类内,根据景观组成要素的自然属性(主要是地形地貌和土壤的空间差异性)和土地利用单元(或植被)的差异划分出不同的景观单元,如农田景观中的洼地水田景观、缓坡旱地景观和低平地水浇地景观等。其中,地形地貌和土壤是可以量化的,而土地利用单元(或植被)可以参照土地利用现状的二级分类给予定量研究和定义,也便于与土地利用现状分类系统相衔接。其命名方法可以根据乡村景观具体情况和实际应用的需要,采用地貌(或土壤)加土地利用单元(或植被)的方法。

7.1.4　乡村景观的斑块-廊道-基质组合模式

斑块-廊道-基质(patch-corridor-matrix)的景观空间镶嵌模型奠定了乡村景观区域组合模式的研究基础。斑块的大小、形状不同,有规则和不规则之分;廊道的曲直、宽窄不同,连接度也有高有低;而基质更为多样,从连续状到孔隙状,从聚集态到分散态,构成了镶嵌变化、丰富多彩的景观格局。

景观是由不同生态系统组成的镶嵌体,而其组成单元(生态系统)则被称为景观的基本结构单元。景观的基本结构单元是指在一定尺度下构成景观整体的具有相对均质性的空间单位。按照各种景观单元在景观中的形状和地位,可以将景观的基本结构单元分为斑块、廊道和基质三种类型。斑块是指在外貌上与周围地区(本底)有所不同的一块非线性地表区域,是一定尺度景观空间中能见到的最小均质单元,是具有特定组成要素、形态特征、生态系统特性和人类干扰形式的完整的有机体;廊道是指与本底有所区别的一条带状地表区域,是景观中具有通道或屏障作用的线状或带状镶嵌体,各种廊道的相互交错和连通构成了景观中的网络体系;基质是指范围较广、连接度最高并且在景观功能上起着优势作用的景观要素类型,其面积大于景观中其他任何镶嵌要素,是景观中最连续的部分,成为景观斑块和廊道的背景。

景观和景观单元的概念,既是有本质区别的,也是相对的。景观强调的是异质镶嵌体,而景观单元强调的是均质同一的单元。比如,可以将包括村庄、农田、牧场、森林和道路的异质性地域称为一个景观,而将其中的每一类称为景观单元;也可以将一大片农田视为一个景观,而按作物种类(如高粱、玉米、小麦和水稻)或土地利用方式(如水田和旱田)等划分景观单元。

我国乡村景观环境多种多样,乡村景观也丰富多彩,但"斑块-廊道-基质"的镶嵌模型是乡村景观空间结构所具有的共同特征。各种具有独立形态特征的乡村景观类型以"斑块-廊道-基质"模式镶嵌在各自的景观环境中,成为有机的景观体。从我国的乡村景观环境来看,造成乡村景观空间结构差异较大的因素仍然是乡村所在的景观地理环境,其中地形单元成为影响乡村景观空间结构的重要因素。

乡村景观规划设计与乡村振兴既要考虑到乡村景观的完整性,又要考虑到乡村景观的特色性、经济的合理性和协调性,以及乡村人居环境的建设与可持续发展。因此,在研究乡村景观的过程中,既要考虑经济成就,又要重点选择问题突出的乡镇,并突出景观生态学、地理学的特色和特有的人地关系认知。

乡村景观研究的尺度性,随其研究对象和目的而不同。乡村景观分类系统的建立,为景观生态学的尺度研究提供了便利。景观生态学一般较为关注中尺度的研究,对小尺度的分类有所忽略。功能形态分类法考虑到规划具体实施的要求,主要基于小尺度,同时兼顾较大尺度和中尺度的要求,非常适用于村、乡、县和市一级大比例尺(1:2000~1:100000)的景观分类,其中,景观区一级基于大尺度,景观类和景观亚类主要考虑中尺度下的类型划分,而景观单元一级更适宜于小尺度的研究,其在尺度转换和生态过程与格局变化的研究上具有重要的意义。

7.2　生态保护

在我国中央和各级政府大力推行乡村振兴战略和进行乡村景观研究与营建的过程中,愈来愈注重乡村的生态保护。那么什么是生态保护? 它对于维护乡村景观的地域性、独特性和可持续性,对于支撑乡村经济社会发展有什么重要作用? 以下内容的简单介绍,将让大家对生态保护有一个初步的认识。

7.2.1　生态保护的概念

"生态"一词在生态学中的含义是指生物与其生存环境的关系及二者共同组成的有机整体。但在环境保护的实际工作中,又常常应用生态环境这个词。

生态环境是指与人类密切相关的,影响人类生活和生产的各种自然(包括人工干预下形成的第二自然)、力量(物质和能量)或作用的总和。生态环境主要包括自然生态环境、农业环境、城市生态环境三部分。其中自然生态环境是基础,是主要部分;农业环境是半人工生态环境,是在自然环境的基础上经人类改造发展起来的;城市生态环境则主要是人类建设的产物。

生态保护工作的关键是保护自然生态环境,其次是保护农业环境,另外城市的生态环境保护也应包括在内。

生态保护是指人类对生态环境有意识的保护。生态保护是以生态科学为指导,遵循生态规律对生态环境的保护对策及措施。生态保护的关键在于应用生态学的理论和方法,研究并解决人与生态环境相互影响的问题,协调人类与生物圈之间的相互关系。

生态保护工作的对象包括生物多样性保护、自然生态系统保护、自然资源保护、自然保护区的建设与管理、农村生态保护、生态环境管理等。总之,生态保护的对象非常广泛,几乎可以涵盖整个自然界,尤其是对于本章内容非常关注的人类在自然生态环境基础上发展起来的农村生态环境。

生态保护工作可应用法律、经济、科学技术、工程、行政管理和宣传教育等许多手段。

生态保护既包括保护具体的对象,也包括保护整个地球表层的生态环境,保护整个生物圈及其组成部分。

7.2.2　乡村生态保护的意义和作用

乡村地区作为和自然生态环境关系密切的地区,对于维持人地关系的和谐、保持良好人居环境质量、提供优质农产品和休闲旅游目的地方面具有重要和独特的作用,其在生态保护中有着特殊的地位。

1. 乡村生态保护就是保护国家和区域物质文明建设的基础

生态保护是环境保护的主要组成部分,"生态保护的实质就是保护生产力"。首先,乡村生态保护工作的重点是保护乡村自然资源,也就是保护国家和区域长治久安基础的生产力第三要素,即劳动对象;其次,保护好乡村生态环境也有利于保护生产力的第一要素,即劳动者;另外,保护好乡村生态环境也有利于保护生产力的第二要素,即生产工具、设施、设备等。总之,乡村生态保护从生产力的 3 个要素全面地保护了乡村生产力,也就是保护了国家和区域物质文明建设的基础。

2. 乡村生态保护是国家和区域精神文明建设的重要组成部分

乡村生态保护既保护了宝贵的自然资源,也保护了国家和区域各具特色的生态环境。可以说,乡村生态保护是传承我国优秀传统文化、发扬和继承爱国主义的重要途径。对广大的青少年进行爱国主义教育不是空洞地说教,它具有非常丰富的实际内容,其中包括热爱、保护、建设我国乡村的生态环境、自然资源和独特景观。

当前,许多乡村地区的发展寄希望于发展生态旅游、农业+旅游,许多乡村独特的自然、人文景观成了较好的旅游资源,在保护生态的前提下,发展现代农旅产业,使广大的城市居民投入大自然,欣赏乡村的美景,享受乡村的静谧与安详,返璞归真、陶冶情操,从而激发热爱乡村、热爱祖国的爱国主义情怀。

乡村地区与大自然独特的密切关系,成为保护珍稀生物的重要阵地。一个地区乡村居民与其他物种的关系如何,是一个国家、一个民族文明程度的标志。近几年随着我国生态保护教育的普及和深入,保护珍稀物种、保护大自然已经成为许多乡村居民的清楚认知,并且付诸实践,出现了许多保护国家珍稀生物的生动例子。

3. 乡村生态保护是建设生态文明的重要基础

当前,走生态文明社会发展模式已经成为我国的重要发展战略。它要求基本形成节约能源资源和保护生态环境的产业结构、增长方式、消费模式;循环经济形成较大规模,可再生能源比重显著上升;主要污染物排放得到有效控制,生态环境质量明显改善;生态文明观在全社会牢固树立。

处于产业升级转型和社会发展转型的中国乡村地区,无疑是建设生态文明的重要阵地,是实现社会主义物质文明、精神文明和政治文明和谐统一的主要地区之一。

乡村生态保护在我国实施生态文明发展战略中不可或缺。人与自然互惠共生、协调发展是生态文明的基本标志,而乡村地区显然天然就具有这个优势。工业文明赋予人类巨大的改造自然的力量,激发了人类战胜自然、主宰自然的欲望,形成了"人类中心主义",割裂了人与自然的和谐,破坏了生态平衡,因而遭到了自然界的无情报复。生态文明把自然界也看作是具有某种权利的有机体,人类是自然生态圈的一部分。它要求人类在尊重自身发展的同时,也要尊重自然界和其他生命的权利,实现人与自然的互惠共生,保证环境与发展的统一。

4. 乡村生态保护是保护乡村景观的重要途径

我国改革开放 40 多年来,农村经济社会发展取得一定发展成就的同时,发展过程中的负面影响也不能忽视。当然,作为规划专业的学生,要从历史发展的眼光客观地认识这些问题。我国快速城镇化过程中农业生产要素高速非农化、村庄用地日益空废化、农村水土环境严重污损化等问题不容忽视①,化肥、农药的施用仍呈粗放失控状态,大大抑制了生物多样性的发展,同时对土壤肥力及地下水构成持续性的破坏和威胁。一些乡村地区的居民为了生存和在强烈的发展愿望的驱使下,不合理地利用甚至破坏生态环境。例如,到处开垦,用生态材烧木炭卖,用木材作为生活、工业燃料,小企业无序开采矿山,到处挖山,等等,使得生态环境得到极大的破坏。这些问题导致了一些地区乡村景观特色的破坏和丧失。一旦乡村景观的特色遭到破坏,恢复起来就变得非常困难,甚至不可逆转。因此,从这个角度来讲,保护乡村生态就是保护乡村景观特色。

5. 乡村生态保护是国际交流合作的重要领域

人类热爱自然是有共性的,许多自然资源,特别是生物资源是全人类的共同财富。人类喜欢乡村生活也有其共同之处。无论是霍华德的"田园城市",还是我国最近火热的"田园综合体",总是在某种程度上反映了人类对田园生活的不舍之情。联合国和其他一些国际组织及欧美、日本、韩国等在乡村生态保护方面开展了许多工作。我国在借鉴这些工作经验的同时,也应抓住这一良好契机开展国际合作。这样既有利于在国际社会展现中国传统农耕文明的优秀成果,也有利于推动我国乡村生态环境保护,推动乡村经济社会发展。

总之,乡村景观是我国经济社会发展过程中不可缺少的重要资源和传统,是我国几千年来农耕文明在现代社会进一步传承和发展的重要载体和体现。乡村生态保护是保护乡村景观特色的重要途径,是实现乡村景观可持续的必要工作。

本章小结

长期以来,景观这一概念在多个学科中有着不同的定义,乡村景观研究也具有多学科特性。乡村景观是乡村空间与物质实体的外显表现,是自然景观与人工景观的有机结合。乡村地区作为和自然生态环境关系密切的地区,其在生态保护中有着特殊的地位。本章首先梳理了乡村景观的概念、构成要素和分类,在景观生态学视角下研究乡村景观组成模式,同时对乡村生态保护的意义和作用进行了探索。

---

① 节选自中国科学院地理科学与资源研究所刘彦随研究员于 2018 年 6 月 30 日在北京举行的由中国科学院主办的第六届战略与决策高层论坛上的发言——《"三力"驱动城乡融合 "六地"定位乡村功能》。

思考题

[1]什么是乡村景观?

[2]景观可以怎样进行分类?

[3]什么是生态保护?

第四篇
乡村更新与乡村建筑

第8章 乡村更新设计

8.1 乡村更新设计的动力分析

8.1.1 内在因素

1. 自然条件

受到自然环境恶化和人口压力上涨的双重影响,我国传统农业分布区域范围十分广泛,当前传统农业发展还处于生产产能低下的非控式发展时期。与一些农业发达国家的标准化、规模化管理相比较,我国传统农业的乡村区域缺少生产之前的合理规划及生产过程中的难题管理。除此之外,农业设备老旧,抵抗自然灾害的能力羸弱,不少村民还在采用手工的方式耕种,生产手段十分落后,等等,遏制了乡村农业的发展速度。

2. 产业发展

我国的传统农业发展水平低下,竞争力弱,各类农副产品生产情况相互不均衡,存在结构性的短板,这是传统农业转型发展面临的难题。单一的农业生产结构,与其他相关产业间的黏合度差,导致农副产品加工产值占农业总产值的比重仅仅在35%～40%,远远低于发达国家90%的比例。只有不断提高传统农业的现代化程度,才能优化农业生产结构、提高农业效益、降低农业污染、提升产品质量,使传统农业生产方式往规模化、集约化的方向发展。

乡村遗产并不是只存在于成规模的古镇及乡村中,各种田野乡野中也可能有。它们可能不属于历史文化建筑,但是有着浓厚乡土氛围的古井、古桥、牌坊等,大多承载着特定历史阶段的某个故事。现阶段,传统农业型的乡村大多受自身发展束缚,面临资金紧缺的窘境,无法在文化遗产保护方面有太多作为。因此,不少乡村遗产的命运往往是年久失修,破败不堪。另外,在各种各样的新村建设中,这些乡村遗产很难得到保留,基本在乡村建设中没了踪影,从而变成一栋栋没有特点、外形相似的房屋。

3. 区位交通

随着国家基础设施建设日趋完善,全国范围的现代交通与信息网络已基本形成,这是建立新型城乡交换,实现方便、及时、准确、可控等目标的保障手段。

4. 文化基础

乡村文化是乡村自然与乡村居民互相作用期间所形成的全部事物及现象的总称。乡村文化的含义不同于城市文化,文化都涉及两类,即显性文化和隐性文化。显性文化主要包含物质上的可视性文化,即文化艺术、传统工艺、交通、居住及医疗等,而隐形文化指的是融入农民脑海和农村社会中的价值思想、宗族理念、村落氛围及道德观念等。

对比城市来讲,乡村的优良环境对弘扬传统文化有更大帮助,这里一般汇集了传统民俗、农耕文化及居民。和快节奏的城镇相脱离,乡村的生活节奏也更加舒适,农、林、牧业及自然生态的乡村环境、建筑、景观资源是乡村传统风貌的直观体现,它们所蕴含的乡村文化对游客也更有吸引力。

按照形式的标准,文化主要有两种,分别是物质文化和非物质文化。实现农村发展及生存所形成的物质产品反映出来的文化就是指乡村文化中的物质文化,主要涉及农业生产工具、自然景观、乡村建设等。在乡村产生的各种精神文化就是指乡村文化中的非物质文化,主要涉及传统工艺、宗族思想、民间艺术及古朴恬静的乡村氛围等。

随着现代化、全球化的持续发展与进步,乡村文化受到了外来文化的严重冲击。近十多年来,我国的城镇化道路建设对乡村产生着极大影响,乡村文化慢慢被边缘化甚至没落化。在城镇化期间,乡村文化的核心价值已得到相应的重视及认可,一些专家对乡村所涉及的文化内涵进行挖掘,对人和自然及"天人合一"的思想进行解释,对乡村生活和生产方式及紧密关联于风水美学文化的田园生态进行介绍和说明,从这些传统中找出精髓,为我国建设乡村乡土文化奠定强大的基础,为建设中国特色的美丽乡村提供引导。

8.1.2 外援动力

1. 投资影响

外来投资为壮大地方经济、提高非农就业、增加农民收入、解决农村剩余劳动力就业问题作出了卓越贡献,为实现工业反哺农业提供了条件。乡村农业生产功能和工业生产功能相互促进,推动了农村的发展。

2. 辐射带动

中产阶层能为乡村更新提供动力。一方面,他们拥有可观的购买能力。中产阶层是富裕的社会群体,能够成为长期巨大的购买力源泉。另一方面,他们拥有多样化的新需求。随着住房、汽车等大件生活用品的基本满足,以及社保、医疗、养老、教育等福利的充分享有,中产阶层的消费观念已转向健康、文化、环保等领域。

在中产阶层的众多新需求中,可能导向乡村人居环境的是他们对优美环境与慢生活氛围的需求。一方面,中国城镇在土地财政的路径依赖下"摊大饼"式高度扩张,导致生活环境质量严重下降,出现交通堵塞、空气污染、热岛效应、雾霾现象等,特别是我国城市建成区人均公共绿地面积仅 8.98 m²,远低于发达国家,因此中产阶层对优良的生活环境有着强烈需求。而且,随着国内老龄化社会的逐渐来临,如果城市无法满足其颐养诉求,一些自然环境良好且基础设施完备的乡村将有可能成为老年人倾心的区域。另一方面,随着近 20 年来的城镇高速更新和扩张,城市文明淹没在现代化浪潮中,房价高企、交通拥堵、教育与医疗资源分布不均衡、高压力的工作、社会人际关系冷漠,甚至孩子都面临着巨大的升学竞争,等等,这一系列问题,给大量城市人口造成了前所未有的心理压力,而中产阶层作为社会的中坚力量,更是肩负着承重的责任,他们比一般人更有能力也更渴望偶尔有机会换一种生活状态。当前,日益高涨的国人旅游热背后,就有着这种文化体验诉求的强力推动。

3. 政府政策

当今社会认为,"可持续发展"主要是从经济、社会及生态环境这三个维度考虑。1997 年的十五大把"可持续发展战略"树立为我国现代化建设中必须实施的战略。2002 年十六大把"可持续发展能力不断增强"确定为全面建设小康社会的目标之一。

现代乡村有更新发展的需求,休闲农业型乡村以农业和旅游业为核心来创新并发展。除此之外,美丽乡村注重的是打造优良的生态环境,所以在建设乡村的过程中,不能以损害自然生态环境为代价来推动发展,其发展必须严格遵守可持续发展的原则。乡村发展的基础是自然环境的承受力,必须同时做到经济发展、社会平等及环境不受破坏,三者缺一不可。在建设乡村的过程中,也要考虑到游客的需要、村民的需要及自然环境的承受力,制定合理科学的环境容量目标,不能为了眼前的利益而过度开发。这样,才能保持乡村生态环境的可持续,发展的可持续,当地的村民才能真正实现长期的受益。

自清末始,乡村因内外部多重因素而无奈遭受持续破坏。新中国成立后乡村又成为快速工业化和城镇化的血库、社会与经济波动的稳定器。经历百年沧桑,今日乡村已过度透支。特别是 20 世纪末以来,乡镇企业大量亏损倒闭和私有化、城市土地财政勃兴及 WTO 国际农产品价格压制等因素,更是对乡村整体产生逆转性不利影响。

在严峻形势下,乡村成为国家政策的重心。2004 年始,中央 1 号文件连续 11 年聚焦三农;2006 年,废除农业税并提出新农村建设重大历史任务;2008 年颁布实施《中华人民共和国城乡规划法》;2013 年底,中央农村工作会议更是明确提出切实扶持农民,解决未来"谁来种地"等核心问题,说明三农问题已经接近极限。

8.2 乡村更新设计的指导思想

8.2.1 产业引导

按照高质量发展要求,坚持质量第一、效益优先,建设农业产业体系、生产体系、经营体系,深入推进农业绿色化、优质化、特色化、品牌化,调整优化农业生产力布局,推动农业由增产导向转向提质导向。推行绿色农业、循环农业、生态农业,走上人与自然和谐共生、资源节约型、环境友好型、提质增益的现代农业发展道路。

8.2.2　体现地域特色

乡村的历史源远流长,是一部令人惊叹的生存记录,是人类物质文化形态发展的产物,是村民长期与自然环境斗争的智慧结晶。村庄的布局和建筑形式都别具一格,展现了农村的生活方式和极富地域风貌的美学形态。这些传统风貌、布局肌理和建筑模式都是乡村的文脉和特色所在。保护乡村特色是每个村庄的内生需求。在不破坏环境资源的前提下,我们应尽可能利用反映当地特色的建筑材料、建造方式和建造技术。

1. 地域文化

地域文化是地域与文化的复合体,我们可以把地域文化视为某一特定地域的人类群体在长期实践中形成的对其周围自然环境、社会环境、人类自身环境,以及与本地域联系较为密切的地域的适应性体系,是反映人与自然、人与社会及人与人之间关系的总和。它既与地理、历史相联系,又与心理特征及其物化表象密切相关。地域文化有着地域性、丰富性、亲缘性、稳定性和动态性的特点。

2. 乡土建筑

乡土建筑作为村庄的物质文化主题,直接反映了当地自然地理环境的综合条件。乡土建筑的每个细节及地方常用的木、石、砖、瓦等建筑材料都能传达地域信息,并注重从传统建筑的布局、墙体、屋顶、门窗和其他细部中提取地域元素。传统农村民居有着利用有限的可供选择的地方建筑材料和建造技术,突出住宅与自然环境之间亲和关系的特征。农村民居的设计应同时尊重当地的地貌、气候等自然环境特征,传承传统建筑形式,并体现传统建筑形式的宝贵价值。

3. 地域性景观

地域性景观可理解为:在一个相对固定的时间范围和有相对明确的地理边界的地域内,景观因为受其所在地的自然条件(如地形地貌、水文地理、气候状况)和地域文化、历史背景、生活方式等因素的影响,而表现出来的有别于其他地域的景观特征,是时间、自然、地理、文化、历史、风俗在某一地区空间形态上的现实体现。这种共同特征不仅反映了当地的文化特色,还是当地的景观形式、生产活动、村落空间布局与历史背景的有机整合,具有一定普遍性的、相对稳定的自然和地域文化特征,这种特征会随着时间的推移,发生一定的变化,但在相对的时间段内,它是稳定的,是可以把握、描述和加以表现的。

8.2.3　以人为本

目前,我党的根本宗旨和执政理念集中体现在以人为本上,这也是科学发展观的核心,能够从根本上保障城乡规划设计与建设的科学合理性。乡村更新坚持以人文本的思想内涵,应合理引导人口流动,将农业转移人口市民化作为推进重点,实现城镇基本公共服务常住人口全覆盖。同时积极推进平等交换城乡要素,均衡配置公共资源,将城乡二元体制和城镇内部的二元结构打破,使城乡居民以平等的身份参与并共同分享城镇化发展的成果。

8.2.4 生态和谐

乡村更新首先应恰当地控制人口与土地容量的关系,也就是要考虑环境的支撑能力。既不能浪费土地,也不能超过环境容量而破坏环境。其次,规划布局应尊重原有的地形地貌,对场地与环境的优势加以充分利用,合理确定建筑的布局、朝向、体量,要充分重视节约用地,并保护植被。然后,要注意节能,在建筑布置时注意选择良好朝向,个体设计时要降低体型系数和缩小窗墙比以降低建筑能耗,要加强建筑的保温隔热构造,提高建筑材料的保温隔热性能,并尽可能采用太阳能、风能、地热能等可再生能源。再次,要节约用水,人类环境与水循环过程如何相互作用是生态建筑学关注的重点之一。最后,要在建材、环保、绿化等方面采取生态保护措施,如对生活污水进行无害化处理;对垃圾进行分类和集中处理,达到保护生态环境的目的。此外,还要通过绿化和美化环境,改善小气候,为农民创造一个优美、宁静和富有生气的生活和生产环境。

8.3 乡村更新设计的原则

8.3.1 产业发展的适应性

适应性原则指决策体制内部机构的设置和权限的划分不是绝对固定不变的,而应当随着形势的发展和客观要求的变化及时地进行调整和改革,做到稳定性与机动性相统一。相同产业在不同行业或者不同的产业之间,通过彼此影响,然后融合,进而衍生出一种全新的产业、全新的产品是一个动态化过程。乡村更新设计必然衍生出一系列产业,新产业与乡村原有的农业互相融合、交叉、渗透,并在此过程中产生出新理念、新产品和新产业。

产业发展相适应是有必要的,体现了当今社会发展的需求——实现城乡统筹化发展。近些年来,城乡发展差距越来越明显,给乡村和城市的发展与建设带来了巨大难题,造成了诸多问题,比如大量的乡村劳动力流失、农村生活质量低、城市竞争压力大、生存发展困难等。新产业的置入,与农业等原有产业相适应,一方面,将有助于农村事业的发展,加快农村的发展步伐,促进农业产业链的延伸。此外,还能通过带来外来收入的形式,增加村民的经济收入,挽留乡村的就业青年,并吸引城市年轻的劳动力就业,实现脱贫致富,形成良性循环。另一方面,有助于城市居民来消费,他们可以用乡村旅游的方式缓解生活压力,回归自然、品味传统、放松身心。总的来说,乡村原有产业为新来产业的开展提供多样化的特色资源,新产业为农业等原有产业提供全方位的服务。产业发展相适应,不仅优化了农村的产业结构,实现了资源的有效配置,更大程度地提升了乡村发展的优势和竞争力。

8.3.2 空间结构的系统性

系统思维是原则性与灵活性有机结合的基本思维方式。只有采取系统思维,才能抓住整体,抓住要害,才能不失原则地采取灵活有效的方法处置事务。客观事物是多方面相互联系、发展变化的有机整体。系统思维就是人们运用系统观点,把对象互相联系的各个方面及其结构和功能进行系统认识的一种思维方法。整体性原则是系统思维方式的核心。这一原则要求人们无论干什么事都要立足整体,从整体与部分、整体与环境的相互作用过程来认识和把握整体。领导者思考和处理问题的时候,必须从整体出发,把着眼点放在全局上,注重整体效益和整体结果。只要符合整体、全局的利益,就可以充分利用灵活的方法来处置。

乡村空间是由处在一定自然环境和社会环境中的各空间要素组成的一个系统,它们都有自身的特殊功能和要求,这些要素都要在一定的空间中通过结构来相互联系,达到整体的布置、配置,这就需要一个相对综合的、系统的规划观念来实现。

8.3.3 文化遗产的原真性

原真性是英文"authenticity"的译名。它的英文本意是真的而非假的,原本的而非复制的,忠实的而非虚伪的,神圣的而非亵渎的。"authenticity"作为一个术语,所涉及的对象不仅是有关文物建筑等历史遗产,更扩展到自然与人工环境、艺术与创作、宗教与传说等。1964年的《威尼斯宪章》奠定了原真性对国际现代遗产保护的意义,提出"将文化遗产真实地、完整地传下去是我们的责任"。

原真性是定义、评估和监控文化遗产的一项基本因素的观点在国际上已达成了普遍共识。围绕原真性问题的国际间讨论,正说明了世界文化遗产的多样性,以及对这种文化多样性的认同和尊重。不同历史时期和地域空间的人们对文化遗产的理解和诠释是不同的,但是人类求真求实地追求却是无止境的。随着中国越来越多地参与到国际文化遗产保护的合作与交流中,原真性概念及原则对促进中国文化遗产保护的理论和实践的发展有着重要的意义。一方面,在中国文化遗产保护中贯彻原真性的原则,有助于提高对文化遗产价值的认识,改进保护的理论和实践;另一方面,中国也必须在符合国际保护理论精神的基础上,发展出符合中国国情及文化特征的保护理论和方法。

8.3.4 历史环境的完整性

完整性,意味着未经触动的原始条件,主要用于评价历史环境、自然遗产,如原始森林或野生生物区等。完整性原则既保证了世界遗产的价值,同时也为遗产的保护划定了原则性范围。《世界遗产公约实施行动指南》对历史环境、自然遗产的完整性有如下界定。

①对于表现地球历史主要阶段的重要实证的景点,被描述的区域应该包括在其自然环境中全部或大多数相关要素。例如,一个冰期地区,应包括雪地、冰河及切割图案、沉积物和外来物(如冰槽、冰碛物、先锋植物等);一个火山地区,应包括完整的岩浆系列全部或大多数种类的火山岩和喷发物。

②对于陆地、淡水、海岸和海洋生态系统,以及动植物群落进化和演变中重大的持续生态和生物过程的重要实证的景点,被描述的区域应该有足够大的范围,并且包括必要的元素,以展示对于生态系统和生物多样性的长期保护发挥关键作用的过程。例如,一个热带雨林地区应包括一定数量的海平面以上的植被地形和土壤类型的变化、斑块系统和自然再生的斑块。

③对于有绝佳的自然现象或是具有特别的自然美和美学重要性的区域,应包括具有突出的美学价值,并且包括那些对于保持区域美学价值起着关键作用的相关地区。例如,一个景观价值体现在瀑布的景点,应包括相邻集水区和下游地区,它们是保持景点美学质量不可分割的部分。

④对于最重要和最有意义的自然栖息地,景点应包括对动植物种类的生存不可缺少的环境因素。景点的边界应该包括足够的空间距离,以使景点免受人类活动和资源乱用的直接影响。已有的或建议的被保护区域还可以包括一些管理地带,即使该地带不能达到标准,但它们对于保证被提名景点的完整性起着基础作用。例如,在生物储备景点中,只有核心地区能够达到完整性的标准,但是其他地区(如缓冲地带和转换地带)可能对保证生物储备的全面性具有重要意义,本着完整性的考虑,也应将之纳入景点范围之内。

不难发现,上述对历史环境、自然遗产完整性的解释,是以涵盖与历史环境、自然遗产密切相关的周边空间范围为要旨的。历史环境完整性的保持,还应该有景点和周边一定空间范围内的环境内容不被随意增添或删减的含义。

8.3.5 传统风貌的协调性

传统村落中纯朴的民风民俗、古老的历史建筑,以及丰富的自然、人文景观,具有重要的旅游价值。对其进行合理开发,不仅能够带动地方经济的发展,而且有助于弘扬我国的传统文化。然而作为一种文化载体,传统村落已成为旅游开发与利用的重要资源,同时也使得传统村落的整体风貌受到了不同程度的影响。改善和提高居民的居住条件,保护和弘扬传统的历史文化风貌,实现城市设施的现代化,是我们面临的艰巨的历史任务。

在今后的工作中,我们要认真总结过去的经验和教训,妥善处理好乡村现代化建设与保护历史文化传统风貌的关系,按照有利于保护传统风貌,有利于完善乡村功能,有利于改善人居环境的原则,继续探索新的有效的途径,以强烈的历史责任感和高度负责的精神,把历史文化保护和传统风貌协调工作提高到一个新的水平,切实改善乡村人居环境。

8.3.6 环境景观的生态性

从整体布局来讲,应尽可能和原有景观整体空间环境相一致,让人们通过小小景观就能了解到整体环境景观的生态特征。在设计中,绿色植被是亘古不变的基本要素,其在生态景观中的地位是任一物质都无法取代的。绿量在环境景观设计中是一项必不可少之元素,亦是绿地生态功能的基本保障。合理增加绿量,首先应选择适应性强、光合效率高及叶面积指数高的植被。其次,应根据植物类别及其在生态位、空间、时间上的不同来合理搭配植被,以构成一个层次鲜明、搭配合理、植被优势互补的综合生态群落。该群落不但对绿地功能、结构有着决定性作用,而且还能有效使用景观空间,提升景观利用率,大大增加绿量,让绿地在有限条件下将其景观与生态效益发挥较大化。

设计过程中,应当以当地自然资源与条件作为基础,因地制宜,充分凸显环境景观的地方特色。与此同时,还应加强对附近自然资源的保护,使得绿色空间与生态系统对乡村环境的改善作用发挥得更大。

物种多样化是自然环境较为显著特点,同时也是当今生态学及生物学研究的热点与重点内容。物种多样化可以形成一个较为稳定的植物群落,在群落当中,物种间呈现一种互补状态,而非竞争的态势。所以物种多样化直接反映着环境景观生态水平的高低,并且直接影响着本群落的稳定。此外,物种系统化与多样化能够有效提高环境生态系统的抵抗能力,减少大面积物种灾害发生率。所以,景观设计过程中应以维持物种多样化为要素,并尽量选择和当地环境植被结构较为相近的生物群落。

8.3.7 建筑更新的本土性

第一,我们要紧跟现代建筑文化的发展趋势,关注世界建筑的发展,学习国外先进的设计思想和建筑技术,汲取其优点,运用到自己的设计中来。第二,我们要认识到本土文化的重要价值,保护当地的文化遗产,发掘地方的建筑特色,对传统本土文化进行传承与保护,引入新的空间形式,留其精华,去其糟粕,赋予建筑新的意义。建筑是扎根于本土的,建筑场所既是自然的场所,也是人文的场所,继承、保护、发展本土地域文化,是对当地文化的解读和展示。因而乡村建筑的保护、更新和发展必须从本土中寻找设计代码,植入地域特色建筑的语境之中。既传承本土文化,又紧随时代性,将二者辩证统一起来,建造符合新时代新发展的乡村聚落建筑。

不同地区的建筑物都有自己的特征,这与当地的生活习俗、文化传统、气候环境、建筑建材等有着很重要的关系。城乡历史环境中的建筑是该地区文化传统、生活习俗、气候环境等诸多因素相结合的产物。建筑设计师要充分利用这一点,新建筑的设计要具有本土特征,要富含地区文化和历史精神。

8.3.8 谨慎更新

1990 年东西德统一之后,由哈特威尔泽·哈默(Hardt-Waltherr Hamer)在柏林的考尔兹贝(Kreuzberg)街区的规划项目中所提出的"谨慎更新"(careful renewal),是针对当时城市迅速扩张,城市更新中出现的过度、粗糙的更新方式的一种回应。哈默强调在更新过程中需要"谨慎"处理各种关系,保护城市原有的形态,对城市内部的建筑进行现代化的更新,维持原有的居民和社会结构。相较于西柏林在第二次世界大战后的一些推倒重建式的改造更新,哈默的做法具有更多的人文关怀和可持续性。改造的方式和出发点都紧密围绕区域内部的居民,一方面,对现有的城市空间进行"适应性的改造",疏导交通,增加公共活动场所和绿化地带,从而提高公共空间的水平;另一方面,他所带领的设计团队与当地的居民互相配合,协同合作,经过细致的调查研究后,对老房子内部进行更新改造,对外部进行修复。尽管这样一种改造更新方式所需要的周期较长,但却能够使问题得到有效的解决。

8.4　乡村更新设计的策略

8.4.1　明确产业发展方向

在产业发展和规划之中,要确定产业发展方向,明确产业发展的重点。

在乡村振兴战略下,传统乡村产业发展要与乡村文化特色相结合,独具特色的乡村文化内涵是村落的文化价值与艺术魅力所在,因此各个地区的村落要因地制宜地探索出适合当地特色与资源禀赋的产业发展方向及路径。要把握好乡村振兴战略下村落产业发展的合理内核,清楚地了解村落的历史价值、文化价值、社会价值、科学价值、艺术价值与经济价值所在,审慎地保护和利用村落丰富的物质文化遗产和非物质文化遗产资源,坚持"以保护促发展、以发展促保护"的村落产业发展理念,使村落在实现乡土文化遗产价值保存的同时,促进村落的本土产业落地生根并活态传承优秀传统文化,延续村落特色鲜明的乡村文化脉络,守护村落多姿多彩的乡村文化生态,留住美丽乡愁栖息地村落的活态农耕文明生命力。要坚持活态传承村落文脉的理念,注重发挥散落在广大村落中丰富的物质文化遗产和非物质文化遗产资源的经济价值,让乡土文化回归村落并为乡村振兴提供动力,让农耕文化的优秀菁华成为建构村落乡土文明的底色,培育形成生产、生活、生态和文化良性互动的村落产业发展态势,探索出适宜不同地区乡村实际情况的特色产业发展路径。

8.4.2　优化空间结构整合

乡村空间结构优化,可以乡村聚落空间功能的整合为基础,在空间功能的有机复合中实现空间类型的有机组合。乡村聚落空间可以划分为居住空间、生产空间、生态空间、服务空间、社会交往与休闲空间等空间类型。从当前形势来看,一方面,中国农村生活质量的不断提升使得农民在村落归属感、邻里和谐度、文化认同感等方面的追求逐步增加。但另一方面,受城镇化与乡村非农化的影响,农业空间与生态空间不断被占用或破坏。因此,聚落内部空间结构比例的优化重点在于保护农业空间与生态空间、延展社会交往与休闲空间、适度配置服务空间,根据地域的实际情况来控制各类型空间规模大小,以确保空间功能的多样性,增强空间环境的舒适度。聚落内部空间组合的优化,则应遵循农民居住、消费、就业、社会交往等空间行为的习惯与变迁方式,逐步实现居住空间社区化、农业空间规模化、工业空间组团化,社会交往空间、休闲空间、服务空间有机疏散,从而实现生活空间、生产空间、生态空间有机均衡,提高空间使用的高效性与便捷性。

8.4.3 延续传统文化记忆

在对乡村现状历史空间格局有清晰的认识之后,新建居住区的布局、绿化水系的梳理应充分尊重原有的形制,保证延续其乡土历史文脉。延续历史空间格局,传承巷道空间,使得新村片区与老村片区有机融合;非物质文化的展示,记忆小品的陈列,将村内遗留的众多老物件作为小品陈列于邻里空间内,既丰富空间的景观性,又引起人们记忆的共鸣。

德国学者扬·阿斯曼的文化记忆理论指出,仪式与文本是承载文化记忆的两大载体。在各种仪式行为中,节日因其高度的公共性、组织性和历史性而特别适用于文化记忆的储存和交流。任何一种文化,只要它的文化记忆还在发挥作用,就可以得到持续发展。相反,文化记忆的消失也就意味着文化主体性的消亡。传统节日作为最具有民族、地域特色的文化烙印,可以说是一个国家和民族文化记忆的重要形式。

8.4.4 确立风貌整治定位

在乡村更新设计过程中要注重开发的手段与方法,找准传统村落风貌整治的方向定位,实行科学、有效的开发,进而最大限度地提升乡村的价值。由于独特性和唯一性是乡村价值所在,所以在对乡村进行更新设计时,应当以乡村的原始风貌为基础,确定乡村风貌规划和整治的目标。

在乡村风貌整治中,应明确乡村的风貌定位具有承上启下的作用。从风貌系统的层次性角度来看,乡村风貌系统与所属区域的整体风貌形成关联,能够承接上一层次城镇的风貌辐射;风貌与同等级的村落进行关联,使得自身风貌与周边村落的风貌形成多层次的协同作用,又能使自身保持一定程度的独立性,与其他村落保持差异性;对于自身风貌系统来说,它从宏观方面对自身风貌方向的把控,通过融合自然、社会、人文等各方面的发展要求,为具体的改造提供了发展方向,形成了应对环境变化的灵活性。

8.4.5 营造自然乡村景观

乡村景观的规划应该合理利用当地地形,发挥地域优势,营造出能够体现乡村特色和标志性的村貌景观。保护乡村生态环境,合理布置绿地、休闲空间、文化及健身设施,创造优美的乡村公共活动空间,营造处处相宜、家家美好的良好环境。

1. 顺应自然地形

乡村景观设计应顺应自然地形,自然地形是维持土地安定性的大地形状。改建原则上应避免造成土地不安定感。另外,农村经济不发达,大拆大建不仅造成土地不安定,而且会造成大量不必要的浪费。例如云南,其地理位置特殊、地貌复杂,乡村依山就势而建,不仅顺应自然地形,而且造就了独特的乡村地理景观。

2. 运用地方材料与技术

地区原生材料是可直接利用的资源,像云南西双版纳的傣族干阑式竹楼、城子古村的土掌房、大理白族以石头为主要材料的建筑等,把这些材料运用在设计中能够降低造价,还能使乡村景观更具地域特色。采用传统技术、利用地方材料,并将新技术运用于乡村景观建设,在设计表达上更加适宜。

8.4.6 建造地域乡土建筑

民居是村庄记忆最为丰富的载体,在对乡土建筑进行深入调研之后,应明确对地方传统民居进行保留与再生的方式。对于老村区域,引导现状民居进行分类整治。重点区域内的建筑进行重点整治,恢复其传统风貌。新建区民居选型应充分尊重地方特色,将乡村遗留的传统民居元素融入建筑风貌的设计之中。同时,根据村民的生产、生活习惯和实际需求,设计不同面积的户型,以供村民合理选择。

8.5 乡村有机更新的理念与策略

8.5.1 乡村人居环境的核心特征——有机秩序

1. 传统乡村人居环境中的"有机秩序"

"有机秩序"由克里斯托弗·亚历山大(Christopher Alexander)提出。他以剑桥大学的剑桥校园区块为例,将"有机秩序"定义为"在局部需求和整体需求达到完美平衡时所获得的秩序"。

从亚氏的有机秩序"平衡论"角度看,传承千百年并以农宅为主的中国传统乡村同样具备有机秩序。而且,这种"整体与局部之间的完美平衡"完整地渗透在格局、肌理、形制、形式四个层面。可以说,在建筑学语境中,有机秩序是传统乡村人居环境的核心特征。

1)格局层面

农宅单元个体建造行为多样与村落营建发展整体原则一致之间存在平衡,这主要体现在人工建成环境与自然环境的界面关系。例如,杭嘉湖平原浙江省嘉兴市海盐县百步镇新升村大陆浜(见图 8-1)保留了典型传统水乡自然村落格局,农宅均沿着纵横水系紧贴布置,其余陆地除道路与少量公建占用外,均被最大限度保留作为耕地,农宅单元的新建与生长虽然有占地多寡、离河远近等不同选择,但均不违背整体营建原则。

2)肌理层面

农宅单元建筑投影与基地下垫面之间图底关系的个体随机与整体相对均质之间存在平衡。例如,浙江省湖州市长兴县新川村(见图 8-2)是典型山地丘陵地形自然村落,以农宅为主的建筑群体集中于山脉的峡谷地带,其建筑肌理随着建筑单体的大小、方向和间距差异表达出一定程度的随机紊乱,但整体呈现出柔韧的相对均质性。

 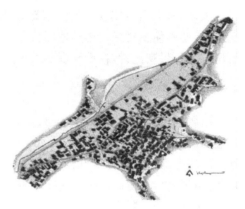

图 8-1 村域格局有机秩序案例　　　　图 8-2 宅群肌理有机秩序案例

3)形制层面

农宅单元之间在规模、布局、体量三方面的个体差异与整体接近之间的平衡。例如杭州市余杭区杜甫村(见图 8-3),其农宅院落单元的规模、布局十分近似,建筑基地面积差异不大,建筑高度均为 2 层或 3 层,但任何两个农宅院落之间不存在具体形制重复。

4)形式层面

农宅单体建筑形式语言多样与建筑群体形式呈现和谐统一之间的平衡。例如安徽省黄山市黟县西递村(见图 8-4),农宅建筑整体上延续了方整平面、双坡屋面、马头墙等造型元素,砖混(或框架)结构,小青瓦、黏土砖等经典建造材料,以及粉墙黛瓦色彩表现等具有历史特征的建筑形式表达,但每一户在具体需求和建造上的个性化差异表达,又创造出无穷的丰富。

2."有机秩序"的生成过程

传统乡村人居环境有机秩序的生成有以下四个特征。

1)遵循自然

乡村空间格局发展长期遵循自然规律,尊重人与土地的"伦理"关系,空间拓展大多顺从现状自然条件进行。比较而言,城市空间拓展更强调人为预设,以规则、紧凑、高效等为导向,人类意志倾向常凌驾于自然条件之上。

图 8-3　空间单元形制有机秩序案例　　　图 8-4　建筑形式有机秩序案例

2）缓慢成长

村庄的格局拓展、肌理发展主要伴随人口自然增长,以血缘关系为基础,速度迟缓。比较而言,现代城镇的发展是以地缘、业缘关系为主,可以在短时间内发生人口快速集聚,推动空间高速拓展。

3）新陈代谢

同生命体的新陈代谢一样,构成乡村的基本生发单元(农宅为主),需要不断更新,旧的脱落被新的替换,这是必要的,也是不可避免的。

4）相似相续

任何生命体都有新陈代谢,但它们总能保持相邻阶段各方面特征的相似与相续,绝不会发生整体性突变。自然村落长期的生长和发展也是如此,宏观整体的格局、肌理,微观单元的形制、形式,其变化总是缓慢而连续、有规律可循的,一般不会出现城市建设更新中多发的整体文脉断裂现象。有机秩序作为传统乡村人居环境的核心特征,相比于迅速创生的城镇人居环境,是乡村的核心差异优势。

8.5.2　有机秩序理念

随着城镇人居环境的恶化和现代生活压力的日渐加大,城镇中产阶层产生了亲近优美健康人居环境及慢生活氛围的强烈需求。因此,数百上千年传承不息的传统乡村人居环境,其有机秩序作为乡村核心差异优势,以及依附其上的恬淡生活氛围成为吸引城镇消费的重要价值体。该价值体的价值必须由城镇中产阶层进入乡村内部,通过餐饮、住宿、旅游等消费方式才能兑现。

首先,有机秩序修护意在延续乡村千百年的传统文脉,对逐渐退化和消逝的有机秩序进行必要的修复、保护和培育,实现有机秩序在格局、肌理、形制、形式四个层次上的"再平衡"。具体而言:一是应充分保护其原生的人工环境与自然环境和谐的村落空间格局,停止和尽可能修复已造成的破坏,必要时允许合理疏导和开发;二是保护以农宅建筑为主体的随机与均质并存的现状建筑群体肌理;三是尽量保留和有效控制农宅单元形制在规模、布局、体量上的个体差异与整体彼此接近的特点,对违建现象应进行有效控制;四是尽可能实现建筑单体形式在造型、空间、构造、材料、色彩等方面的多样与统一,缓解和改善形式风貌紊乱的问题。值得注意的是,有机秩序修护并非单纯保持现状或简单复古,应充分结合现代需求、技术、审美等要求,有所为而有所不为,其最终目的是加强优美环境与慢生活氛围的乡村人居环境差异优势。

其次,现代功能植入应在尽量减小对现有人居环境有机秩序不利影响的前提下,将公共服务、基础设施、家庭生活空间设施等现代功能巧妙植入、融合。既让村民充分享有与城镇相当的现代文明便利,同时也为城镇来客的长短期驻留提供基础条件。公共服务方面,应该包括社区服务、医疗、养老、教育、商业等内容;基础设施方面,应实现村内主要道路必要的硬化和拓宽,保证稳定电力和洁净饮用水的供应,同时注重生活污水处理和合理排放等;家庭生活空间设施方面,应特别注重改善堂屋、厨房、卫生间、卧室等方面的舒适性。

8.5.3　有机更新营建方式

有机秩序修护、现代功能植入的理念最终落脚于乡村人居环境的村域、公建、农宅这三类实体,针对这三类实体,分别采取低度干预、本土融合、原型调适的营建方式。

村域整合应采用"低度干预"方式,主要针对偏宏观的格局、肌理秩序和面域功能。一方面是控制性干预,顺应历史传承至今的村域系统,减少潜在破坏;另一方面是修建性干预,应采取微创手术和尽量隐身的方式来延续基地人居环境数百年的自然生长状态。具体包括:秩序方面,保育原生格局、肌理,对受损部分进行适当清理调整,并进行合理发展;功能方面,在尽量降低对村域宏观秩序影响的基础上,谨慎对待公共服务建筑布点、基础设施布局敷设。

公共建筑营造应采用"本土融合"方式,主要针对偏微观的形制、形式与点域功能。由于公共服务设施普遍匮乏,公共建筑势必作为新的异质空间单元介入,这就要求其与本土建成环境融合共生。具体包括:秩序方面,公建单元形制应与村落农宅融合,建筑形式应吸收地域传统建筑特色;功能方面,应尽量考虑其对于当地乃至周边村落的复合作用,扩大实际功效。

农宅更新应采用"原型调适"方式,同样针对偏微观的形制、形式与点域功能。由于单个村落农宅群体往往数量可观,而且建筑形式多样紊乱,个体需求差异复杂,因而应在对农宅的院落单元形制、建筑形式和居住功能进行分析的基础上,结合现代趋势和村民需求,归纳出在当地具有相当普适性和灵活性的农宅单元"原型",然后为农户提供多种模块化菜单式选择,通过改造或新建来针对原型进行"调适",实现形制、形式与功能的丰富适应性与和谐统一。

8.5.4　合作机制——"乡村更新共同体"

由于当前乡村经济社会陷入困境,缺乏内生力量,因而乡村人居环境建设必然需要多元外力介入并与本土力量相融合,形成内外部合作。这就势必催生一种新的建造模式,我们暂且将其定义为"乡村更新共同体"模式。它集中了现有的乡土建造与现代建造两种模式的优势,实现了差异互补。

一方面,乡土建造在广大乡村中依然普遍存在。它基于血缘、地缘关系,适于小农经济结构与社会组织,具有小型、自主、合作和过程性等特征。其建造内容主要是农宅。通常由工匠及业主共同完成具有当地普适性和特色的设计方案,并通过帮工、换工、雇工等方式协力建造完成,而且在建造期内甚至建成后,可以根据需要对设计内容做灵活变更。虽然,分散和灵活是乡土建造的最大优势,能够很好地应对复杂多样的分散型问题,然而由于建造能力有限、控制力不足等缺陷,乡土建造模式既不适用于大型公建和规模基础设施建设,也不利于在社会转型期乡土文化认同散失的当前,统筹控制数量庞大的农宅建造行为,易造成村落有机秩序的"失衡"。

另一方面,现代建造作为与乡土建造相对的模式,通常由具有资质的设计者进行专业化、程式化和规范化的设计建造。虽然该模式高效而规范,能够进行规模化、标准化的批量快速建造,但是由于乡村住户数量往往较多、需求多样,而设计人员数量又十分有限,这就造成驻地调研时间、设计效率、协调当地民众能力等方面均非常有限,因而现代建造难以应对乡村更新中复杂的分散型问题。

"乡村更新共同体"的提出,兼顾了乡村人居环境更新中关于分散与灵活、高效与规范的综合需要。它是在特定乡村领域和建设时间范围内,具有共同意志与精神认同的人群集合,它应具有以下三方面的特征。

首先,具备职能优势互补的、足够数量的参与人员,以应对乡村量大、面广、复杂、长期的更新工作。就乡村更新的未来趋势而言,将普遍汇集非政府组织、地方政府、村民团体及设计单位等多个参与方,因而具备建立共同体的人员基础,而且这些参与方都具备各自不同的职能特点,能够互相配合。

其次,该共同体应具有半政府性质,地方政府应派驻相关领导人员,并赋予共同体(或其中某部门)以相应的行政授权,以此应对大量潜在的"分散型"问题和需要统筹解决的"集中型"问题,保证共同体对乡村人居环境更新全过程具有足够的控制力与执行力。

此外,"乡村更新共同体"的长期运行应具有"溢出效应"。通过人力、财力、物力的外来介入,以及各种会议、活动的开展,使得村民团体内部之间的交流、沟通大幅增加,有效增进村民团体对于家园的认同和共识,进而逐渐带动和凝聚原本涣散的乡村组织。在此基础上,可以通过帮助建立村民经济合作组织以整合乡村内生力量、加强市场话语权、推动村民增收、改善乡村经济,进而完全有可能引导村民经济合作组织同村民自治组织之间的重新耦合,以改善乡村社会治理。因此可以这样认为,"乡村更新共同体"是既能实现有机更新,又可推动乡村经济社会发展复兴的重要机制策略。

本章小结

受到自然环境恶化和人口压力上涨的双重影响,我国传统农业分布区域范围十分广泛,当前传统农业发展还处于生产产能低下的非控式发展时期。我国的传统农业发展水平低下,竞争力弱,各类农副产品相互不均衡,存在结构性的短板,这是传统农业转型发展面临的难题。在严峻形势下,乡村成为国家政策的重心,自 2004 年始,中央 1 号文件连续 11 年聚焦三农。在此背景下,本章对乡村更新的思想、原则和策略进行探索,并总结了乡村有机更新的理念与策略。

思考题

[1]为何需要进行乡村更新?
[2]乡村更新中,如何体现地域特色?
[3]乡村更新中,历史环境的完整性如何保障?
[4]如何营造自然乡村景观?
[5]什么是乡村有机更新?

第9章　乡土建筑及其当代社会实践

9.1　乡土文化与乡土建筑综述

中国具有非常漫长的农业文明历史,今天农业人口仍然占中国总人口的大多数,从古代直到近现代,中华文明基本上是农业文明。在以农业为主的乡土社会中,经过广大农民的创造,并且在众多参与者的共同努力下,产生了具有地域特色的、深厚瑰丽的乡土文化。

乡土文化是一种扎根于本土的地域文化,它不像城市文化那样具有强烈的趋同性。乡土文化根据其所处的地质条件、生态环境、文化圈层、历史背景及社会事件的影响,呈现出千变万化、丰富多彩的特点,因此乡土文化也是中华民族文化遗产宝库中最为瑰丽的组成部分之一,而乡土建筑正是乡土文化最重要的物质载体与表现形式之一。

乡土建筑是农民各种社会生活的物质环境,各种类型的乡土建筑又共同构成了乡土聚落。作为聚落重要组成部分的乡土建筑包含着许多种类,如居住建筑、文教礼制建筑、宗教寺庙建筑、商业建筑、生产型建筑等。居住建筑主要以各个地区富有鲜明地域特点的传统民居为主;文教礼制建筑多为宗庙、祠堂、会馆、书院、塔、牌楼、戏台等;宗教寺庙建筑则是各式庙宇、道观、庵堂乃至教堂等;商业建筑及生产型建筑则多与乡民们的生产经济活动相关联,如磨坊、染房、仓库、畜舍、粮仓、商铺等。各种建筑类型在不同的地区可能会以不同的名称甚至样式出现,但是究其本质,都是为了满足农民们的社会生活而存在,这些建筑类型及其体系一起构成了乡土建筑丰富的系统。这个大系统奠定了聚落的结构,使它成为一个功能完备的整体,满足一定社会历史条件下农民们物质和精神的生活需求,以及社会的制度性需求。

乡土建筑不同于城市建筑,它具有强烈的地方性与地域性,经过千百年来的自我更新与淘汰,乡土建筑已经建立起了一套充分适应生态地质环境、自然环境及社会人文环境的建构体系。不论是在建筑材料的选用方面,还是在建筑构造的技术方面,都已经积累了丰富的、具有地域特点的建构模式。与当代城市不断趋于同一模式的发展趋势不同,乡土建筑从诞生以来就是为了满足不同地域的生活而出现的,因此乡土建筑的多样性与独特性既是它的特点也是它的精髓所在。

9.1.1　乡土建筑的发展

中国是世界上历史悠久的文明古国之一,有着深厚的历史与文化传统,在这种文化底蕴的影响与熏陶下,形成了中国独特的建筑体系,并且随着中华文化的传播,影响到东亚及南亚多个国家与地区。参照历史学及社会学的划分方式,中国古代建筑的发展可以划分为原始社会、奴隶社会、封建社会三个历史发展阶段。其后则是从1840年鸦片战争开始,中国进入半殖民地半封建社会,直到新中国成立是中国建筑近代化时期。1949年10月1日中华人民共和国成立至今,则为现代中国建筑时期。纵观中国乡土建筑的发展历程,各个时期的建筑发展情况及其特点均有所不同。

1. 原始社会

在六七千年前,我国广大地区都已进入氏族社会。原始社会的建筑中具有代表性的房屋遗址主要有两种:一种是长江流域多水地区由巢居发展而来的干阑式建筑,另一种是黄河流域由穴居发展而来的木骨泥墙房屋。浙江余姚河姆渡村建筑遗址距今六七千年,这是我国已知的最早采用榫卯技术构筑木结构房屋的实例。根据遗址推测,该建筑为一座长条形的、大体量的干阑式建筑,出土的木构件遗物有柱、梁、枋、板等,很多构件上都有多处榫卯,说明当时长江下游一带木结构建筑的技术水平已经非常高。而在黄河流域则分布着广阔而丰厚的黄土层,在原始社会,在黄土上挖掘竖穴上盖草顶的穴居成为这一区域广泛采用的一种居住方式。随着古代人营建经验的不断积累和营造技术的不断提高,穴居从竖穴逐步发展到半穴居,最后被地面木骨泥墙建筑代替。陕西西安临潼姜寨发现的仰韶村落遗址中,建筑墙体多采用木骨架上扎结枝条后再涂抹黄泥的做法,屋顶也是在树枝扎结的骨架上涂泥而成(见图9-1)。原始社会时期,同样出现了以原始祭祀为主的构筑物,如内蒙古大青山和辽宁喀喇沁左翼蒙古族自治县东山嘴的三座祭坛都是用石块堆筑而成

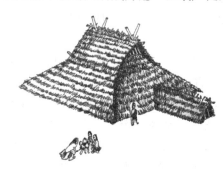

图 9-1 仰韶文化建筑复原图

的方坛和圆坛。

2. 奴隶社会

公元前21世纪,夏朝的建立标志着我国奴隶社会的开始。经过商朝、西周,直至春秋时期,开始逐渐向封建社会过渡。河南偃师二里头遗址被认为是夏朝遗址,在这个遗址中发现了大型宫殿和中小型建筑数十座。其中一号宫殿为8开间的殿堂一座,四周设有回廊环绕,是我国早期封闭围合院落的代表,也是至今发现的我国最早的规模较大的木架夯土建筑和庭院的实例。在夏朝至商朝早期,中国传统的院落式建筑群组合已经开始逐步走向定型。商朝与西周是中国奴隶社会的大发展时期,陕西岐山西周时期的凤雏遗址是一座两进院落组成的四合院式建筑,建筑之间用廊子联结,将庭院围成封闭空间,建筑屋基下设有排水陶管暗沟,以排除院内雨水,这组建筑是我国已知最早、最严整的四合院实例(见图9-2)。西周时期瓦已经开始应用在建筑屋顶上,使得建筑从"茅茨土阶"的简陋状态进入了比较高级的阶段。春秋时期,

瓦已经开始普遍应用在建筑上,同时高台建筑也开始出现在诸侯宫室中,建筑装饰和色彩也更为丰富。春秋时期秦国都城雍城遗址平面呈不规则方形,在遗址中有四合院式的宫殿、宗庙、牺牲坑、祭祀台等多种建筑形式。

3. 封建社会

封建社会时期,随着生产力的提高及生产关系的变革,社会经济得到了较大的发展。农业、手工业、商业日益昌盛,社会生活日益繁荣,建筑规模日益扩大。

秦、汉时期,木架建筑渐趋成熟,砖石建筑和拱券结构有了较大的发展,中国古代木架建筑显著特点之一的斗拱,在汉代已经普遍采用。在汉代的画像砖、崖墓及石阙上都可以看到斗拱的形象(见图 9-3)。向外挑出的斗拱是为承托屋檐,使屋檐伸出足够的深度,保护土墙、木构架和房屋基础。在这一时期,随着木结构技术的进步,屋顶的形式也多样起来,当时悬山顶和庑殿顶最普通,歇山顶及囤顶也已应用。制砖技术和拱券结构在这一时期也有了巨大的进步,汉代的墓室中多采用这种结构形式,可以使得墓室比较高敞。

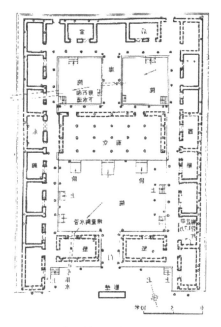

图 9-2　陕西岐山凤雏西周建筑遗址
平面(摘自潘谷西《中国建筑史》)

图 9-3　汉代崖墓斗拱石刻

隋、唐、宋时期是我国封建社会的鼎盛时期,也是我国古代建筑的成熟时期,在城市建设、建筑、装饰和施工技术方面都有巨大的发展。隋文帝时期修建的大兴城,是我国古代方格网络道路系统城市建设的范例。在隋朝还出现了世界上最早的敞肩拱桥——赵县安济桥,该桥桥身跨度达 37 m。唐朝前期相对稳定的社会局面,为社会的繁荣昌盛提供了条件,也使其在建筑技术与建筑艺术上有了巨大的发展和提高。

唐朝时期已经基本解决了木建筑大面积、大体量的技术问题，并已定型化。大体量的建筑已经不用像汉朝时期需要采用夯土高台的做法，如唐大明宫麟德殿已经采用了面阔11间、进深17间的柱网布置。并且唐代的建筑木构架，尤其是斗拱部分，形式及用料都已开始规格化。那个时期遗留下来的木构宫殿、石窟、佛塔和城市的遗址，在布局和造型上都显示了它们的艺术价值和技术水平。经过唐中叶的安史之乱，中原地区受到严重破坏，五代时期在建筑上少有创新，多是继承唐代传统。直至北宋结束了中原地区的分裂与战乱局面，社会才逐步开始发展。南宋时期，中原人口大量南迁，南方手工业、商业随之发展起来，建筑水平也达到了新的高度。北宋李诫所著的《营造法式》是我国古代最完整的建筑技术书籍，书中汇集了历来工匠相传经久的可行之法，为中国木建筑建立了标准。在《营造法式》中对建筑采用了古典的模数制，把"材"作为造屋的尺度标准，以后中国历代的木架建筑都是沿用相当于"材"的模数办法，直到清代。

元、明、清时期是我国封建社会晚期，建筑的发展较为缓慢。元朝建立了一个疆域广大的军事帝国，并且由于统治者信奉宗教，因此佛教、道教、伊斯兰教、基督教等都得到了发展，尤其是藏传佛教更是得到了元朝统治阶级的大力推崇，因此在元朝各种宗教建筑异常兴盛，如北京妙应寺白塔（见图9-4），由尼泊尔工匠阿尼哥设计建造。元朝木架建筑在规模和质量上都逊于两宋，建筑加工粗糙，用料草率，常用弯曲的木料作为梁架构件。同时许多建筑构件均被简化，出现了减柱法等建造方式，同时也大量出现取消室内斗拱、取消室内天花等做法，这些做法虽然缺少科学依据，但也是一种建造革新的尝试。明朝时期，随着社会经济文化的发展，建筑又有了进步。这一时期，砖开始普遍用于民居建筑中，同时琉璃面砖、琉璃瓦的质量也大大提高，瓦片的预制拼装技术、色彩质量与品种等方面都达到了前所未有的水平。经过元朝的简化，明朝木结构形成了新的定型木构架，斗拱的结构作用减少，越来越趋向于装饰，同时梁柱构架的整体性得到加强，并且出现了《鲁班营造正式》这样记录民间房舍、家具的资料。清朝是少数民族贵族对各族广大人民的统治，专制制度更加严厉，阻碍学术进步，提倡八股取士，鼓励奴隶思想，窒息了我国古代科学技术的发展，出现了落后于欧洲国家的局面。清朝建筑大体上沿袭明朝传统，但其简化了木构架建筑单体设计，并且在雍正十二年（公元1734年）由工部颁布发行了《工程做法》一书，列举了27种单体建筑的大木做法，并对斗拱、装修、瓦作等的做法和用工、用料做了规定。对有斗拱的大木作，一律以"斗口"为标准确定其他大木构件的尺寸。清朝"样式雷"家族参加宫廷建设、担任设计工作，并且通过"烫样"来制作建筑模型，在实际修建过程中大木作、瓦当等只需按照规格办理，不必再制作图样。这种设计方法工作效率比较高，即使从现代的设计观点来衡量，也有可取之处。

4. 近代化时期

从1840年鸦片战争开始，中国进入了近代化时期。中国近代化建筑的发展深深地受制于城乡二元化社会经济结构的影响，导致建筑在城乡两地发展极其不平衡，明

图 9-4　北京妙应寺白塔

显地呈现出新旧两大建筑体系并存的局面。新的体系是向工业文明转型的建筑体系，主要由现代化国家输入和引进。而旧的体系则主要是原有传统建筑体系的延续，仍属于与农业文明相联系的建筑体系。19 世纪中叶到 19 世纪末，是中国近代建筑发展的早期，中国建筑开始突破封闭的状态，随着西方现代建筑的被动输入和主动引入，逐步迈向现代化，酝酿着近代中国新建筑体系的形成。19 世纪到 20 世纪 30 年代末，是中国近代建筑发展的鼎盛时期，刚刚登上设计舞台的中国建筑师们开始探索西方建筑与中国固有建筑形式的结合，并且试图在中西建筑文化碰撞中寻找交融点，可惜到 1937 年"七七事变"爆发后就中断了，随后中国陷入了持续 12 年之久的战争状态，建筑的近代化进程趋于停滞。直至 1949 年新中国成立后，中国建筑的发展才开始了全新的发展篇章。

　　中国乡土建筑是中国乡土文化和中国乡土社会表现最为重要的舞台和物质环境，它既是乡土文化的物质载体，同时也反作用于乡土文化，并且进一步推进乡土文化的传播与乡土社会的发展。乡土建筑综合反映了不同地域下乡土文化的特征要素与乡土社会的发展水平。乡土建筑也是中国传统建筑中最朴实、最真率、最生活化、最富有人情味的一部分。它们不仅有很高的历史文化的认识价值，对建筑工作者来说，还可能有一些直接的借鉴价值。没有乡土建筑的中国建筑史是残缺不全的。

9.1.2　乡土建筑的分布与特征

　　中国是一个地域辽阔的国家，从北到南、从东到西，其地质、地貌、气候、水文条件变化很大。从大的地理与环境来看，中国位于北半球，亚欧大陆的东部，太平洋的西岸，这样的海陆位置有利于季风环流的形成，因而中国是世界上季风气候最明显的区域之一，风向随着季节呈周期性的变换。早期的人们虽然不能完全明白其中的道理，但是在长期的生活实践中渐渐发现了自然的规律，并能加以利用。建筑最早是出于遮风挡雨和防止野兽侵袭的目的而修建的，是人类满足生存需要的产物，但建筑也必然与当地的生态地质环境存在紧密的关联。在中国丰富的生态地质环境下，各个地区受气候、地形、物产、交通、材料等因素的影响，形成了丰富多彩的中国乡土建筑。

中国各个地区的乡土建筑更是当地地质环境、气候条件、生活方式及风俗习惯的综合体现,许多精妙的构造方式、装饰手法及当地材料的使用,都形成了各具特色的乡土建筑风格。

中国北方地区气候寒冷干旱,并且受农耕个体经济及封建礼制的影响,北方地区多采用院落式的建筑形式,其中以四合院为主要代表。四合院是一个相对封闭的组合院落,院落用墙体围合而成,院内各个主体房间按照轴线的先后次序依次排列。北方四合院(见图9-5)多为东西窄,南北长,内部层层叠叠的多重院落,因此也有"一进院门深似海"这种说法。究其原因,主要还是由于北方农业社会更加强调伦理与次序,因此往往沿着一根轴线进行建筑空间的组织与布局。并且还通过多个四合院相互组合,形成庞大复杂的院落群,这些院落群最终形成了乡村聚落。在中国的南方也存在院落式建筑,但其在平面及造型上都与北方的院落式建筑有所区别。如中国四川的四合院(见图9-6)形式与北方的四合院形式相反,整个四合院南北窄,东西宽,形成一个横向的四合院,并且整个四合院的布局是向左右两侧横向展开建设的,具有多重天井横向布置的特点。这也许是因为四川多丘陵地区,为了方便修建,只能沿等高线横向布置建筑;同时由于四川地形复杂,建筑不太讲究朝向,以交通出入及农耕方便为主。这种横向的四合院、三合院同样也出现在我国西南的云贵地区,主要原因还是这种建筑形式适应当地山地复杂的生态地质环境。

图 9-5　北方四合院　　　　　　图 9-6　四川四合院

在中国的江南地区,由于水网密布,人们的生活与水密切联系,所以江南建筑(见图9-7)大多临水而建或者跨水而建,沿河岸展开,顺应地形,自由布置。因此江南地区的合院建筑不像北方的合院建筑那样整齐划一,而是自由得多。人们临水而居,前店后宅,由于每一家都要临水,需要尽可能多地排列出更多的人家,因此建筑的开间极为狭窄。由于历史上江南地区较为富庶、文化水平较高,江南地区乡土建筑质量也普遍较好,其特有的马头墙、白墙青瓦的形象也是中国乡土建筑的典型代表。

在中国的西北地区有一种独特的乡土建筑,其主要分布在黄土高原上。由于黄土具有极强的黏结性,在黄河上游地区,人们多利用黄土断崖挖出横穴作为居所,这种建筑被称为窑洞。窑洞式建筑(见图9-8)是根据黄土高原降水稀少、土质紧密、开挖后黄土直立性较强的特点,形成的极具生态地质特点的乡土建筑形式。窑洞式建筑墙体较厚,冬暖夏凉,抗震性和坚固性都较好。按建筑形式的不同,窑洞主要分为三种类型,即在黄土坡上向里平直开挖而成的靠崖式窑洞;在黄土地上垂直下挖一个院落,再横向开挖出的下沉式窑洞;在平地上用土坯、砖石或版筑的形式砌成的独立式窑洞。

图 9-7　江南建筑

图 9-8　窑洞式建筑

　　在中国的东北地区,还存在一种用木材叠摞在一起,四角木材横竖相交的建筑,这种建筑被称为井干式建筑(见图 9-9)。由于东北地区森林资源丰富,因此可以直接利用砍伐下来的木材,稍加整修即可修建房屋。这种房屋大多十分坚固,而且原料易得,建造极为简单。但由于受到原生木材长度的限制,建筑开间与进深都较小。东北地区气候较为寒冷,井干式建筑一般从地面下 1 尺(1 尺≈33.33 cm)深左右开始修建,房屋建成后还要在叠砌的木材上涂抹厚泥,用以冬季保暖。这种井干式建筑不只是在东北地区存在,在四川西南以及云南的林区也都存在,是因为这些地区同样森林资源丰富,能提供大量的木材用以修建房屋。

　　中国传统乡土建筑多地处偏远乡村中,社会环境较为复杂,因此一些乡土建筑往往还会具有一定的防御功能。其中闽南地区的围屋建筑(见图 9-10)是具有防御功能乡土建筑的典型代表。闽南围屋的样式有多种不同的类型,但其造型多为一个独立的大型多层建筑,通过围合形成圆形或者方形的相对封闭的内部院落。围屋具有居住和防御的双重功能,是社会环境条件与当地自然环境资源共同孕育出来的建筑形式。在客家人聚居的广东省梅州地区也有一种围屋形式,被称为围龙屋。围龙屋是平面呈马蹄形的单层建筑,其开口一面还多建有半圆形的水塘。围龙屋平面前半部分为方形合院,后半部分为一个半圆形院落,这个院落中间的地面也不是完全平坦的,而是院落中部稍微凸起,呈龟背形,取其长生不老和固若金汤之意。

　　中国是一个拥有众多民族的国家,各个民族生活地的生态地质条件均不同,因此也创造出了丰富的民族乡土建筑。藏族主要生活在中国的青藏高原地区,平均海拔3000 m 以上,冬季寒冷、日照强烈且温差较大。由于该地区盛产石材,因此该地区的

图 9-9　井干式建筑　　　　　　　　　图 9-10　围屋建筑（焦颖慧摄）

房屋多采用石材砌筑或由土筑而成，为了保暖，一般开窗均较小，建筑外观就像碉堡，因此被称为碉房。藏族碉房在檐口与门窗等处大多绘有精美的宗教或民族装饰图案，是极具民族特色的中国乡土建筑。四川西南地区的羌族碉楼建筑（见图 9-11）也具有十分鲜明的建筑特点，羌族主要生活在四川岷江上游地区，羌族历来就有垒石建碉楼的习惯，并且建造碉楼的技艺娴熟、精湛而独特。羌族建筑的特点是将碉楼和住宅结合，形成一个功能和使用上的整体，碉楼已不单独存在，它从结构、空间、材料等方面与住宅都融为一体。云南彝族的土掌房建筑（见图 9-12）也是一种很有特色的民族乡土建筑，其主要特点是台阶状的造型，主房为两层平顶，其他房间建于主房之上，但面积不到主房面积的一半，因此在主房上形成一个平坝作为晒场使用。土掌房的木构件均为黄泥覆盖，具有很好的防火效果。新疆维吾尔族聚居区地处内陆，气候炎热干燥，日照时间长，风沙较大，昼夜温差显著，是典型的大陆气候。当地传统的乡土建筑形式被称为"阿以旺"，其多用生土墙建筑而成，中间有一个面积、高度都最大的房间，通过高侧窗采光通风。阿以旺形成的空间是全家招待客人及日常活动的场所，并在其四周修建其他生活用房。内蒙古是草原地区，人们以放牧为主，逐水草而居，因此蒙古包这种可以快速拆除、搭建的建筑形式，正好适应其游牧的需要。在中国东北的朝鲜族也有其独特的民族乡土建筑。这种房子比汉族房子矮，因此被称为矮屋。矮屋因其房子的高度低而得名，这是因为在寒冷的东北地区，低矮的空间可以提供高热效。

　　中国丰富而多变的生态地质环境，气候特点，生产、生活方式，以及民族、宗教等因素，共同造就了中国乡土建筑的丰富性与多样性。为了满足不同条件下的生活、生产需求，广大村民利用当地的材料、采用符合当地技术条件的建造技艺，创造出了各具特色的乡土建筑。乡土建筑不单是中国建筑的重要组成部分，也是中国建筑理论发展与实践的场所，更是我们取之不尽、用之不竭的宝库，它为我们今后的建筑设计与建筑营造提供了大量可以研究与继承的宝贵经验，而这也正是乡土建筑的魅力所在。

图 9-11　羌族碉楼建筑

图 9-12　云南土掌房建筑

9.1.3　乡土建筑与乡土聚落

　　中国拥有漫长的农业文明时代,农村人口占总人口的大多数,中国农民的居住方式主要是依据家庭血缘关系,以及根据农业生产需要聚居在一起。这样既可以一起进行农业生产等经济活动,同时也可以守望相助,共同创造社会文化生活。乡土聚落就是在这样的经济与生活影响下逐步成型的,它既是一个生活圈,也是一个经济圈,同时更是一个文化圈。乡土聚落是乡土文化与乡土建筑的复合体,各种乡土建筑,不论是居住建筑、文教建筑、宗教建筑还是商业建筑聚集在一起,既满足了中国乡村社会生活的需要,同时也形成了聚落的有机整体,创造出了乡村居民的物质生活环境。众多乡土建筑形成了乡土聚落,同时乡土聚落也为乡土建筑的诞生、成型及发展提供了场所。乡土聚落是一个社会集合,乡土社会需要的各式各样的建筑几乎全部存在于众多的乡土聚落中,乡土聚落不但服务于乡村的社会、经济、文化及家庭生活,而且还需适应所在地复杂的生态地质环境与自然环境。乡土聚落的形成因素很多,主要有自然环境、社会生活、民族属性及特殊的功能需求等。

　　自然环境是决定乡土聚落选址、类型、形态的首要因素。自然环境通过气候、地形、物产、交通等因素,影响到聚落的农业生产规模、人口规模、聚落布局结构。干燥寒冷的北方聚落和温暖潮湿的南方聚落不同,北方乡土聚落建筑比较疏松,而南方乡土聚落建筑大多较为紧凑。内蒙古草原地区的乡土聚落与西北黄土高原沟壑地区的聚落不同,草原上人们多是逐水草而居,建筑多为毡房,很少有成型的聚落出现;而在黄土高原人们多以窑洞为主要建筑,由于必须选择安全可靠的黄土崖壁修建窑洞,因此聚落很是疏散(见图 9-13)。江浙河网地区的乡土聚落与西南丘陵地区的乡土聚落不同,江浙地区以舟代步,沿河修建建筑,往往沿着河网形成线性的乡土聚落(见图 9-14);而在丘陵地区由于建筑多是沿等高线进行布局,因此聚落建筑分散凌乱,难以形成明显的聚落格局。在古代巴蜀,人们利用有利的自然条件,开山导江,整理沟渠,经年累月在川西平原上形成了自流灌溉体系,并在此基础上形成了川西平原特有的聚落形态——"林盘"(见图 9-15)。

图 9-13　西北黄土高原聚落(路彬摄)

图 9-14　江浙聚落

图 9-15　四川"林盘"聚落

社会生活因素也是影响乡土聚落发生、发展的重要因素。中国乡土聚落的形成大多具有一定的家族血缘背景,因此村民是哪里迁移而来的,是哪个民族的,信仰何种宗教,是以一个家族血缘关系为主还是有很多杂姓,这些因素都直接或间接地影响着乡土聚落的形态。同时聚落的主要生产方式是以农业为主还是以商业、运输业为主;是官宦辈出、人文历史浓厚,还是文风衰沉、饱受战乱;以及是否存在特殊的地方性风俗习惯等,都是决定乡土聚落形态、聚落空间、乡土建筑形式的重要因素。

民族属性及特殊的功能需求等也会催生独特的聚落面貌,如闽南围屋聚落(见图9-16)、贵州千户苗寨聚落(见图9-17)。有些少数民族的建筑传统也会对其乡土聚落的形式产生决定性的影响,例如四川西部的羌族聚落多以碉楼作为其聚落的主要控制因素,整个聚落均围绕碉楼沿等高线展开。而湖南、广西的侗族风雨桥和鼓楼往往会成为其聚落的中心点。在中国历史上很多边防地区乡土聚落是因为屯兵戍边而形成的,如贵州的天龙屯堡、深圳的大鹏所城,都是历史上因军事需要而修建的,是戍边将士解甲归田后在当地留下来定居的乡村聚落,其聚落形态具有鲜明的军事防御特点。

在中国漫长的农业社会时期,中国的农村绝大多数是农村聚落,即使随着社会的发展,手工业、商业、运输业逐步发达后,乡土聚落中的居民仍然没有完全脱离农业。什么类型的村落出现在什么地方,什么地方出现什么类型的村落,往往取决于许多因

图 9-16　闽南围屋聚落图(焦颖慧摄)　　　　图 9-17　贵州千户苗寨聚落图

素的综合,不是由某一个因素单独决定的。每个因素中都包含着许多内容,这些因素不是单独起作用,而是同时共同发挥作用。它们之间相互影响、相互纠葛,共同塑造出每个乡土聚落的类型特征,创造出了今天呈现在我们眼前的千姿百态的乡土聚落。

9.1.4　乡土建筑与乡土文化

乡土建筑的出现、发展都离不开其所处的环境,而这种环境既是可见的乡土物质环境,也是不可见的乡土文化环境。对于乡土建筑来说,它既是乡土文化表现最为重要的舞台,也是乡土文化的物质反映,同时它还反作用于乡土文化,并且进一步推进乡土文化的传播与发展。对于中国广大的地域来说,乡土建筑综合反映了不同地域乡土文化的特征要素,并且成为其重要的文化载体。

在乡土聚落的选址、布局及聚落的形态特征上,除了生态地质环境的限制与影响,文化同样起到决定性的作用。中国自古以来的“天人合一”“与自然和谐共生”的哲学观点,充分体现在中国乡土聚落的形态,以及与周边自然环境的关系上,同样在乡土建筑中也可以明显感觉到乡土文化对建筑的影响。中国不同地区的乡土建筑体现出不同的地域文化,江南地区的粉墙黛瓦,层叠的马头墙,就像江南深厚而婉约的文化。北方地区的四合院除了适应其寒冷的气候特点,也是宗族礼制的象征,其典型的轴线与空间秩序等级,就是社会秩序在建筑上的生动体现。西南地区羌族用石头砌筑的像碉堡一样的碉房,就像一个时刻准备战斗的生活堡垒,把一个饱受战乱侵扰的民族将生活与战争防御视为一体的生活态度生动地呈现在人们面前。乡土文化与乡土建筑的关系是如此的紧密,很多时候已经很难判断出来,是文化影响了建筑,还是建筑推动了文化的发展。

乡土建筑是乡土文化的标志物,因此这些建筑也充分体现了中国传统社会中民俗、心理结构等社会规范文化。第一是“天人合一”的宇宙观,通过对自然环境的认知,以及对其他事物秩序的把握,人们逐渐把对自然及世界的天人合一观念转换为建筑中的关系。第二是中国文化中将自然看作是包含人类自身的物我一体的概念,在这样的概念作用下,人与自然其他要素处于同样层次和地位上,建立了人与自然和谐相处的关系。第三是人们通过对天地、日月、昼夜、阴晴、寒暑等的观察,形成了一系列对立又相互转化的矛盾范畴,进而形成了中国阴阳有序的环境观。认定方位是有主有从的,各种环境要素是有主有次的,并且将这些反映到建筑中去。因此,中国传统文化中"天人合一""物我一体""阴阳有序"的观念转换成了社会文化心理,并且这种心理结构最终映射到乡土建筑中去,形成了具有中国传统文化特色的乡土建筑。

9.2 乡土建筑类型

中国是一个地域辽阔的多民族国家,从南到北,从东到西,生态地质环境变化差异较大,各个地区的生活方式、生产方式、宗教信仰、文化传统等都各有不同,因此中国的乡土建筑种类繁多,并且形成了各具地方特色的建筑形式及建构模式。同时由于不同乡村聚落的生产、生活需要,也随之产生了功能不同、形态各异的多种建筑类型。自古以来,中国乡村社会一直以农业生产为主,社会发展较为缓慢,很多建筑类型的变化并不明显。中国乡土建筑的类型按照使用功能来划分,可以分为以下几种主要类型。

居住建筑:各个地区和各个民族根据当地的生态地质环境、自然条件、生活习惯、宗教信仰等发展出来的最早的建筑类型,主要供生活居住使用,在所有乡土建筑中占的数量最多。

公共建筑:乡土社会中以宗族祭祀及天地、鬼神崇拜为主要功能的公共建筑,是乡土建筑中用来维系乡土文化、乡村社会关系及乡土认知的重要乡土建筑。公共建筑类型较多,有祭祀天地的祭祀性建筑,有宗教崇拜的寺庙道观,有以祭拜祖先为主的祠堂,也有为维系乡土文化与乡土社会起到重要作用的会馆、戏台等。

其他建筑:乡土社会中也有一些公益性的小建筑,如亭、桥、牌坊、塔等。这些小建筑或小型构筑物是乡土建筑中的特殊类型,它们的存在有一定的使用功能,但是更多的时候,它们是乡土物质环境与乡土人文环境的重要点缀物,丰富了乡土聚落的环境。

9.2.1 居住建筑

住宅是人类社会最早出现的一种建筑类型。住宅就是乡村中的居住建筑,为了抵抗风雨、抗击豺狼虎豹而修建。凡是有人生活的地方就有住宅,人类社会一切的建筑活动都是从住宅开始的,同时住宅也是乡土建筑中最大量的建筑类型。住宅是乡土建筑中最原始、最基本的建筑类型,正是在住宅的基础上,才出现了后来的宗教建筑、祭祀建筑、礼制建筑等。中国不同地区乡土住宅的变化较大,由于受到自然环境、文化传统、宗教信仰、技术条件等的影响,各个地区的乡土住宅往往呈现出各自鲜明的特点。在住宅的划分上有很多种分类法,其中较为典型的有外形分类法、结构分类法、气候地理分类法及民系分类法,每种分类法都有其依据,但同时也存在一定的弊端。因此,为了更好地对乡土住宅进行讲解,将综合以上分类法,并重点按照所处地域及建筑形式进行划分的方式,对乡土住宅进行讲述。

1. 北方院落式民居

四合院是北方地区院落式民居的典型,其平面布局以院落为主要特征。四合院是一个相对封闭的组合院落,院落四周均由厚重的砖墙砌筑围合而成,内部建筑按照主次沿轴线依次居中布置,再在主体房屋的两侧对称修建附属建筑。所谓"四合"有四面围合之意,最基本的四合院是正房、东西厢房和倒座房共同围合成平面为正方形或长方形的院落形式。北方四合院的平面布局和各栋建筑的组合形式均严格按照古代宗法制度修建,同时四合院的院落本身也具有相应的使用功能,并且进一步体现四合院建筑的等级与秩序。

北京四合院(见图 9-18)是北方院落式民居的典型代表。北京四合院的典型平面布局是:在院落的东南角开设大门,东西厢房与倒座房北侧的隔墙分隔出前院,再在这个隔墙的正中开设二门,形成两进院落。前院主要由倒座房与东西厢房之间的隔墙围合而成,里院则由居于正中的正房与东西厢房围合而成。人们还经常在正房的后面再建一个后院,并在后院的一侧开后门与里院相连,这样就形成了三进院落。以此类推可以建成很多进院落,但是由于场地及家庭的限制,院落往往不可能无限增加。因此很多四合院均是采用横向扩建的方式,在四合院的左右再修建跨院,或者由几个四合院横向组合成大的院落组群,在院落之间修建花园以供休闲使用。四合院的内部功能划分也有严格的里外之分,一般前院都以倒座房为主,是对外的门房、会客厅和客房。里院主要供主人居住、生活使用,因此也被称为内院。内院的正房位于院落的北侧,面向南面开门采光,正房也是整个四合院规模最大的,主要供长辈或主人居住。正房的两侧一般修建有低矮的耳房,用作储藏室或者卧室,紧挨正房在内院的东西两侧建有东西厢房,是晚辈的起居场所。四合院中内院的面积一般都较大,主要用来营造舒适优美的居住环境。有些较大的四合院在内院的厢房与正房之间还会设置游廊,以方便行走。有些还会在内院之后的后院修建一排后罩房,主要是闺房、厨房及生活辅助用房等。

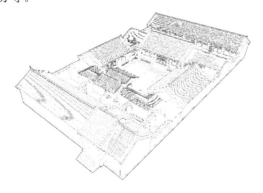

图 9-18 北京四合院

四合院的布置是一种封闭的住宅形式,一般在大门的外面或者进门处会设置影壁,以阻挡外人和来客的视线。在外院与内院的隔墙上还会设置垂花门和屏门,这些错落的院落及重叠的门都是为了保护住户生活的私密性。同时四合院的空间布置也体现了中国古代森严的等级制度,从其明确的轴线关系、建筑布置的位置与朝向、内外院的划分都可以看出明显的等级差别。另外,房间的开间数、屏风的花纹、房基的高度、屋顶的样式、铺瓦的颜色、建筑的彩绘装饰等也都体现出古代森严的等级制度。

北方地区为了适应当地的自然环境大多采用合院式的住宅形式。除了北京,在山西、陕西等地也多采用这种合院住宅形式,在山西晋中及陕西部分地区,合院形式一般较为狭长,东西厢房之间的距离通常非常近,使得中间的庭院就像通道一样细长。而且该地区的厢房都只有半坡的屋面,屋面与合院的围墙直接相连,围墙更加高大,具有良好的防御功能(见图9-19)。由于历史上晋商在商业上的非凡成就,且晋中地区远离政治统治中心,因而晋中地区的建筑限制较少,这些院落虽然从外部看上去很是朴素,但内部装饰却极其奢华。

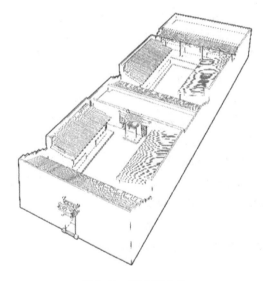

图9-19 晋中四合院

2. 南方院落式民居

在中国的南方地区,包括西南地区、闽粤地区及云贵高原地区,住宅也多为合院式的民居,但是南方和北方的合院式民居在平面和造型上都有一些差别。首先在木结构部分,北方多采用抬梁式,其中以北京四合院正房为主要代表。南方多采用穿斗式或混合式,如西南地区的住宅,靠近山墙处的木构架为穿斗式,以较密集的柱梁横向穿插结合,增加结构的稳定性;建筑的中间跨为了使空间开阔,虽然梁柱的交接还是横向的榫卯关系,采用穿斗做法,但已经改为大梁直接联系前后柱,省去中间柱子,同时大梁上再抬上部梁架,为抬梁、穿斗混合式结构。

我国的南方地区多为丘陵山地地形,因此在建筑的布置方式及平面形式上,都会以适应当地的生态地质环境及生产、生活习惯为主。例如,在我国的四川,有一种与晋中狭窄合院完全相反的合院形式,这种合院的平面形式为南北面宽阔、东西面狭窄,形成一个横向的长方形四合院形式。整个院落的平面上向东西两个方向扩展,合院内部天井的布置方式不同于北方院落的沿南北方向布置,而是沿着东西方向横向布置。这是由于四川多为丘陵地形,受地形所限,乡村建筑布置比较分散,住宅多选址在山腰、山脚下,并且多沿等高线布置。同时由于四川多雨、多雾、少阳的气候环境特点,农村住宅多不太讲究朝向,住宅大致向阳即可,主要以方便出行、取水及农业生产为主。西南大部分地区院落的形制并不像北方地区院落那样规矩完整,条件差的人家可能只会修建一个"L"形的住宅,其他部分则用围墙砌筑形成一个内院。条件好一些的人家多采用三合院形式,这样房屋中间会形成一个较为完整的前庭,可以作为家庭活动或者生产活动场所使用。条件更好的人家才会修建完整的四合院(见图9-20),俗称"四合头",通过房屋围合成一个庭院。

图 9-20　四川四合院
(图片选自季富政著《巴蜀城镇与民居》,西南交通大学出版社 2000 年出版。)

云贵高原地区也存在很多合院式住宅,这种住宅在当地又被称作"宫室"式、"天井"式或者"院落"式民居。由于云贵地区民族众多,每个民族的住宅各有特点,在该地区合院式民居是汉民族文化最具代表性的民居形式。云南民族的"汉式"合院民居,主要分布在云南腹地交通便利、与汉族交往频繁的坝区,虽共承一脉,却彼此各显千秋,反映出文化传播过程中因环境的不同而产生的变异。其中"一颗印"(见图9-21)是云南传统合院民居模式的一种典型平面,在该地区也被称为"三间两耳倒八尺",平面主要是正房三间,两侧厢房(耳房)各有两间,与正房正对的倒座房,进深限制为八尺。这种基本平面形式,外形紧凑封闭,方正如旧时官印,因此被称为"一颗印"。云南地区的合院式民居种类繁多,如彝族的"土掌房"合院式民居、大理白族的"三坊一照壁"合院式民居、滇北会泽地区的"四水归堂"合院式民居等,都是院落式民居结合当地的生态地质环境,采用当地的材料,适应当地的气候条件,以及满足民族生产、生活习惯而产生的极具地域特色的民居形式。

3. 江南水乡民居

中国的江南地区水网密布,人们的生活与水紧密结合,主要的交通和运输也是通过水路解决。所以江南水乡民居(见图 9-22)多是临水或跨水修建,临河或临街建筑也以单体为主,沿河岸铺开而不讲究组合,这与合院式建筑讲究建筑的组合和布局有很大不同。而且这些房屋的结构都十分灵活和自由,比起北方整齐划一和千篇一律的建筑模式要活泼得多。在江南地区修建房屋,为了保证每户人家都能够充分利用街道和水道,民居的平面形式多窄而长。因为要沿着河道或者街道布置尽量多的人家,建筑就只能向开间窄而进深长的方向发展。江南地区的民居建筑中,屋顶的差别也较大,一般正房的屋顶较高,而厢房的屋顶较低,屋面高低错落。围墙也多处理成白色,并与青瓦坡屋顶形成鲜明的对比,再通过样式丰富的马头墙连接在一起。从水道望去,可以看到两岸高低错落、连绵不断的屋面,以及形式多样的马头墙,形成极具地方特色的建筑形象。

图 9-21 云南"一颗印"   图 9-22 江南水乡民居

江南地区民居的建筑质量普遍较好,一般房屋的屋顶内部都采用"砌上明造"做法,在室内可以直接看到梁架、檩子、椽子等建筑构件。由于室内直接暴露梁柱等结构构件,因此木构件上各式各样的精美木雕成了该地区民居的显著特点。在横梁、柱头等处常常制作一些精美的雕花(见图 9-23),这些雕花成为建筑内部最为重要的装饰。另外,在江苏的苏州、浙江的绍兴等地,由于经济较为发达,很多院落还会按照中轴对称的法则建造,每栋房屋在院落内设有游廊连接,房屋后部建有私人园林,庭院内的装饰也异常精美。

4. 窑洞民居

窑洞民居主要分布在我国的豫西、晋中、陇东、陕北、新疆吐鲁番等地,窑洞的前身是原始社会穴居中的横穴。窑洞住宅以天然土起拱为特征,主要流行于黄土高原和干旱少雨、气候炎热的吐鲁番一带。陇东、陕北的窑洞拱线接近抛物线形,豫西的窑洞则多为半圆拱。窑洞民居是根据黄土高原土质紧密、开挖后黄土直立性较好的特点而修建的,是一种非常符合地域生态地质环境,因地制宜的典型住宅形式。窑洞民居的特点是冬暖夏凉,而且由于墙体较厚,或者直接以原始黄土作为墙体,房间的

图 9-23　江南民居雕刻

保温与隔声性都很好。由于黄土的黏性较大,窑洞的结构性能也较好,具有较强的抗震性和耐久性。窑洞按其建筑形式的不同主要分为三种类型,即在黄土坡上向里平直开挖而成的靠崖式窑洞;在黄土地上垂直下挖一个院落,再横向开挖出的下沉式窑洞(见图 9-24);在平地上用土坯、砖石或版筑的形式砌成的独立式窑洞(见图 9-25)。

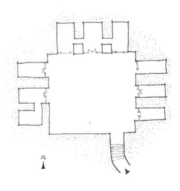

图 9-24　下沉式窑洞平面图

图 9-25　窑洞照片

靠崖式窑洞以河南和陕西的窑洞为主要代表,一般建于土质较好的山坡的南面,水平向里进行开挖,形成一个平面为长方形、顶部为券拱的空间,窑洞前面一般还会留有开阔的平地,供生产、生活使用。由于靠崖式窑洞受地形限制较大,所以选址较为被动,人们的居住地离水源和耕地都较远,给生产、生活带来诸多不便。下沉式窑洞则是在地面垂直向下挖掘出一个矩形的大坑,再在坑壁上挖出横穴窑洞,从而形成一个地下的窑洞院落。在窑洞院落的一侧设台阶或坡道供人出入。下沉式窑洞通常在四面各挖三个窑洞,北面为堂屋或会客厅,供长辈居住,两侧多为晚辈居所、储藏室或厨房,南面一般为饲养牲畜场地和厕所。独立式窑洞的修建方式较为不同,先用土坯、版筑或砖石砌成拱券窑洞的样子,再在上面覆上黄土。这种独立式窑洞的优点是不受地形的限制,可以比较灵活地组合在一起,并且可以组合成类似四合院的建筑群,非常利于居住和生产使用。

5. 井干式民居

用木构井干壁体作为承重结构墙,再在其上设置屋顶的这种房屋形式在我国原始社会便开始使用了。这种建筑形式现在主要分布在我国的东北、云南及青藏高原的林区一带,采用木材端部开凹榫相叠,逐层木料向上形成四面墙壁。由于古代水井的栏杆多采用这种结构形式,因此这种民居被称为井干式民居(见图9-26)。井干式民居大多十分坚固,而且材料易得、制作简单、建造成本较低。但因受木材长度限制,通常房屋开间较小。

我国东北的井干式民居主要分布在长白山的林区,由于该地区冬季气候寒冷,所以在修建井干式民居的时候多从地面下一尺深左右开始修建,房屋建成后还要在木构井干墙壁上涂抹厚泥用以保暖。房屋基本不做装饰,造型简单质朴。云南林区的井干式民居,建造方式也较为简单,在石基上直接修建,而且木构井干墙面直接暴露在外,屋面用木板或树皮搭建而成,极具地域特色。

6. 干阑式民居

干阑式建筑也是我国古代主要的建筑形式,其建造历史非常悠久。在浙江余姚河姆渡文化遗址中,就发现有干阑式建筑构件;四川成都十二桥也出土有商代干阑式建筑;云南剑川海门口也有大量的干阑式建筑遗迹。干阑式建筑是一种原始社会时期就已经采用的住宅形式,而且现在仍然存在。干阑式民居(见图9-27)现多分布在广西、海南、四川、贵州、云南等地,多见于少数民族聚居区。其主要以竹、木梁柱来架起整座房屋,将建筑底部整体架空,人主要在上部活动,底部架空空间既可以用来隔绝潮湿的水汽,还可以饲养牲畜。因此,干阑式建筑多用于潮湿地区、水域或者地形高差较大的山区。

图 9-26　井干式民居

图 9-27　干阑式民居

干阑式建筑的建造一般是先竖若干木桩,再在木桩上安装地板,在平整的地板上再竖木桩建造房屋,整个建筑完全用木材建成,屋顶通常用树皮或小青瓦覆盖。房屋内部空间用木板分隔,在建筑内部中央区通常会设置火塘,火塘中的火是永不熄灭的,因此火塘成了整个建筑的中央区域,其他空间围绕火塘布置,火塘也成了家人活动和会客的主要场所。由于干阑式建筑底层架空,有利于通风和防止毒蛇猛兽的攻击,这在潮湿多雨的南方地区不仅保护了房屋的木质构件,而且也增加了建筑的居住安全度和舒适度。

7. 土楼民居

中国传统民居大多具有一定的防御功能,在福建、广东、赣南等地区,有一些以防御为主要功能的围合式民居,其中以土楼(见图 9-28)和围屋(见图 9-29)为主要代表。古时候中原地区多战乱,一部分中原的汉族人为了躲避战乱迁移到福建西南部的山区,为了生存和获得土地,必然会与当地的土著发生冲突,因此出于居住和防御的双重目的,创造出了土楼这种特殊的建筑形式。土楼的平面形状主要有方形和圆形两种,其中以圆形土楼最具代表性。

 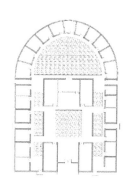

图 9-28 福建土楼   图 9-29 梅州围龙屋平面图

土楼的围墙一般用夯土建造,地基由大小卵石铺就。出于防御的需要,土楼的围墙都非常坚固,有时还会使用风化的石头土,再加上砂石、石灰、木屑、竹片等材料,用糯米浆、红糖水搅拌后做成三合土来修建墙体。土楼的墙体一般底部较厚,向上逐渐减薄。土楼的内部布局一般可分为两种:一种是内通廊式,一种是单元式。内通廊式就是在靠近中心院落的内侧,每一层都有一整圈连通的走廊,走廊外侧是一个个房间,房间的门窗都开在走廊一侧。单元式则是将土楼在平面上划分为一个个的单元,每个单元拥有自己独立的楼梯,各层上下贯通,但在同一层每个单元互不相通。由于每个单元相对独立,单元式的结构相较于内廊式更加具有私密性。

赣南的围屋与福建的土楼在造型和结构上很相似,围屋平面多为方形,四面均为硬山屋顶,在顶层设有枪眼,建筑四角或对角建有高出围屋的炮楼,围屋内一般都是有血缘关系的族人居住。在客家人聚居地梅州地区也有一种类似围屋的民居形式,被称为围龙屋。围龙屋一般是平面为马蹄形的单体建筑,建筑前部为按照中轴线布置的方形院落式民居,后部为用建筑围合成的半圆形院落。围龙屋的最前方还会修建一个半圆形的池塘,池塘的宽度一般与围龙屋的宽度一致。

8. 碉楼民居

碉楼民居也被称为碉房,主要分布在四川西南地区、青藏高原等少数民族聚居区,汉代或者更早时期,在西南一带边疆就已经有关于碉楼(邛笼)的记载。这些地区多为高山峡谷地形,石材多为板岩或片麻岩构造,易剥落加工,取石方便。碉楼民居外墙均为厚实的片石或者石块砌筑而成,墙体厚实高大,收分明显。建筑内部先在墙体上搭设木梁,再在木梁上密排楞木,然后铺一层细树枝,在树枝上铺设土层后拍实形成楼层板,建筑屋顶采用同样的做法,只是土层更厚,拍打得更加密实。碉房的开窗都很小,这与当地寒冷、风沙大、日照强烈的气候相适应。

碉房一般有三至四层,底层用于饲养牲畜,二层以上为主人起居使用,顶层则多设有经堂,供宗教祭拜,顶层一般还会设置一些开敞的房间,用以储藏粮食。通常建筑顶层还会空出一半的面积,用来设置晒场晾晒粮食,因此平屋顶也成了碉房外观的一个重要特色。

藏族碉房(见图 9-30)的门窗上口设置门楣和窗框的做法,就像人的面孔有无眉毛的区别一样,起到了美观的作用,当然使用上也起到遮挡风雨的作用。藏族碉房一般还会在建筑的檐口及窗檐等处绘制颜色精美的绘画,这些绘画多是与民族、宗教有关的内容。

生活在四川岷江流域的羌族,其碉楼民居(见图 9-31)也具有十分鲜明的特色。在旧社会,由于民族之间的矛盾尖锐,战乱频繁,羌族内部也时有纷争发生,械斗不断,整个社会治安恶化。因此,羌寨只能拥兵自保,不断兴建碉楼。羌族群众建造的石砌碉楼高大威武、工艺精湛,历时千年而不倒,具有独特的建筑艺术魅力。羌族的碉楼平面形状有四角、六角、八角等多种,碉楼最高的高度可达 40 m。羌族地区经常出现碉楼与住宅合并形成碉房的做法,碉房民居多建在高山或半山处,地形高差较大,因此羌族碉房多与地形充分结合,形成建筑高低错落的丰富形态。羌族碉房造型较为古朴,都是建筑材料自身的原始表现,很少增加多余的装饰,仅是在住宅屋顶的女儿墙四角堆放白云石,这也是羌族建筑特有的原始装饰。

图 9-30 藏族碉房

图 9-31 羌族碉房

9. 阿以旺民居

阿以旺民居(见图 9-32)是新疆南部维吾尔族住宅的典型类型,已经有三四百年历史。建筑为土木结构,平屋顶,带有外廊。新疆维吾尔自治区地处内陆,气候炎热干燥,日照时间长,风沙和昼夜温差都较大,是典型的大陆性气候。维吾尔族民居阿以旺不但能抵抗该地区的风沙,而且在遮阳和防寒上也效果明显。阿以旺民居多用厚实的生土墙体建筑而成,中部有一个带天窗的大厅,中间留有井孔采光,天窗高出屋面,大厅主要供起居、会客之用,是全家招待客人和日常活动之所,建筑后部为卧室和其他生活用房。阿以旺民居顶部以木梁上排木檩,厅内周边设土台,高 40～50 cm,用于日常起居。室内壁龛甚多,用石膏花纹装饰,龛内可放被褥或杂物。

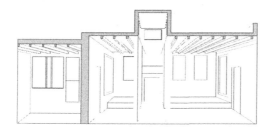

图 9-32　阿以旺民居

10. 毡房民居

毡房民居(见图 9-33)是以游牧生活为主的牧民居住的建筑,主要分布在我国的内蒙古与新疆地区。毡房搭建方便,构造简单,架设时地面略加平整,在地面浅挖槽线,然后将用皮条绑扎的骨架围合,再将伞状拱起网架置于其上,用皮条将连接点绑好,在外侧披羊皮或毛毡,最后用绳索束紧即成。毡房平面呈圆形,在顶部留有通风和采光的小口,由于毡房内空间较小,因此使用较少的燃料就可以很温暖。毡房利于拆卸组装的特点非常适应牧民逐水草而居、需经常迁徙的生活方式,并且适应当地的气候条件,满足生产、生活需要,是一种极具地域特点及使用特点的乡土民居形式。毡房的使用者除了蒙古族牧民,还有哈萨克、维吾尔、塔吉克等民族。

图 9-33　毡房民居(孙嘉摄)

9.2.2　公共建筑

在乡土社会中,对社会秩序、道德标准、宗族理念及乡土文化的传承同样是乡土建筑的重要内容,因此在乡土聚落中除了常见的乡土民居,还有很多公共建筑。由于中国乡土社会主要以血缘为纽带,乡土社会中的公共建筑也多为与宗族礼制、宗教有关的建筑。除了宗族礼制建筑,还有各种宗教建筑,尤其是佛教与道教的庙宇、道观,也遍布在乡土聚落中,构成乡土社会心灵世界的一角。这些乡土公共建筑除了维护社会秩序、建立道德标准、加强宗族理念,同时也成了人们日常生活娱乐的场所。

1. 宗祠

中国的乡村社会是一个有机的系统,它并不是独立形成和发展的,而是各种社会关系或社会制约之下的产物。在农耕文明时代,中国大部分汉族居住区是宗法社会,宗法社会里公权力稳定而有效的代表是宗族,宗族的血缘纽带是其组织力量的天然基础。因此,在中国广大乡村的范围内,宗祠是乡土社会里除了住宅之外最为重要的建筑,也是以血缘为纽带的乡土聚落里最华丽、最高大的建筑。宗祠的基本功能是供奉宗族祖先的牌位,按时进行祭祀,利用对共同祖先的崇拜,加强宗族的内聚力,因而宗祠也就成了乡土社会关系的重要表现物与重要的物质载体。

图 9-34　南方宗祠

宗祠的设立,在中国的南方与北方差别较大。南方的宗祠(见图9-34)大多高大、瑰丽,尤其是在东南地区,经济富庶、人文底蕴深厚,宗祠往往修建得非常宏大、壮丽,成为村寨或聚落中最为重要与醒目的公共建筑。但在北方,宗祠往往既小又简陋,究其原因大概是北方历来战乱频繁,亲人离散或外迁,宗族组织不如南方稳定所致;另外历史上北方经济远不如南方经济发达,以致文化水平也相对落后,这些原因都造成北方乡村中宗祠较为简陋。但即使如此,宗祠仍然是北方乡村中重要的公共建筑。

宗祠是乡土村落中重要的结构性因素,它的选址与建设对整个村落的结构布局起着重要的作用。通过自然崇拜与祖先崇拜的结合,对宗祠所在点位也就有了许多迷信的说法。宗祠的选址往往结合乡村的周边环境,根据风水上主山、朝山等说法,并且会根据乡村的人文、历史条件及对子孙后代的训诫与希冀,同时夹杂着一些神话等因素综合考虑。例如福建省福安市楼下村,村庄四面环山,南面有一座高峰,一年四季每天的第一束阳光必定先照射在它的尖端上,同时因为朝阳、午阳、夕阳都照射在这个山尖上,在风水上被称为"三阳开泰",是大吉大利的格局,于是村里的刘氏宗祠轴线就正对着这个山尖。

宗祠是一种严肃的礼制建筑,它的平面形制是从住宅演化而来的,但由于其祭祀功能的程序化,因此在宗祠建筑中,主要的空间组合表现出一种庄重而整齐的格调。宗祠是举行祭祀的场所,而祭祀要严格按照规定的程序进行,因此宗祠的主体建筑部分往往呈现出次序性。大多数宗祠从前到后主要有三部分:一是大门门屋;二是拜殿,或者叫享堂,是举行祭拜仪式的地方;三是寝室,是从《礼记·王制》中"庶人祭于寝"的"寝"字发展出来的名称,专为供奉祖先牌位。小一些的宗祠不另建寝室,而把神牌供奉在拜殿后墙前的神龛里(见图 9-35)。宗祠三进房屋之间是两个院落,院落左右多设有廊,有的把廊发展成厢房,用作宗族办事用房或议事之处。规模更大的宗祠,则会在门屋里造一个戏台面对拜殿,前院和两侧的廊庑都成为看戏的位置。宗祠作为乡土社会中庄严的礼制建筑,其格局变化较少,但也会有些变体。如在一些有商业历史的乡土聚落中,宗祠往往还会与商业会馆结合在一起,如四川简阳市石桥镇的章家祠堂(见图 9-36),前两个院落均按照祠堂设置,后面却扩建为两进商业院落,里面的院落为商业会馆开会使用,临街的房屋则完全成为临街商铺,院落入口也被安排在靠山墙处的狭小位置,从临街一面看来,完全是临街商铺的样子。华北地区历史上战乱频繁,宗族关系不稳定,村落多为杂姓,因此少有宗祠,尤其是像南方地区的大型宗祠极为少见,该地区很多宗祠仅为一间小屋,在四周墙上写满祖先名讳,房屋中间设立一个小的香火架,用来祭拜祖先,寄托了人们对祖先以及宗族的希冀。

图 9-35 宗祠神龛

图 9-36 章家祠堂

2. 书塾(书院)

在中国乡土社会中,文教建筑也是重要的公共建筑类型之一,其中以书塾(书院)最有代表性。书塾和书院(见图 9-37)这两种称谓的区别并不确定,在建筑的形制上也没有什么典型的区别。一般来说,层次较高的称为书院,层次较低的称为书塾。书塾和书院的建筑形制没有一定的规例,一般都是由上课读书的书房和老师的住房两大部分组成,个别地区还会把书院模拟修建成科考场所的布局。书院中老师的住房往往会单独修建成跨院的样子,也称为别厅,作为老师的卧室兼书房使用,并且多设置一个小的吸壁天井,贴着正房的山墙还会修建一个水池,取朱熹"半亩方塘一鉴开,天光云影共徘徊,问渠那得清如许? 为有源头活水来"的诗意。天井内水池边多陈列幽兰、茉莉等花草,使得别厅清雅别致,极具文化气质。

江浙地区的书塾（书院）很多，几乎在每一个乡村聚落都会看到其身影，很多书塾都是由住宅直接改建而成，或者由大户院落中的局部几进院落改造而成。也有的地方书塾（书院）为单独一栋建筑，一般在这种情况下，书塾（书院）的建筑平面布局多较为灵活，建筑空间多有变化，讲究情趣，装修和装饰很是精致，多会带有一个小的花园，并且点缀着一些画卷门、拱门等，整个建筑还会按照实地情况，自然地进行布置，使得书院建筑极为自然随意。

3. 戏台

不论是在中国的北方还是南方，乡村中主要的娱乐活动就是民间戏剧，因此作为戏剧的主要演出场所，戏台（见图 9-38）成了乡土村落中重要的公共建筑类型。在很多地方，乡村的娱乐活动往往会跟宗祠祭祀、庙会、商会活动等结合在一起，因此很多时候，戏台往往会成为宗祠、会馆、庙宇建筑中的一个附属部分，甚至于完全融入其他的建筑中去。大的宗祠门屋里一般都有戏台，戏台一般在门屋的明间里面，有些一半向祠内凸出于明间之外，有些则直接全部凸出。戏台屋面高出门屋屋面，并且设有高高的翼角。在四川很多会馆都设有戏台，都是在入口处的门屋二层设置戏台，戏台下是会馆的出入口，人从戏台下穿过进入会馆，戏台台口则面向正屋。会馆内的院落及左右厢房则成为人们看戏的场所。看戏的观众，按照规矩一般是男的在院子里，女的在正殿的前檐下，院子里的廊庑或东西厢房也是妇女看戏的场所，东西廊的二层则专为有身份的人家使用。

图 9-37　书院别院

图 9-38　戏台

有些北方村落习惯于把戏台独立修建在祠堂对面，在祠堂与戏台之间设置村落的晒场等，形成整个村落的公共空间。四川犍为县罗城镇的戏台（见图 9-39）比较特殊，修建在街道的中间，罗城镇街道两边的建筑将整个街道围合成一个梭形空间，戏台则位于梭形空间的中间，成为街道的中心点。沿街建筑设置的廊道宽敞而高大，街道两侧均可看到戏台，戏台与建筑及街道空间融合成为一体，布置得很是精妙。

4. 孔庙（文庙）

孔庙又称文庙，古时按例只有县以上的建制方可建文庙，文庙的地位要高于文昌阁。文庙建筑格局一般为坐北朝南，四合院形制，地势北高南低，进入大门需要上几级台阶,大门五开间,正殿为大成殿,面阔五间,正中供孔子坐像,两侧分列颜回、曾子等七十二贤人牌位,大成殿前有月台,便是文庙中常见的"杏坛"。

四川省德阳市文庙(见图 9-40)坐北朝南,三进四合院采用中轴对称布局,建筑布局以大成殿为中心,南北呈一条中轴线,左右对称排列,由南向北中轴线依次布置万仞宫墙(照壁)、棂星门、泮池、泮桥、戟门(大成门)、礼乐亭、大成殿、启圣殿。设有东西庑廊、东西御碑亭、东西配殿等。庙前为文庙广场,庙北有后花园。德阳文庙以其宏大的规模、完整的建筑群、严谨的布局,成为我国西南地区文庙的代表性建筑。

图 9-39 罗城戏台

图 9-40 德阳文庙

5. 庙宇

在我国古代出现过多种宗教,比较重要的有佛教、道教,其他还有摩尼教、天主教、基督教、本教、伊斯兰教等。而其中延续时间较长、传播地域最广的应属来自印度经西域传来的佛教。中国的农村到处都是庙宇,乡土庙宇里供奉着各种各样的神灵,这些庙宇的形制虽然也有一定的模式,但变化比宗祠多。首先,庙宇多修建在环境优美的山水之间,地形较为复杂;也有的修建在村镇之中,但由于用地局促,一般范围狭小。其次,庙宇的组成比较复杂,除了用于祭祖佛、道两教的正神之外,一般还是祭祀各个地方神祗的大庙小殿的集合体。最后,大一些的庙宇都有庙祝或者僧道们的生活区、香客的住宿区等。以佛殿为主的佛寺,基本采用了我国传统府邸的多进院落式布局。它的出现,最早可能源于南北朝时期王公贵胄的"舍宅为寺"。为了利用原有房屋,多采用"以前厅为大殿,以后堂为佛堂"的形式。

庙宇一般会远离乡土村落,选择与村落相隔不远,景色优美的地方进行修建,但有些地方寺庙却成为整个乡土村落的中心。例如四川省合江县尧坝镇,场镇街道的长度大概为 800 m,但它的中心部位却有一座占地 6000 m^2 的东岳庙,庙门内设有大戏台和看戏的大广场,后面依山势层层向上,依次建有观音殿、东皇帝殿和川主殿三座大殿,在大殿两侧建有一些小殿。在尧坝场,东岳庙(见图 9-41)成了整个场镇的重点,场镇的各项公共活动都是在庙宇周围或者庙宇内部举行,庙宇成了乡间文化娱乐的中心。这也是中国乡村泛神论崇拜的庙宇在乡间社会中的一种重要功能,一种完全世俗化、生活化、人情化的作用。

图 9-41　尧坝东岳庙

9.2.3　其他建筑

在中国乡土社会中,除了以居住为主的住宅建筑,以祭祀、文教、宗教、商会等为主的公共建筑,还有一些常见的小型建筑物或构筑物,其中比较重要的是亭、桥、牌坊、塔等,这些公益性的小型建筑物、构筑物往往会成为乡村重要的景观,成为乡村中"八景""十景"的重要主题。这些建筑物、构筑物与乡土住宅、宗祠、文庙、戏台等一起构成了乡土社会的物质环境,并且反映了乡土社会的精神与社会秩序。

图 9-42　亭子(孙嘉摄)

1. 亭

在中国的乡土社会中,亭是一种重要的公益性建筑,"亭"的意向就是"停",主要是供人们在生产劳作之余休息、静坐使用的一种小型建筑物(见图 9-42)。在乡村基本都会看到亭的出现,尤其是在中国南方村落中,处处都点缀着一些轻盈的、小巧的、形式活泼的小亭子供人休息。在乡村中,亭子往往是村民们捐钱为乡村修建的,因此亭的公益性使得它成为乡村中最富有人情味的场所。亭的种类很多,有的是出于许愿还愿而修建的"还愿亭";有的是父母老了之后,儿女修建亭子表达孝心与祈福的"孝子亭";还有供来往商客歇脚、纳凉、躲雨的"路亭"。在村落中,一些亭子建在水口或村口,既可以成为村落的标志,也可以标识村落的范围,更成为村民们日常聚会的场所。在乡土社会中,亭子往往也与村民的生活紧密相连,如在徽州地区,由于男子多外出经商,每年只回家一次,在家待一月后又需外出谋生,妻子年年送丈夫到村口,惆怅地望着丈夫消失在远方的身影,在等待的一年中,村口的"望夫亭"成了妻子为丈夫祈求平安、等待丈夫归来的地方。这样的故事在每一个村落下水口的亭子里都在上演,只不过并不都叫它们"望夫亭"罢了。在有些村落,出于扬善惩恶的目的,还会在村落中心、人来人往的地方修建"申明亭",用以记载宗族兴衰、社会治乱,并用以教化村民。由此可见,在乡土社会中本来是纯功能性的亭子,由于与社会生活的紧密联系,渐渐浸润了丰富的人文属性。

亭的形制很多,从平面上来说有四个柱子组成的矩形平面,也有六个或八个柱子组成的多边形平面,还有墙体与柱子共同组成的圆形平面等。按开间数量划分,有一个开间的,也有三个开间的,个别地区还会出现两个亭子合二为一,形成一个五开间的组合亭子。在布置的位置上,有直接布置在道路上的,道路穿亭而过;也有布置在道路或水边的,形成路边亭或水边亭。亭子大多四面开敞,柱间用大木横架作为板凳,也有一些亭子两个侧面使用封火山墙封闭。亭子一般都较小,修建得也很朴素,但都是按照当地的建构传统精心修建而成。

2. 桥

由于生产、生活的需要,中国乡土村落大多在河流附近选址,另外中国南方地区雨量大,河流密集,因此在乡土聚落中往往会有很多桥梁存在。按照结构划分,桥有梁桥与拱桥之分,梁桥主要是修建桥墩后,再在桥墩上铺设梁架形成桥面;拱桥则利用拱券形成桥的结构支撑,然后再修建桥面。因此在乡土聚落中,梁桥主要用木材修建,拱桥则主要用石材修建。按照跨度划分,桥可以划分为单跨桥与多跨桥;按照外形来划分,桥可以分为平桥与虹桥(拱形桥),梁桥多为平桥,拱桥多为虹桥,但个别拱桥也会将桥面修平,尤其是多跨拱桥。在桥上,村民们往往还会修建亭、廊等构筑物,将桥梁的交通功能与村民休息的功能融为一体,形成一个独特的公共空间(见图9-43)。

图 9-43　廊桥

在西南地区还有很多特殊的桥梁形式,如在四川很多临水乡村,会在河水中修建石板铺成的石桥,石桥桥墩用青石砌筑而成,在桥墩顶部用青石雕刻成形态各异的龙头样式,远看仿佛很多条龙抬着一个石板桥游弋在河水之中(见图9-44)。在贵州、广西等地的苗族村寨中,先在石制桥墩上垒起木料,在其上顺铺木料,从下往上逐层放长,形成叠涩式的下窄上宽的木垛,再在上面架设桥面,桥面上再修建长廊,长廊中部往往修建有耸立的木塔楼,飞檐层叠,成了苗族村落的标志,也是苗寨人们纳凉闲坐的场所(见图 9-45)。

图 9-44　泸县龙脑桥

图 9-45　苗寨廊桥

3. 牌坊

牌坊(见图 9-46、图 9-47)在南北各地都很常见,对于乡土村落来说,牌坊具有表彰性与炫耀性,因为它们是一个村子的骄傲。封建社会时期,凡是修建牌坊都要经过朝廷审批,最常见的牌坊是为科名、宦绩、寿考、义举、女德等建造。由于牌坊这类纪念性建筑需要耐久,因此牌坊多用石材或石木并用来修建。中国南方地区多雨,牌坊多用石材修建;北方地区干旱,多用木材或石木结合修建牌坊。

牌坊的形制有双柱单楼或三楼,还有四柱三楼或五楼,其中双柱单楼最为简单,用两根柱子形成一个跨间,在柱顶用横梁拦截,其上设斗拱,再上设置双坡小屋顶。柱与梁枋上雕刻有丰富的图案,并在正中梁枋竖匾上雕刻文字,以表明修建牌坊的缘由。三间五楼式牌坊则是牌坊中最华丽、最气派的,四根柱子形成三个跨间,中间跨尺寸大于两个边跨,高度也高于两侧,这类牌坊大多在中间跨间的柱顶设双坡小屋顶,也有在三个跨间均设双坡小屋顶的。

4. 塔

在中国的乡村中,塔是一种比较特殊的构筑物,因为作为供人使用的建筑,塔并不能满足人们实际的使用功能要求,甚至有一些塔都无法进入。但是塔的存在却是乡土社会中人们对接近苍穹愿望的体现,同时在宗教及迷信的沁染下,塔更多了一层

图 9-46 胡文光牌坊

图 9-47 隆昌牌坊群

神秘的色彩。在中国的乡土社会中,有很多种类的塔,主要有以下几种:庙宇中的"寺塔",修在场镇附近的"文峰塔"(见图 9-48),用于埋葬夭折儿童的"枯童塔"(见图9-49),用于烧纸的"字库塔"等,这其中又以"文峰塔"最为多见。

乡土聚落修建"文峰塔"的作用主要是保护场镇聚落的风水,文峰塔一般修建在临水聚落的下水口处,主要是为了避免村落的水源流出村落范围,在水流的下水口流出村落时能打个弯,多停留一段时间,同时可以保护和镇住村落的风水与文运,不让它们随水流走。有些村落也会把文峰塔修建在村落附近的山上,这些地方一般都是风水先生口中村落的"风水宝地",用来保佑村落人畜平安,镇住村落的风水之气不会外泄,保佑村子的文运昌盛,因此很多时候村落的文峰塔成了村落的重要象征。当然也并不是每个地方都将这类塔称为"文峰塔",虽然名称各异,塔的作用一般都如此。

在很长的历史时期里,尤其是在农村,儿童的死亡率很高,因此,未成年的儿童只有乳名,没有按照宗族辈分而起的"正式"名字。未成年儿童不幸夭折,被认为"不吉利",既进不了宗谱,也进不了祖茔。一些管理比较好的宗族,会为这些夭折的孩子建一个公有的集体坟墓,叫作"枯童塔"或者"宝通塔"之类,以免被野狗或兽类吞食。它们有简单的包裹,却没有丧衣。为了给孩子们一个安宁、洁净的处所,让父母放心,每年春节前后族人还要修缮和整理这小小的公墓。孩子们虽然进不了祖茔,但从来没有失去过祖先的庇佑,没失去过家族的关心和爱护。

图 9-48　文峰塔

图 9-49　枯童塔

9.3　乡土建筑理论

　　历史上中国乡土建筑的建造都是以工匠和村民为主导,工匠将自己的建造知识向徒弟传授,徒弟再向下继续传承,很少有一套完整的教授体系和理论基础,都是工匠自己实践经验的积累与传承。虽然多个朝代也颁布了一些官方的营造要求,如宋朝的《营造法式》、清朝的《工部做法》等,但是这些并不能完全指导乡土建筑的修建。很多乡土建筑都是工匠按照自己所学和经验,采用当地的材料、建构技艺进行修建,很少形成科学的乡土建筑理论。随着现代社会的发展及西方建筑理论的传入,以梁思成为代表的第一代中国建筑研究者和建筑师,对中国大量的古建筑进行了测绘与研究,开始系统地研究中国建筑历史与建筑理论,并开始了中国建筑设计的实践与探索。改革开放后,随着大量西方现代建筑理论的传入,中国建筑师开始不断尝试在西方建筑理论下,对中国传统乡土建筑进行研究与传承。近年来随着政府对新农村建设的重视,提出了美丽乡村、特色小镇的乡村建设要求,又开始了新一轮的乡村建设热潮,在这股热潮的推动下,乡土建筑建设迎来了新的机遇,乡土建筑理论也迎来了新的契机。这里结合当代建筑思潮与建筑流派,介绍几种与乡土建筑有关的建筑理论。

9.3.1　地域主义

建筑是一个地点上固定的物质形象,因此它必然受限于特定的地域、气候、人文、历史等环境,并且服务于特定的人群,因此建筑与地域的自然环境、社会环境相关联,而这种关联及其在建筑中的反映就是建筑的地域性。所谓地域主义,是指在建筑设计中主动地适应和体现地域自然条件、文化特征的倾向。地域主义理论的产生是对全球化进程带来的建筑文化趋同化的逆向反应,是从地域气候特征出发,对场地地形的回应,以及对传统建筑形式、建筑文化与建构智慧的继承和发扬。

地域主义的主要表现特征是对地区传统建筑风格与形式的具象模拟,是在全球化背景下对当地传统建筑形式的继承。地域主义理论一方面强调地域自然环境、地理、气候的特殊性,另一方面也强调地域历史、文化、文脉的延续性。在具体建筑上,地域主义建筑力求延续传统乡土建筑形象,在建筑材料上采用当地传统建筑材料,建构技术上采用传统建造工艺,即使使用了新的技术与新的材料,也力求其能与传统建筑保持相对的一致性。因此地域主义这种建筑风格在对传统建筑进行具象继承与模仿的同时,往往暴露出与时代精神格格不入的保守性,同时也暴露了现代功能、结构与传统形式之间的矛盾。地域主义建筑师虽然也强调建筑与地域生态自然环境的关联,但在实际设计中,往往更加关注对建筑风格与建筑形式的继承。

9.3.2　批判的地域主义

随着建筑师在现代技术与现代功能要求的基础上,按照现代审美观念,对地域建筑进行了新的审视与演绎,建筑师们开始拒绝对传统地域建筑进行风格与形式层面的模仿,转而致力于对传统文化内涵的挖掘和场所精神的表现。并且通过对地域生态地质环境、原生建筑材料、传统建构做法的继承与发展,不断创造出比地域主义更富有内涵的建筑作品。1983 年弗兰姆普顿在他的《走向批判的地域主义》中,正式将批判的地域主义作为一种建筑设计思想进行了明确而清晰的阐述。在《现代建筑:一部批判的历史》一书中,弗兰姆普顿对批判的地域主义进行了概括:批判的地域主义这一术语并不是指那种在气候、文化、神话和工艺的综合反应下产生的乡土建筑,而是用来识别那些近期的地域性学派,它们的主要目的是反映和服务于那些它们所置身其中的有限机体。因此批判的地域主义虽然对现代建筑理论持批判的态度,但它仍然继承了现代建筑理论中的现代性精神;同时批判的地域主义更强调气候、环境、地形等场所因素对建筑的作用;批判的地域主义也更强调传统材料和人的各种知觉体验,不只是强调视觉形象上的反应,同样强调听觉、触觉带来的建筑体验,并且反对地域主义建筑中布景式的设计,反对视觉至上、片面强调建筑形象的建筑设计倾向。

批判的地域主义的理论核心是其双重的批判性,一方面是对保守的地域主义的批判,另一方面是对全球化的国际式风格的批判。批判的地域主义不但抛弃了正统的现代建筑思想和国际化风格,而且强调对建筑的地域性要素进行现代性的重构。

当代批判的地域主义在建筑设计手法上主要是对地域传统的现代阐释,通过对当地地域生态地质环境的呼应形成建筑特征,以及对场地地形地貌特征进行回应等。例如,墨西哥建筑师巴拉干从墨西哥土著民居中吸取营养,借鉴了他们传统建筑中热情奔放的颜色和高墙围绕的生活空间形态,设计出艾格斯托姆住宅,住宅由覆盖着高亮度颜色的几何形体组成,并且与水景结合成一体,具有强烈的地域特点。印度建筑师柯里亚学习印度乡土建筑对炎热气候和日常生活的适应性,发展出利用自然通风原理的"管式住宅"。葡萄牙建筑师西扎把他的建筑奠基在每一个特殊地形轮廓和地方肌理的精细质感中,他的作品都反映了波尔图地区的城市、土地和海景,以及他对地方材料、手工艺品和当地阳光微妙特征的偏爱。西扎所有的建筑都是精心放置在其场地的地形之中,他的手法是触觉性和建构性的,而不是视觉性和图案性的,如西扎设计的博阿·诺瓦餐厅(见图 9-50)。日本建筑师安藤忠雄则以日本大阪为基地,形成了一套更接近批判的地方主义的建筑风格。安藤忠雄使用混凝土的方式强调其整洁与均匀性,强调混凝土包围空间的心灵体验,以及这种空间体验与情感、习惯、美学意识、特色文化和社会传统之间的联系,如司马辽太郎纪念馆(见图 9-51)。由于批判的地方主义具有双重批判的价值属性,它一方面继承了现代建筑中的理性与功能,另一方面又继承了传统建筑中的场所与文脉。因此它成了当前极富有生命力的建筑流派之一。

图 9-50 西扎设计的博阿·诺瓦餐厅(张哲摄)

图 9-51 安藤忠雄设计的司马辽太郎纪念馆(石胖晨摄)

9.3.3 新民族主义(传统复兴)

近代中国建筑的发展是西式建筑逐渐取代中国传统建筑的过程,这个过程与近代中国殖民化程度逐渐加深有直接的关系,同时与中国人价值观的逐步西化相一致。19 世纪末,来到中国的西方传教士扮演着的角色从"布道者"变化到"教育家",开始创办学校、医院。在设计上为了迎合中国人心理,多采用中国本土样式。如燕京大学由美国建筑师墨菲进行整体规划,他提出:要按照中国的建筑形式来建设校舍,室外设计优美的飞檐和华丽的彩色图案。并且充分利用湖岛,把校园规划成中国园林式环境,建筑布置成了多组三合院,单体建筑也模仿中国古代宫殿进行修建。受此影响,之后很长一段时间,中国建筑师在仿宫殿式、折中混合式、以装饰为特征的现代式三种主要模式中反复求索,力图在现代建筑理论的框架下重构中国传统建筑,这其中以吕彦直设计的广州中山纪念堂(见图 9-52)和南京中山陵为杰出代表。广州中山纪念堂主体采用中国宫殿式,前座重檐歇山顶,后座八角攒尖顶,整个框架运用钢筋混凝土和钢梁等新材料,是当时中国传统建筑复兴的典型代表。

图 9-52　吕彦直设计的广州中山纪念堂

随着社会经济的快速发展,中国在很多方面已经取得了令世界瞩目的成就,经济实力增强的同时也带来了文化的自信,因此很多当代中国建筑师开始在建筑实践上尝试传统建筑形式复兴,这种复兴大多采用传统建筑的形象,在建筑形式上力求与传统建筑保持一致,这种倾向被称为新民族主义或传统复兴。新民族主义保留了现代建筑的现代功能需求,采用当代的建筑技术与材料,主要在形式上对传统建筑进行继承。在对形式的继承上还会融合现代设计的手法或美学标准,因此这种新民族主义更像是传统建筑与现代建筑的混合式风格,它一方面寻求对传统建筑形式的继承,另一方面又要正视传统建筑与现代生活不符的矛盾。新民族主义思潮力图解决中国建筑在面对世界建筑发展中丧失个性的危机,但其自身往往又会陷入对传统建筑形式的简单复制与抄袭。

9.3.4　新乡土主义

随着中国对广大农村开发改造的力度不断加大,政府提出了建设"幸福乡村""美丽乡村""特色小镇"等建设目标和建设要求,新乡土建设的浪潮成为当前重要的建设内容。在这个过程中众多建筑师也投入乡村建设中来,通过建筑师在乡村建设过程中的实践,传统乡土建筑丰富的文化内涵、传统材料和传统建构技艺,都吸引着建筑师对乡土建筑进行重新挖掘与重新认识,这些也成了建筑师关注与设计实践的重点,新乡土主义建筑思潮正是在这种情况下逐步发展完善的。

新乡土主义是从传统乡土建筑中汲取养分,并对现代建筑设计理论进行补充,从而将中国传统乡土建筑与现代建筑设计理论相结合的一种新的探索。与其说它是一种主义,不如说它是中国当代建筑师在经过了三十年的现代建筑熏陶后,对自身文化及传统的反思。新乡土主义中融合了多种建筑流派的倾向,而且更多的是建筑师个人风格的取舍。总的来说,新乡土主义主要有以下几种特征。

首先是关注传统建筑与环境相互融合的关系,强调传统乡土建筑融于环境的特色,认为建筑应该成为环境中的建筑,而不是构筑一个新的环境。同时往往还会关注建筑与生态地质环境、气候、地形、地貌等的关系,进而强调乡土建筑的生态性。

其次是关注对传统建筑材料和建构模式的研究,力图复兴传统建筑材料,同时采用传统的、符合当地生产和建造条件的建构方式,着力于对传统建造技艺的继承与发展。同时也会将现代技术与传统技艺进行结合,创造出一种具有传统乡土技艺背景的新的建构方式。

最后会对传统乡土建筑的形式、空间关系、建筑层次及装饰等进行研究,并在现代建筑理论及当代美学标准之下对其进行继承与重构,力求探索出更加具有乡土意味的新的建筑形式,从而实现用地方文化对话全球文明的目的。

在这些建筑师中,以王澍和刘家琨最具有代表性,王澍设计的中国美术学院象山校区(见图 9-53)就是一场当代乡土建筑思潮的重要实践;刘家琨设计的鹿野苑石刻艺术博物馆(见图 9-54)则采用了一种当地的低技工艺与建造方式,用以实现乡土建筑的现代性表达。

当前新乡土主义还没有形成一种明确的建筑思潮,它更多的是当代背景下建筑师的个人实践,但历史上每一种风格及流派的出现以至成熟,都是经过众多建筑师不断实践才最终成型的。新乡土主义从广大传统乡土建筑中汲取营养,来丰富和壮大自己,在新的形势下将会激起又一轮思想的火花和探索。

图 9-53　王澍设计的中国美术学院象山校区

图 9-54　刘家琨设计的鹿野苑石刻艺术博物馆

9.4　乡土建筑当代实践

近年来在"新农村建设""美丽乡村"的建设热潮下,以及发展乡村旅游业的积极推进下,人们对乡土建筑及其文化价值的重视程度越来越高,对历史上大量盲目拆除、重新修建的错误做法也有了一定程度的反思,尤其是对优秀传统乡土建筑进行保护的意识更加强烈,乡土建筑也迎来了新的发展机遇。国际古迹遗址理事会 1999 年在墨西哥通过的《关于乡土建筑遗产的宪章》中指出:乡土建筑遗产在人类的情感和自豪中占有重要地位。它已经被公认为是具有特征和魅力的社会产物……它是一个社会文化的基本表现,是社会和它所处地区关系的基本表现,同时也是世界文化多样性的表现。2008 年 7 月 1 日,国家开始实施《历史文化名城名镇名村保护条例》,保护、传承、弘扬优秀传统文化遗产的事业得到了各级主管部门和社会民众及专业人士的重视,取得了显著的成效和进步。在这种背景之下,乡土建筑的保护、传承取得了很好的发展,涌现出了很多优秀的乡土建筑设计作品和建设项目。为在新的时代背景下,在对传统乡土建筑的历史价值、文化价值、艺术价值等高度认识的前提下,为乡土建筑及其建筑文化传承提供了方向。但在乡土建设的过程中,同样要防止在所谓保护的旗号下,为追求经济效益的开发或旅游的需要,乱加改造,把真正原汁原味的优秀乡土建筑搞得面目全非,新旧难分,或过分地商业化、现代化。更加需要正确处理好保护、传承与发展的关系,正确处理好经济与文化的关系,尽可能地保留住乡土建筑有价值的方面,留住乡土建筑的文化之根。结合近年来乡土建筑的实践,选择了以下几个不同类型的项目进行介绍。

9.4.1　洛带古镇(古镇保护与旅游开发)

洛带古镇(见图 9-55)地处四川省成都市龙泉驿区境内。洛带古镇历史悠久,因蜀汉后主刘禅的玉带落入镇旁八角井而更名为"落带",后演变为"洛带"。唐宋时隶属成都府灵泉县(今成都市龙泉驿区),明朝时改隶简州(今简阳市),清朝时曾更名为"甑子场"。洛带古镇居民中客家人有 2 万多人,占全镇人数的 9 成,至今仍讲客家话,沿袭客家习俗,故洛带古镇也被称为中国西部客家第一镇。洛带古镇内老街、客家民居保存完好,老街呈"一街七巷子"格局,空间变化丰富。"一街"由上街和下街组成,总长约 1200 m,街道东高西低,石板镶嵌;街道两边纵横交错的"七巷"分别为北巷子、凤仪巷、槐树巷、江西会馆巷、柴市巷、马槽堰巷和糠市巷。由于洛带古镇是客家移民和商业往来的重镇,因此镇上除了极具特色的大量民居,还有广东会馆(南华宫)、江西会馆、湖广会馆、川北会馆四大会馆。

洛带古镇具有深厚的历史与文化内涵,同时也是客家文化、移民文化、会馆文化的聚集地,近年来成了旅游开发的热点。在洛带古镇的开发过程中,首先对场镇建筑进行了全面的考察、测绘与建筑评价,不论是会馆还是民居,根据其建筑保存现状、历

图 9-55 洛带古镇

史文化价值等因素对其进行综合评价。根据对洛带古镇建筑的评价,提出了"修旧如旧,保持原真性"的建设原则,同时对部分已经破损的建筑进行恢复性整修,保持场镇的整体性。在设计与建设过程中重点保持其街道肌理、场镇空间尺寸不变,尽量做到建筑材料与建筑颜色的相对统一,在建设过程中邀请传统手工艺人介入建设实践。因此,在这种保持历史原真性及场镇整体性的乡土建筑设计与建设原则下,洛带古镇的历史风貌得到了很好的保持与延续。洛带古镇是在既有古镇的基础上,通过对其乡土建筑的整修,实现了对场镇风貌的恢复,同时也实现了乡土建筑的保护、

传承与开发。

9.4.2 水磨镇(灾后重建与民族建筑继承)

2008 年"5·12"汶川地震造成了巨大的人员伤亡与物质损失,在灾后重建过程中,除了需要尽快满足人们的生产、生活需要,如何在快速的灾后重建过程中实现对

该地区传统乡土建筑的传承,也成了灾后重建的重要内容与要求,而这其中水磨镇(见图 9-56)的重建较有代表性。

水磨镇距成都 76 km,距"5·12"汶川地震震中映秀仅 19 km。水磨镇地处汉族、羌族、藏族等多个民族聚居地交汇处,历史上一直是多民族聚居区,同时也是岷江流域重要的商业重镇,因此在该地区的传统乡土建筑中,呈现出了多民族混合的特点,既有汉式的穿斗木构结构,也有羌族碉楼民居,同时也有一些藏族的碉房穿插在其中。因此,在水磨镇的灾后重建过程中,在建筑上紧紧抓住民族交融的特点,将

图 9-56 水磨镇

汉地风情和藏羌文化交相辉映,被誉为汶川大地震灾后重建第一镇。

水磨镇在重建过程中,邀请了众多研究者对该地区各民族传统乡土建筑进行了细致的分析与研究,并参与到设计与建设过程中。对该地区传统羌族碉房建筑的形式、做法、材料,对藏族碉房的平面形式、窗檐口、建筑装饰的样式等进行了细致的分

析与对比。并且对该地区出现过的不同的建筑材料,如片石、块石、木构、夯土等,以及其构建方式都进行了收集整理。通过灾后重建这一契机,不但将传统民族乡土建筑进行了恢复,保持了建筑材料与建筑形式的历史延续性,同时根据当前生活的需要,对传统建筑的平面、空间、建构方式等进行了现代改良,使其在保持传统乡土建筑特征的前提下,更加满足现代生活的需要,实现了对乡土建筑的传承与发展,同时为乡土建筑的可持续发展探索出了一条新的道路。2010 年,水磨镇被全球人居环境论坛理事会和联合国人居署《全球最佳范例》杂志评为"全球灾后重建最佳范例",被第三届世界文化旅游论坛组委会授予"中国精品文化旅游景区"称号。

9.4.3 富阳东梓关村(新村建设与传统建筑的融合)

浙江省杭州市富阳区场口镇东梓关村(见图 9-57)位于场口镇西部,面临富春江,背靠群山。东梓关村历史渊源悠久,文化底蕴深厚,相传吴越王行军到此,无不东望指关,因此这个村就叫"东指关",后人又把东指关改叫"东梓关"。东梓关村还是古代著名的水上关隘,水陆交通十分便捷,村内有近百座明清古建筑,存有不少颇有价值的历史古迹,如"官船埠"遗迹、"越石庙"遗址、古驿道等。

图 9-57 东梓关村

(图片来自网络:http://www.urcities.com/residentialHousing/20170105/23814.html)

近年来随着城市化进程的不断深入,城乡差距逐渐加大,东梓关村中部分原住民仍然居住在年久失修的老建筑中,为了改善原住民的生活条件,当地政府决定修建新农居示范区对原住民进行回迁安置。在该项目的设计过程中,建筑师以实地调研、座谈及对传统乡土建筑进行测绘等方式作为设计的出发点。在总平面规划上,通过研究传统场镇肌理和建筑院落空间,遵循东梓关村传统乡土建筑从建筑单体生成聚落组团,再从聚落组团演变成乡土聚落的生长逻辑,通过四种基本单元的不同组合,诠释了传统乡土聚落的多样性与生长性。在建筑设计上,从居住者实际生活需求出发来布置平面功能,力求寻找一种介乎于传统乡土民居和城市化居住模式之间的状态。建筑形象没有采用对传统建筑立面造型符号的模拟,而是在现代设计理念的指导下,对传统乡土建筑形象进行解析与抽象,通过外实内虚的界面处理,塑造出了传统江南民居的神韵和意境,同时力求避免城市对传统乡土村落肌理的破坏,实现了乡村原真性的还原。

9.4.4 文村改造(建筑师的乡村建设实践)

在中国当代乡土建筑的实践过程中,很多建筑师都投入到新一轮乡村建设与改造中来,并且带有浓重的建筑师个人倾向,这其中以王澍的文村改造最为令人瞩目。王澍独特的建筑思想,令其作品总是能够带给世人全新的感觉。2012 年 2 月 27 日王澍获得了普利兹克建筑奖(The Pritzker Architecture Prize),成为获得该奖项的第一个中国人。王澍的农居房项目位于杭州富阳区洞桥镇的文村(见图 9-58),在形式和材料上都具有强烈的王澍风格。文村依山沿河而建,周边被农田包围,曾经是一个比较传统的农业村庄。王澍将村中一部分不同年代修建的原有民居进行了改建,利用石头、木材及混凝土等材料,采用一些具有传统乡土建筑象征性意义的符号,重新建构了一个新的乡村聚落。在王澍自身的田园情怀影响下,其构图和取景纳入了很多乡土元素,并尽力给目前的文村带来一丝生活气息。在文村一群形态各异却具有传统意味的建筑中,每个人都可以从中找到自己记忆中的乡村,但却发现现实的乡村已经变了样子,人们会被这种半新半旧的状态迷惑,转而开始思考乡村所包含的真正意义,在浮躁的社会和喧嚣的环境中静下心来,细细体验中国传统文化的精髓和魅力。文村改造与其说是乡土建筑改造实践,不如说是一场关于中国乡土建筑未来道路探索的实验。

图 9-58　文村

(图片来自网络:http://www.ikuku.cn/photography/shiwangxinzuodongqiaozhenwencunmeiliyi-jushifancun/1461325104407139-jpg)

本章小结

在以农业为主的乡土社会中,经过广大农民的创造,并且在众多参与者的共同努力下,产生了具有地域特色的、深厚瑰丽的乡土文化。乡土文化根据其所处的地质条件、生态环境、文化圈层、历史背景及社会事件的影响,呈现出千变万化、丰富多彩的特点,因此乡土文化也是中华民族文化遗产宝库中最为瑰丽的组成部分之一,而乡土建筑正是乡土文化最重要的物质载体与表现形式之一。

乡土建筑是农民各种社会生活的物质环境,各种类型的乡土建筑又共同构成了乡土聚落。作为聚落重要组成部分的乡土建筑包含着许多种类,有居住建筑、文教礼制建筑、宗教寺庙建筑、商业建筑、生产型建筑等。这些建筑类型及其体系一起构成了乡土建筑丰富的系统,奠定了聚落的结构,使它成为一个功能完备的整体,满足一定社会历史条件下农民们物质和精神的生活需求,以及社会的制度性需求。经过千百年来的自我更新与淘汰,乡土建筑已经建立起了一套充分适应生态地质环境、自然环境及社会人文环境的建构体系,积累下了丰富的、具有地域特点的建构模式。与当代城市不断趋于同一模式的发展趋势不同,乡土建筑从诞生以来就是为了满足不同地域的生活而出现的,因此乡土建筑的多样性与独特性既是它的特点也是它的精髓所在。

思考题

[1]请简要阐述乡土建筑的发展历程。
[2]请阐述乡土文化与乡土建筑的关系。
[3]乡土建筑的当代实践意义是什么?
[4]请列举三种不同类别的乡土建筑,并归纳其特点。

第五篇
乡村规划法规与
乡村综合管理

第10章 乡村自治与综合管理

10.1 乡村规划法律法规概述

10.1.1 乡村规划法律法规的概念

城乡规划法规是按照国家立法程序所制定的关于乡村规划编制、审批和实施管理的法律、行政法规、部门规章、地方法规和地方规章的总称。

城乡规划法规在城乡规划管理活动中处于重要地位,无论是管理的程序上,还是管理的依据上,都应该遵从城乡规划法规。城乡规划法规是城乡管理领域依法行政的直接依据,也是依法治国方略得以落实的具体方式。在管理实践中,必须以城乡规划法规为依据,同时还应注意把握法规的层级体系,分清法规的权限,做到上层法规指导下层法规,下层法规与上层法规不矛盾。

10.1.2 乡村规划法律法规的发展历程

新中国成立以来,我国城乡规划法制建设进程中有六件大事:一是20世纪50年代,为配合国家重点建设项目,编制项目所在城市的建设规划颁布了《城市规划编制办法》;二是1978年"依法治国"城市规划理念逐步深入人心,规划的法制建设开始起步,颁发了《关于加强城市建设工作的意见》;三是1984年国务院颁布并实施《城市规划条例》;四是1989年12月26日,第七届全国人大常委会表决通过《城市规划法》并正式颁发,1990年4月1日正式施行;五是1993年6月29日,国务院颁布《村庄和集镇规划建设管理条例》,1993年11月1日正式施行,结束了乡村规划无法可依的城乡规划二元分制制度;六是2007年10月28日,第十届全国人大常委会表决通过《城乡规划法》并正式颁发,2008年1月1日正式施行,其把乡村规划法制提升到了法律的高度。

我国乡村规划法律法规的发展历程具体可分为以下四个阶段。

1. 第一阶段(1949—1976)

1949年10月,新中国成立后,如何建设城市和怎样管理城市被列入议事日程。但是这一阶段由于"大跃进""文化大革命"的影响,城市建设受到很大的冲击。该阶段可以分为以下4个时期。

1)国民经济恢复时期(1949—1952)

1951年颁布的《基本建设工作程序暂行办法》,明确规定了项目的"建设范围、组织机构和设计施工"等工作。1952年9月,中央财经委召开新中国成立以后的第一次城市建设座谈会,提出城市建设必须根据国家的长远计划,根据城市的不同性质和职能,有计划、有步骤地进行新建和改造。城市建设克服了盲目性,并将其纳入政府工作统一指导,城市进入按规划建设的新阶段。

2) 第一个五年计划时期(1953—1957)

这个时期,我国开始进行大规模经济建设。城市建设由无计划、分散式建设,进入一个有计划、有步骤的建设新时期。该阶段成立了城市建设部,内设城市规划局等城市建设方面的职能部门,并颁发了新中国成立后的第一部城乡规划法规——《城市规划编制暂行办法》。

3) "大跃进"和调整时期(1958—1965)

这一时期,在"大跃进"思想的影响下,城市建设也出现了"大跃进",城市发展建设失控。"左"倾的指导思想在城市建设中没有得到纠正,且还有所发展,给全国城市规划和建设的健康发展带来了极其严重的负面影响。

4) "文化大革命"时期(1966—1976)

受人为的影响,这一时期出台的一些规范性文件、技术规范、技术标准等没有得到真正的实施,城市规划并没有摆脱困境,造成了许多后遗症。

2. 第二阶段(1977—1989)

1978年3月,国务院在北京召开第三次全国城市工作会议,并下发《关于加强城市建设工作的意见》。会议强调城市在国民经济发展史上的地位和作用,强调要认真抓好城市规划工作,要认真落实城市各种规划的编制,同时也为城市的维护和建设提供了资金保障。会议还提出了要加强城建队伍的建设。这次会议对我国城市规划工作的恢复和发展起到了至关重要的作用。之后国家和各地方的与城市规划相关的职能机构也相继得到恢复和重建,并且在总结新中国成立后城市规划方面的历史经验和教训的基础上,研究国内外相关成熟的城乡规划立法经验,着手起草《城市规划法》。

1980年10月国家建委在北京召开了第一次全国城市规划工作会议,会议提出"控制大城市规模,合理发展中等城市,积极发展小城市"的城市发展方针。会议要求尽快建立我国的城市规划法制,从而改变我国只有人治没有法制的局面,同时强调加强城市规划的编制审批和管理工作。1984年国务院颁发并正式实施了新中国成立以来的第一部城市规划领域的行政法规——《城市规划条例》。该条例对城市规划的制定、旧城区的改建、城市土地利用的规划管理等做了较为详细的规定。1988年建设部在吉林召开了第一次全国城市规划法规体系研讨会,提出"建立中国特色的城市规划法律法规体系"。

3. 第三阶段(1990—2007)

1990年4月1日,新中国第一部城市规划专业领域的法律——《城市规划法》正式施行。这是新中国城市规划法制建设史上重要的篇章,标志着我国在城市规划法制建设上向前迈进了一大步。《城市规划法》系统地总结了"我国建国多年来在城市规划和建设正反两方面的经验和教训,差别化地吸取了国外城市规划的先进经验,汇聚了一代城市规划工作者的心智,为我国城市规划的编制、实施和管理提供了重要的法律保障"。为协调各专业,在《城市规划法》颁布的前后,还颁布实施了一系列与之相关的国家法律,如《中华人民共和国土地管理法》(以下简称《土地管理法》)、《中华人民共和国建筑法》(以下简称《建筑法》)、《中华人民共和国城市房地产管理法》(以下简称《房地产管理法》)、《中华人民共和国文物保护法》(以下简称《文物保护法》)等,共同担负起规范城市土地利用、改善生态环境、保护历史文化遗产和规范城市建设等各方面的职责。

实行了 30 年的《城市规划法》是改革开放以来,我国城镇化建设的重要保证,以它为核心形成的我国较为系统的城市规划法律法规体系具有以下几个特点。

其一是加强了城市规划的实施管理。1990 年,全国范围内开展城市国有土地的有偿使用整治活动,建设部及相关部门相继颁发了一系列关于城市规划许可等方面的城市规划管理规章及文件,如《关于抓紧划定城市规划区和实行统一的"两证"的通知》等。

其二是完善城市规划管理体制。国务院相继转发建设部关于加强城市规划管理体制建设的相关文件,强调地方人民政府要加强对城市规划工作的领导,要求建立各级城市规划管理机构并逐步健全,规划管理权必须由城市人民政府统一行使,不得下放,从而保证城市规划的有效实施。并要求积极培养城市规划专业人才,加强对城市规划行业的管理,建设部先后颁布了有关国家注册规划师及编制单位的资质管理规定等。

其三是加强城市规划的监督、检查和管理。建设部颁发了《城建监察规定》等,要求加强对城市违法建设行为的监督检查。

其四是加强城市规划编制的科学性,建立健全的城市规划编制有关的技术、标准和规范。先后颁发城市规划编制方面的部门规章,如《城市规划编制办法》《近期建设规划工作暂行办法》《城市总体规划审查工作规则》《开发区规划管理办法》,以及城市绿线、蓝线、紫线、黄线的管理办法等。同时也制定了城市规划编制有关的技术标准、规范,如《村镇规划标准》《城市居住区规划设计规范》《防洪标准》《城市用地分类与规划建设用地标准》《城市规划基本术语标准》,以及与市政相关的技术标准等。

其五是加强村镇建设规划管理工作。强调村镇规划要从"人治"走向"法治"。国家先后颁布了《村庄和集镇规划建设管理条例》《村镇规划编制办法(试行)》等,地方各级也纷纷开始了村镇规划方面的研究,如云南省的《云南省村庄和集镇规划建设管理实施办法》等。

总之,随着改革开放和城市化进程的加快,在以《城市规划法》为核心的中国特色的城乡规划法律法规体系在近年有效地指导了我国城市规划工作。但是随着经济的发展和城镇化步伐的不断迈进,出现的问题也越来越多,城乡统筹、区域统筹、生态环境保护等要求的变化,使得当时的城乡规划法律法规体系已经无法满足城镇化发展的需要。

4. 第四阶段(2008至今)

2008年1月1日实施的《城乡规划法》是在总结《城市规划法》和《村庄和集镇规划建设管理条例》施行的经验和教训的基础上,总结改革开放以来,尤其是近十年来我国城乡规划编制和管理工作经验的基础上,以科学发展观为指导所制定的城乡规划领域的核心法律。《城乡规划法》的施行,加强了城乡规划的综合调控作用,在城乡经济的发展中,加强对自然资源和历史文化遗产的保护与有效的利用,加强对生态环境的保护,强调社会的稳定发展,促进了城乡经济社会全面协调可持续发展,为实现全面建设小康社会的目标提供强有力的保障。《城乡规划法》的施行,还加强了对国家机关工作人员和政府及所属的有关部门行政行为的监督检查,提高国家机关工作人员及政府机构依法行政的自觉性。

10.1.3 我国乡村规划法律法规体系

1. 乡村规划法律法规体系构成

乡村规划法律法规由纵向体系、横向体系构成。纵向体系主要由各级人大和政府按其立法职权制定的法律、法规、规章和规范性文件四个层次的法规文件构成;横向体系主要由基本法(主干法)、配套法(辅助法)和相关法构成。

图10-1为我国现行的规划立法层次的逻辑框架。

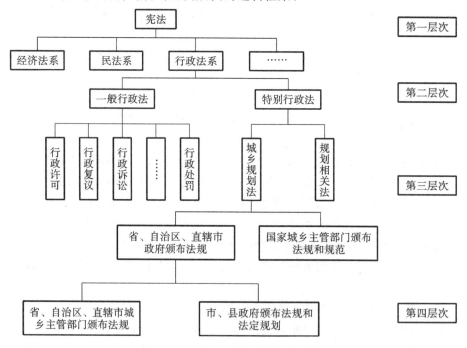

图10-1 我国规划立法层次的逻辑框架

2. 乡村规划法律法规体系框架

我国现行的乡村规划法律法规体系框架如表 10-1 所示。

表 10-1　我国现行的乡村规划法律法规体系框架

分类	内容	法律	行政法规	部门规章	技术标准及技术规范
乡村规划	综合	城乡规划法			
乡村规划编制与审批管理	规划编制与审批			村镇规划编制办法（试行）	村镇规划标准
乡村规划实施管理	土地使用		村庄和集镇规划建设管理条例		
			基本农田保护条例		
	公共设施				镇(乡)村绿地分类标准
					镇(乡)村给水工程规划规范
					镇(乡)村仓储用地规划规范
					城乡建设用地竖向规划规范
	房地产		城镇个人建造住宅管理办法		

10.1.4　我国乡村规划相关法律文件

1. 乡村规划相关法律

由全国人大或者其常委会批准的法律文件称为法律。我国现行的乡村规划主要相关法律如表 10-2 所示。

表 10-2　我国现行的乡村规划法律

名称	颁布日期	实施日期
中华人民共和国土地管理法	2019.8.26	2020.1.1
中华人民共和国城市房地产管理法	2019.8.26	2020.1.1

名称	颁布日期	实施日期
中华人民共和国环境保护法	2014.4.24	2015.1.1
中华人民共和国环境影响评价法	2018.12.29	2018.12.29
中华人民共和国文物保护法	2017.11.4	2017.11.5

2. 乡村规划相关法规

国务院批准的乡村规划行政法规和具有立法权的城市人大或其常委会批准的乡村规划地方法规如表10-3所示。

表10-3　我国现行的乡村规划行政法规和地方法规

类别	名称	颁布日期	实施日期
行政法规（国务院）	村庄和集镇规划建设管理条例	1993.6.29	1993.11.1
行政法规（国务院）	历史文化名城名镇名村保护条例	2017.10.7	2017.10.7
地方性法规（省和有立法权城市的人大）	某某省城乡规划条例	—	—
地方性法规（省和有立法权城市的人大）	某某省村镇规划建设管理条例	—	—

3. 乡村规划相关规章

由国务院和省、直辖市、自治区及有立法权的人民政府指定的具有普遍约束力的我国现行的乡村规划相关规章如表10-4所示。

表10-4　我国现行的乡村规划相关规章

类别	名称	颁布日期	实施日期
部门规章（规划编制）	村镇规划编制办法（试行）	2000.2.14	2000.2.14
部门规章（规划审批）	城镇体系规划编制审批办法	2010.4.25	2010.7.1

4. 乡村规划相关的规范性文件及标准规范

规范性文件：政府部门针对城乡规划开展过程中为有利于工作有序开展而制定的一系列规章制度，是具体工作开展的细则。

标准规范：对一些基本概念和重复性的事物进行统一规定，由行政主管部门批准，以特定的形式发布，作为城乡规划共同遵守的准则和依据，其目的是保障专业技术工作科学、规范，符合质量要求。

我国现行的乡村规划相关的规范性文件和标准规范如表10-5所示。

表 10-5　乡村规划相关规范性文件和标准规范

类别	名称	颁布日期	实施日期
国家标准	镇规划标准(GB 50188—2007)	2007.1.16	2007.5.1
	美丽乡村建设指南(GB/T 32000—2015)	2015.5.27	2015.6.1
行业标准	镇(乡)村绿地分类标准(CJJ/T 168—2011)	2011.11.22	2012.6.1
	镇(乡)村给水工程规划规范(CJJ/T 246—2016)	2016.6.6	2016.12.1
	镇(乡)村仓储用地规划规范(CJJ/T 189—2014)	2014.1.22	2014.6.1
	镇(乡)村给水工程技术规程(CJJ 123—2008)	2008.6.13	2008.10.1
	镇(乡)排水工程技术规程(CJJ 124—2008)	2008.6.13	2008.10.1
	乡村绿化技术规程(LY/T 2645—2016)	2016.7.27	2016.12.1
地方标准	村镇传统住宅设计规范(CECS 360—2013)	2013.12.23	2014.4.1
	既有村镇住宅建筑安全性评定标准(CECS 326—2012)	2012.10.25	2013.1.1
	既有村镇住宅建筑功能评定标准(CECS 324—2012)	2012.10.25	2013.1.1
	村镇住宅建筑材料选择与性能测试标准(CECS 317—2012)	2012.9.25	2012.12.1
	乡村公共服务设施规划标准(CECS 354—2013)	2013.10.16	2014.1.1

10.2　走向一体化的乡村规划管理

10.2.1　乡村规划管理概述

乡村规划管理是乡村规划编制、审批和实施等管理工作的统称,是国家政府机关为实现一定时期城乡经济、社会发展和建设目标,依据国家法律法规和运用国家法定的权力,制定乡村规划并对乡村规划区内的土地使用和各项建设进行组织、控制、协调、引导、决策和监督等行政管理活动的过程。

10.2.2　乡村规划管理的演变

1. 第二次世界大战后发达国家的乡村演变与规划响应

第二次世界大战后,发达国家的乡村演变大致经历了三个阶段:一是第二次世界大战后至 20 世纪 70 年代,以恢复刺激农业生产和推进农业现代化为主;二是 20 世纪 70 年代至 90 年代初,以优化公共服务和促进城市工业向乡村扩散为主;三是 20 世纪 90 年代初至今,以提升农业适应社会需求变化的能力、消费乡村和保护环境为主。相应地,乡村规划的理念、侧重点和手段也做出动态调整。

1) 第二次世界大战后至 20 世纪 70 年代

第二次世界大战后,欧洲各国为解决粮食短缺问题,尤其重视对农用地的保护和农业现代化的推动。此时,乡村规划的主体内容是约束乡村非农建设活动和土地整理。例如,英国采用环城绿带政策和乡村建设许可制度保护耕地免受建设活动占用,通过农业补贴的方式鼓励农民垦荒,大量具有维护农业生态系统功能的树篱地界被推平。德国颁布了《田地重划法》、荷兰颁布了《土地整理法》,以促进农地合并,改善农业机械化生产的耕作条件。美国通过农地发展权购买和转移、田产税减免、规定最小农地地块面积等手段,尽量减少城市蔓延对耕地的侵占和分隔。日本通过《自耕农创设特别措施法》(1946)和《农地调整法改正法律案》(1946),推行"耕者有其田"政策,很快把自耕地比例提高到90%以上,并且规定土地买卖必须由政府执行,个人不得擅自买卖土地,以更有效地使用耕地,发展粮食生产。

2)20世纪70年代至90年代初

20世纪70年代至90年代初,农产品过剩和农业补贴的财政压力,使欧共体对农业补贴政策做了调整,包括削减价格支持,实施运销配额和休耕补贴计划。但是,由于受到利益集团阻挠,以农业补贴为主的农业政策并没有多大改观,农业的负外部性没有引起重视。20世纪90年代早期农业补贴一度占到欧共体财政支出的2/3。另一方面,由于高福利型社会难以维持,欧共体各国为节省开支,都推行了各式各样的经济自由化政策。由于农业现代化的持续推进和人口外流,乡村社会服务、公共基础设施和商业服务的生存能力下降尤为明显,邮局、商店、学校大量关闭。为解决这个问题,英国推行了中心村战略,希望通过中心村吸引城市产业扩散,从而为周围乡村居民提供服务,但实际效果并不理想。一方面,在人口外流的乡村地区,中心村战略限制并恶化了非中心村的发展机会和服务提供,自己却没有发展起来;另一方面,在大城市郊区,中心村并没有疏导好城市发展压力,许多非中心村也日益绅士化。在绅士化的非中心村,住房建设活动受到严控,导致房价升高,原住民对社区事务的控制权和话语权明显下降,新老居民的日常生活和活动空间出现冲突。

这一时期,美国虽然在经济自由化上更为激进,但在基础设施建设上,联邦政府和州政府的支持强度和补贴力度很大,全美四通八达的高速公路网得以形成。便捷的交通、便宜的能源和城市的过度集聚,使得工业和人口出现了从城市向远郊甚至边远的小城镇和农村扩散的现象,继而服务业在乡村创造的就业机会也明显增加。小村镇经济萧条、人口减少、商店消失的景况得以扭转。

德国则发起乡村发展和更新规划,基于乡村的经济问题和未来发展导向,更新传统住房,提高基础设施水平,运用土地重划和地块调整来优化聚落空间结构,创造有吸引力的现代化乡村生活空间,强化对乡村特殊历史和文化的认同与保护。

由于威权型政府的执行力和财力较强,日韩为应对城乡差距扩大和乡村人口外流产生的乡村社会解体与经济衰败,开展了更直接的乡村振兴措施。韩国通过"新村运动"设计实施一系列开发项目,改善农村地区的基础设施、村庄环境及农民生活水平,并分新村型、合村型及改造型等类型对农村聚落结构进行重新布局。日本则通过《过疏地区对策紧急措施法》(1970)、《农业振兴地域整治建设法》(1969)等,扶持农村基础设施建设,建立农民退休养老制度,合并町村。其后,两国都意识到产业才是振兴乡村的根本,于是日本开展"一村一品"运动,发展区特产业,以适应农村的规模和资源环境特点,并引导城市工业向乡村扩散;韩国则推进"农工团地战略",带动农村的工业化,并提高农民的非农业收入。另外,两国都成立了体制层级完备的农协,以提高农民生产、生活的组织化程度。

3) 20 世纪 90 年代初至今

20 世纪 90 年代初至今,经济全球化逐步加深。一方面,发达国家乡村地区的制造业分支工厂大量迁往发展中国家,制造业就业机会下降;另一方面,乡村优质环境引致的乡村绅士化和乡村旅游持续发展,促进了乡村服务业的增长与转型;同时,信息产业和信息技术也给乡村带来新的活力。乡村发展越发嵌入到多尺度的(全球、国家、区域和地方)经济、政治和社会过程当中,不同社会群体对乡村的利益诉求日益分化,乡村的美学和消费功能正在变得与乡村的实用和生产功能一样重要,保护乡村成为和发展乡村一样重要的目标。

为适应国内外市场环境的变化与挑战,欧洲的农业政策不断改革。1992 年欧共体在降低价格支持的同时,采取与生产相关(种植面积和牲畜头数)的直接给付方式对农业给予补偿,即所谓的蓝色补贴,并将改革重点逐渐转向结构改善、农村发展和环境保护。2000 年,农村发展政策开始独立出来,成为共同农业政策(CAP)的第二支柱;原来的蓝色农业补贴转变为与生产脱钩的单一农场给付制度,即绿色补贴措施,以鼓励农民响应消费者需求变化发出的市场信号而非简单增加农产品产量。

2005 年 9 月,欧盟委员会批准了乡村发展政策的根本性改革方案,执行期为2007—2013 年(见图 10-2)。该乡村发展政策设定了 3 个主要目标:①提高农业部门的竞争力;②通过对土地管理的支持,改善环境、改良乡村;③提高农村地区的生活质量和促进农村经济的多样化。上述 3 个目标主要通过 3 个主题轴和 1 个方法轴实现。其中,主题轴 1、主题轴 2、主题轴 3 分别对应 3 个主要目标,方法轴也称为领导轴,主要强调提高社区治理水平,调动农村的内生潜力。为保证农村发展项目的总体平衡,该政策规定了各轴的最低资金比重,主题轴 1 为 10%,主题轴 2 为 25%,主题轴 3 为 10%,领导轴为 5%(新成员国为 2.5%)。在符合最低比重的基础上,各成员国可根据自身情况对剩余 50% 资金的分配做出灵活安排。欧盟乡村发展政策(2014—2020)则进一步强调实现乡村经济与社区发展的地域平衡,包括创造和维持就业,促进低碳农业和适应气候变化的乡村经济发展。

日韩也大力倡导发展多功能型农业和环境亲和型农业,把支农资金向乡村景观和环境保护倾斜,并借此促进观光农业和乡村旅游发展。但是,两国的粮食供应均被锁定在结构性的"对外依赖"之中,2008 年两国的粮食自给率都跌落到 30% 以下。

一方面,战略环境影响评价(SEA)日益受到重视,因为保护学者认识到单纯保护某一珍稀物种或景观将面临"岛屿困境",在气候变化和经济、社会力量的动态作用下,环境变化不可避免,格局保护、过程保护和系统保护更为重要。另一方面,农业政

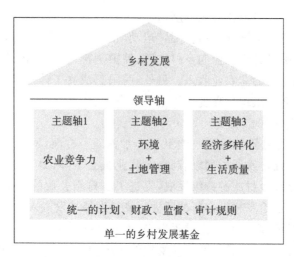

图 10-2　欧盟乡村发展政策(2007—2013)

策"绿化"成为不可避免的趋势,虽然各国力度不同,但都实施各种农业—环境项目(如降低化学物使用量、控制污染、退耕还林还草、治理水土流失、降低养殖密度、鼓励有机农业等),对提供环境价值的农场主进行补贴,并通过交叉遵守机制对农业环境污染行为进行惩处(如果农户不遵守保护条款,将丧失获得各类农业补贴的资格)。例如,美国通过农场法案支持土地休耕保护项目、农牧地保育项目、环境质量激励项目、保护支撑项目等,激励保护乡村环境,促进生物多样性恢复。日韩则比较重视促进农村可再生能源利用,发展低碳乡村,提高农村能源自给率,减少温室气体排放。

就基础设施和公共服务而言,乡村管理部门日益认识到过度强调竞争和市场手段在乡村地区是有问题的,在城市行之有效的卫生、住房、交通或教育政策在乡村地区很有可能遭遇失败。例如,虽然乡村地区邮政服务的经济效益不好,但却有很重要的社会功能,如果纯粹采取经济理性化或自由化手段取消邮政服务,将会损害乡村的社会交流和社会资本形成。可以说,乡村建筑、聚落和景观的生命力更多在于它们的多功能性而非专门性,即同一活动、同一地块承担着复杂多元的社会、经济和环境功能,单一视角和功能纯化的规划思路不利于保持乡村活力。比如,从单一功能视角过度强调保护耕地面积,并不一定是有效的乡村规划措施,特别是在人口密度高、发展压力大、管控困难的城市周边乡村,多功能规划是平衡多样化压力与需求、获得集聚经济的有效途径。

相较于欧洲倡导多功能规划,日本则开始了新一轮的町村自愿合并,以配合城乡居民生活活动圈的扩大,实现行政服务的广域化,避免在服务设施建设上的"大而全、小而全",既保持服务水平,又提高效率和降低成本。因脱胎于东亚小农经济,此阶段日韩与欧美乡村的另一差异是兼业化和农村高龄化更明显。因此,农业生产服务和农村医疗保健服务更受重视。目前,我国许多地区也出现了类似的苗头,对此我们应当在乡村规划中早做筹谋。最后,发达国家的实践表明,乡村社区自身必须在乡村规划中承担大量责任,只有这样,乡村内在价值、乡村生活方式和乡村需求才能得到尊重和保障。

2. 中国乡村发展对乡村规划提出的调整要求

新中国成立以来,特别是改革开放后,在以农业现代化、工业化、城镇化及信息化为主体的现代化过程中,中国的乡村经济、社会和环境发生了深刻变化,并出现农业生产要素高速非农化、农村建设用地日益空废化、农村水土环境严重污损化、农民社会主体过快老弱化等"乡村病"。经济发展"新常态"、新型城镇化和生态文明建设是未来中国宏观社会经济发展的主要趋势,在这些背景下,整个社会对乡村地域空间的需求日益多元化。因此,乡村规划的编制必须系统应对乡村变化,解决乡村问题,适应乡村未来转型发展需要。

从经济方面来看,随着农民职业转换和农业国际竞争加剧,农业规模化和要素高投入成为发展趋势,农业如何提质增效需要新思路。同时,我国农民增收和农村经济增长与发展很大程度上将依赖非农产业,无论是本地化的乡村旅游业、"一村一品"的制造业,还是灵活的劳务输出业。2008 年国际金融危机后,中国低端制造业出口导向、大城市导向、沿海导向的发展模式面临重构。今后,加大对乡村的投资力度,挖掘乡村经济增长潜力是中国经济发展的重要腾挪空间和增长点。对多数农民而言,农业退化为基本生存保障功能。但是,全社会对食品安全的需求日益提高,对新鲜便捷的半成品食物需求日益增长。如何重构农业地域分工体系,兼顾粮食安全与食品安全;如何构建运输快捷、成本经济、安全可追溯的农产品产销网络;如何提升和维护基础设施,建设乡村产业园区,发展乡村非农经济等等,是乡村规划所面临的重要挑战。

从社会方面来看,随着电视、网络等传媒扩散和人际交往范围扩大,农民对于幸福生活的追求已经不再局限于在村庄内进行比较,收入、基础设施和社会服务等方面的城乡差异,吸引大量年轻人及其子女进入城市就业、居住和受教育,农村居民特别是新生代农村居民的平等意识和权利意识日益觉醒,如何为他们提供合理的生活福利事关社会公平与社会稳定,并将对农村社会经济发展产生传导效应。随着大量青壮年人口流入城市,农村社会结构的整体性受到冲击,常住人口老龄化趋势比城市更严重。受人口稀疏化影响,农村基础设施和公共服务提供的成本—效益问题凸显,中小学撤并、迁村并点、农民上楼等乡村空间结构调整给农民生产、生活带来诸多不便,引发了不少社会冲突。按现有乡村规划思路发展下去,乡村居民通过交通方式个人化和机动化以获得社会服务会成为主流,但乡村弱势群体(如老人、女性、儿童、残障人士、外来雇工等)将面临服务剥夺问题。因此,实现城乡基本公共服务均等化的规划目标面临严峻挑战。

乡村环境是乡村经济和社会发展的基质与本底。首先,长期以来,中国对农业活动的环境污染缺少严格的管治措施,农户受经济利益驱使,存在化肥、农药过量使用、畜禽水产养殖饲料投放过多、污水随意排放、秸秆焚烧等不合理行为。其次,随着农民生活方式现代化,农村生活垃圾与城市生活垃圾日益趋同,但由于居住分散,垃圾无害化处理很困难。再次,东南沿海乡镇企业发达的地区,工业企业废弃物排放管控不力,累积的环境污染问题严重。第四,农民盲目建房引起的耕地流失和建设用地低效利用亟待解决。最后,从应对全球气候变化、化石能源约束和生态文明建设的角度看,村落布点和村庄规划应使乡村居住区得以维持的基本自然资源直接来自它的周边区域,而它产生的废弃物也主要排放到周边区域,并依赖于大自然去消化吸收。单独运用单链式的工业文明和城市文明理念去规划乡村,特别是偏远乡村,无疑是南辕北辙,也不切实际。

乡村经济、社会和环境变化与"三农"问题相互影响、相互制约,并与城市系统存在互动关系。例如,农业就业机会不足导致农民外出务工,农民外出务工引起的门槛人口不足使农村基础设施和社会服务提供水平与城市的差距拉大,这进一步加剧人口外流。绝大多数进城农民工无法获得在城市安居的体面的就业与收入条件,导致城市建设用地、农村建设用地和交通用地叠加扩张,进而影响粮食安全。为解决乡村经济、社会和环境问题,顺应和引导乡村发展趋势,国家开展了土地利用规划、城乡规划、主体功能区划、环境保护规划,以及专门针对乡村的基本农田保护规划、新农村建设规划、美丽乡村规划,并收到了多方面的积极效果。但总的来看,现规划手段强调部门性,缺乏在乡村空间的系统整合。

10.2.3 乡村规划管理新时期适应性

1. 自上而下的乡村规划模式存在的问题

我国现有的区域和城市规划的基本作用是政府经济发展在空间上的落实,涉及发展目标的层层分解、层层控制与分层实现,应该说是一个自上而下的规划模式与管理方法。下一层次只要完成了上位规划交予的任务,就算达成共识了,目标比较单纯,也较易操作,符合经济快速发展的需求,在一定程度上为我国的城市化和快速的经济发展作出了应有的贡献。但由于上下各层次之间的沟通问题,下达信息量存在缺失及信息解读上存在偏差,这种自上而下的发展模式蕴含着较大的问题,往往在完成了上位规划预期目标的同时,也给下一层次带来了各类问题,而这些问题往往在目标完成的前提下,很难被有效地传达到上一层次并将之作为下一工作阶段的规划参考。

1) 不能充分反映农村基层民意

我国村一级权力属于乡村自治组织,村集体的一切决策和管理都由全体村民共同决定。改革开放以来,随着国家权力退出基层,国家对农村社会的管理控制功效不断被削弱,加上农村缺乏新的管理机制,由此引发了农村社会管理的弱化趋势。而农村公众参与意识和活动的弱化,势必加快农村地区集体感和凝聚力的弱化,以及农村社区和农民合作的弱化。

2) 陷于多头管理、重复建设的局面

农村基础设施是制约农村经济发展的先决性条件,是为农村经济、社会、文化发展及农民生活提供公共服务的各种要素的总和。目前,政府对农村基础设施的投资渠道比较多,从专项规划情况看,也涉及农业、国土、电力、交通、水利、林业、环境等多个部门,各部门多头管理导致同类型项目由多个部门分别规划与管理,缺乏统筹整合和集中实施的效能,而且这种管理体制上的条块分割状况也造成了资金投入的分散,无法集中资金投资大型基础设施项目,影响了农村基础设施结构的合理安排及项目工程的投资效果。

3) 趋于公式化和城市化

俗话说"十里不同风,百里不同俗",说的就是农村风貌的多种多样,各地有各地的风俗和特点。我国幅员辽阔,农村数量更是近 70 万个,由于经济水平、文化风俗、地理地貌、区域位置和气候条件的不同,我国的村落存在很大的差别。但是很遗憾,传统的乡村规划设计几乎都在不约而同地追求几何学上的整齐外表、有秩序的整体美学观、建筑形式的复制和标准化,"千村一面"的新农村建设现象逐渐成了普遍现象,乡村规划的"多样性"正在慢慢地被扼杀,乡村规划呈现出公式化和单一化。此外,城乡规划的目标应是缩小城乡差距、改善农民的生活环境,让农民真正过上相对舒适的生活。由于我国城乡差别巨大且长期存在,农民心中始终有一个"城市梦",加上一些地方官员的政绩冲动,这就使得新农村建设很容易变成城市的"微缩版"。一些并不发达的地区在新农村建设中,规划了一排排的洋房、大面积的广场绿地、宽大的马路和太阳能路灯。但结果是农民虽盖起了洋房,却无处进行农业生产;安装了太阳能路灯,却没有财力去维护。农村固有的特点消失了,美丽的田园风光和恬淡的生活情趣只能成为许多人美好的童年回忆。

2. 新农村建设对乡村规划的要求

1) 明确政府职能和功能定位

我国采取的条块状行政管理体制造成同一个时期对同一地区编制的规划类型很多,但由于规划政出多门,在实施中很难相互协调。因此,政府在乡村规划中应当起到协调和引导作用。由县、镇政府统一领导,协调各相关部门,从全面协调发展的角度,立足于农民利益,进行县(镇)域延伸至乡镇社区中心的农村基础设施与公共服务设施的规划和建设,包括供水供电、对外交通联系、客运场站、文化娱乐、公共教育、医疗卫生等。在确定目标的基础上,各部门联动起来,一一对应落实,该管的就管到位,不需要管的就干脆放开,防止各部门之间互相推卸责任,做到让农民心中有数,即便有了问题也能直接有效地加以解决。

2) 立足于农村的消费水平和生活观念的实用工程技术研究

随着经济的发展,城乡居民生活整体水平逐年提高,但和城市相比,农村仍然存在巨大差距。加上农民受传统消费观念的影响较深,一直以勤俭朴素为美德,即使是已富裕起来的农民,也有相当部分存在"小富即安"的心理,从而限制了农民的消费面。而一些基层干部的确有好大喜功的倾向,一味好高求大,盲目规划建设,总想毕其功于一役,马上见效,结果采取了一些不为农民群众所欢迎的做法,如强制拆旧建新、不切实际大兴土木地建设公共设施、规划实施农民消费水平根本达不到的工程等,不仅没有给农民带来实惠,反而增加了农民的负担。落实规划是新农村建设的重要内容之一,也是实现规划目标的重要手段。再好的规划,如果不能最后落实到位,也无异于做无用功,这就更要求乡村规划自始至终都要贯穿和体现规划的实际性和可操作性。因此,在乡村规划过程中,要从农民的长远利益着想,立足于农村的消费水平和生活观念,尊重农民的意愿,充分考虑村镇财力和农民的承受能力,不搞一刀切,在农民崇尚科学、接受新观念的前提下,进行乡村实用工程技术研究,切实引导农民进行基础设施和公共服务的配套建设,改善生活环境,提高生活质量。切忌新农村建设规划的消费水平与村民的可支配收入差距过大。

3) 充分发挥农民作为规划主体的能动作用

新农村建设的主体是农民,政府应将乡村的建设权和规划管理权下放给农民,让农民在乡村规划中发挥能动和带动作用,结合规划师针对乡村发展所面临的内部、外部环境进行研究与讨论,达成规划与发展的共识,这也是新时代对转变城市规划管理权限提出的新要求。而西方国家的城市规划经验也显示,社会公正问题及公众参与问题在城市规划中日显重要,并且成为现代城市规划不可或缺的重要组成部分,对于乡村规划而言更是如此。正是在此意义上,规划不再是政府单方向的自上而下的行为,而是政府、规划师和农民双向的上下结合、互动协商的过程。因此,传统的自上而下的乡村规划方法已不能够适应目前我国新农村建设的步伐和客观需求,亟待进行改善。

3. 上下结合的乡村规划模式

1) 政府引导乡村规划

政府除了统筹各个部门的协调合作之外,还可以设立公共服务与基础设施规划建设的专项基金,以村为单位,通过村民自主制定的配套规划来申请此类基金。政府通过对该规划的科学性、合理性、可操作性等方面的考核,对符合要求的申请予以审批,并负责监督该项目后续的落实和建设进度。建立完善的奖惩制度,对于落实情况比较到位、农民普遍反映较好的规划,可以以返还部分自筹经费或对今后的规划建设进一步资助等形式进行激励。为保证该过程的公平、公正和公开,政府同时需要编制《农村公共服务与基础设施配套基金的申请、审批及实施办法》,向全社会公开,而不是像传统的乡村规划那样由政府拿着指标与图纸在新农村建设中逼着农民去进行改造。其实质是通过公众参与来完成政府职能的转变和实现投资渠道的多元化,谨防政府在此过程中既作"裁判员",又当"运动员"。同时,还可以促进村民相互之间的合作与交流,提高农民自主规划的积极性。

2) 村民自主组织新农村配套规划建设

规划过程中强调农民积极主动的参与,因为只有当地居民才知道他们需要什么,知道他们应当怎样生活。在已有的公共服务、基础设施基础上,将农民的愿望与规划师的知识相结合,如怎样处理泄洪、布置下水道、安排公共交通配套生产和生活规划,让农民就他们最关心的问题、困难与想法进行沟通并达成一致的意见,这是新农村建设中农民自愿参与实施的基础。当然,在实施过程中,并不是所有的农民都会是同一个想法,这就有一个"少数服从多数"的原则,让多数农民能切实从新农村建设中得到实惠。同时,对于培育和强大村民自治组织,维护社会稳定和谐发展也将起到一定的促进作用。

3) 规划师有效沟通和全程参与

在当前新农村建设过程中,村民需要的是"少花钱多办事"的规划设计,同时也需要专业人才的指导,以改变农村环境条件。因此,规划师一方面要承担起农村规划的技术工作,对农民自主规划进行指导;另一方面,规划师应尝试由技术性角色转变到在公共事务中,扮演汇集群众意见和协调不同利益团体的角色,成为村民与政府间联络的桥梁。这就要求规划师们在了解新农村建设的同时,也要接受新农村建设的规划教育,熟悉农村建设方面的业务。只有这样,才能在规划过程中,既能正确指导乡村各方面的规划建设工作,又可为乡村建设提供各方面的技术服务。

乡村公共服务与基础设施规划和建设的构架如图 10-3 所示。

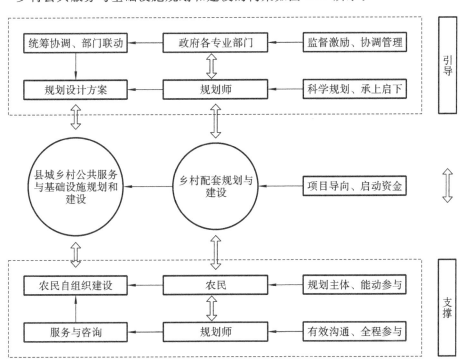

图 10-3 乡村公共服务与基础设施规划和建设的构架

10.3 乡村自治与管理实践

10.3.1 元阳县传统村落的管理办法

云南省红河州元阳县是政府与村民共建的典型地区,该县在县域层面制定了当地的传统村落保护办法,该办法在元阳梯田申报世界文化遗产的过程中起到了重要作用。办法为地方法规条文的形式。

1. 管理原则要求

管理的原则是促进传统村落的保护与发展。

遵守世界遗产保护管理要求,以及有关法律法规、规章制度。

按照批准的村寨规划进行具体的管理。

2. 管理机构与职责

由新设置的红河哈尼梯田保护管理委员会(下称管委会)对传统村落进行统一管理。由管委会下的村寨环境管理科对传统村寨进行具体管理,并对管委会负责。

各村寨的村委会或村民小组对本村寨的保护发展具体工作进行日常管理,并对村寨环境管理科负责。现有县级各有关职能部门对传统村落的保护发展提供技术指导。具体职能如表 10-6 所示。

表 10-6　县级各有关单位的具体职能

单位	职　能
县哈尼梯田管理局	主要负责指导传统村落的保护工作,开展宣传教育、建立健全挂牌民居档案,并积极争取传统村寨的保护、修缮资金,提升村民保护管理的积极性
县住建局	主要负责指导传统村落环境整治、规划建设的管理工作及技术工作
乡镇人民政府	负责有关传统村落保护政策、法规、条例、办法、规划的实施,规划建设的督察,以及与各方的协调工作
县国土局	负责划定村寨建设和新居民点发展用地
县文体局	负责指导村落文化遗产的保护、利用、展示及文化设施的规划建设工作,有效保护与传承非物质文化遗产,对其传承人进行沟通与管理
县旅游局	负责乡村旅游的指导、法规管理和引导工作,并指导旅游设施规划建设工作

3. 传统村落保护发展规划的编制与管理

传统村落的保护发展规划和村庄规划须由管委会负责组织编制,并监督实施。

规划内容须根据国家相关技术规范并结合本村寨实际,制定村寨保护与发展的前景、指标、布局及建设项目。

规划须严格保护村寨格局、风貌、肌理、传统文化景观。

规划要与上位规划相协调,内容上多规合一,深度上满足修建性规划设计要求。

规划应面向实施,便于操作,规划应征求村民意见。

传统村落保护发展规划完成后须由管委会牵头组织审查并组织专家评审。

传统村落保护发展规划须经村民会议讨论同意,经乡镇人民代表大会常务会审查同意后,由乡镇人民政府报县级人民政府批准。

传统村落保护发展规划的修改,涉及规模、新村、总体布局的重大变更,依照前条程序办理。

4. 传统村落保护发展规划的实施管理

①一级村落民居的修缮、改造、重建和新建,须符合保护发展规划要求,须向村小组或村委会提出申请,报管委会审批。二级、三级村落挂牌保护民居的修缮、恢复重建,须符合保护发展规划要求,须向村小组或村委会提出申请,报管委会审批。一般民居的改造、拆除重建,须报经管委会下的村寨环境管理科批准,并符合保护发展规划要求,楼层数不得超过二层半,建筑限高不得超过 10 m,其布局、外观设计和色彩应当与周边景观、环境相协调,人均面积原则上不得超出 20 m²,总占地面积不得超出 100 m²,应符合传统村落格局、肌理和形态。

②在村寨核心保护区范围内不允许民居和建(构)筑物的新建。

③在村寨核心保护区范围外的民居和建(构)筑物新建须与传统风貌协调,不得突破建设控制范围界限。

④乡村企业、公益事业、大型公共设施建设,须报管委会审批,报州世界遗产局备案。向县住建局或乡镇人民政府申请办理规划许可手续,属国有土地的需办理《建设用地规划许可证》和《建设工程规划许可证》,属集体土地的根据《云南省城乡规划管理条例》第三十条规定,由乡镇人民政府办理《乡村建设规划许可证》,向县国土局申请办理建设用地审批手续。

5. 传统村落的新居民点选址和规划建设管理

①村寨发展、新居民点选址不准破坏森林、梯田、水系、村寨四素同构的遗产景观,不得破坏水体、地形地貌和周边环境,经管委会会同相关部门研究后,按程序优先上报一级村落,逐步上报二级村落、三级村落。

②新居民点应在不影响村寨传统风貌的前提下,相对集中划片区组团建设。新居民点建设与传统村落相邻的,应延续传统村寨的肌理与风貌;与传统村落距离较远、相对独立的,可探索传统空间形态、乡土建筑技艺、地方建材与现代材料相结合,建设具有本土化的新村。

③新居民点建设必须规划先行;建设方式可因地制宜,探索统规统建、统规自建、统规援建等多种模式。

6. 传统村落中的建筑设计和施工管理

①一级村落的建筑设计外观须严格保持传统的地域特色和民族风格,并尽可能使用地方传统材料。二级村落、三级村落的建筑设计在保持地域特色和民族风格时,可探索现代材料与传统风貌相结合的现代本土风格,与周边环境融合。

②承担传统村落保护发展规划设计单位须具备相应资质,并参照《元阳哈尼梯田传统村落保护管理手册》要求进行规划设计。

③承担传统民居修缮、建筑工程施工任务的单位,必须具备相应的资质,并先接受以《元阳哈尼梯田传统村落保护管理手册》及《元阳哈尼梯田的传统民居保护管理手册》为主的本土建筑知识培训,按照规划设计要求并参照两本手册要求施工。县住建局应重点优先培育培训当地的施工队伍。

④管委会定期组织传统民居修缮、改造和新民居设计及建筑工程施工评奖。

7. 村容村貌、环境卫生、环境绿化、公共设施管理

①传统村落的村容村貌、环境卫生、环境绿化、公共设施由村委会及村民小组直接管理。

②任何单位和个人都有义务维护村容村貌、搞好环境卫生,妥善处理粪堆、垃圾;搞好环境绿化,保护古树名木,美化环境。

③任何单位和个人不得破坏村落的供水、排水、供电、消防、通信等设施。乡镇人民政府采取措施保护村落饮用水源。相关部门和村集体须按照规划逐步解决村寨给排水、消防、供电、防灾安全等问题及隐患。

④任何单位和个人有义务维护村落公共空间及祭祀空间的风貌环境。相关部门和村集体须按照规划修缮、整治村落的公共空间、祭祀空间。

8. 村民参与和规划监督

①乡镇人民政府积极引导传统村落组建旅游合作社等,探索保护获益、收益反哺机制。

②经村民大会讨论通过后的保护发展规划,村民有义务遵守并参与实施。

③经村民大会讨论通过后的保护发展规划,村民享有实施过程中的监督权。

④鼓励各村寨村民制定本村寨的"村规民约"并付诸实施。

9. 罚则

①未按规划程序批准而占用土地,由管委会责令退回。

②凡违反已批准规划的建设,由管委会责令停止,限期拆除,或尚可改正的责令限期改正;根据违规建设的破坏程度给予一定的罚款。

③凡未获得建设许可而进行的擅自施工、不符合遗产保护要求的,由管委会责令停止、限期改正或撤除,并根据违规建设的破坏程度给予一定的罚款。

④损坏公共设施、破坏村容村貌的,由管委会责令停止侵害,赔偿损失,并限期整改。

⑤各责任主管部门未履行相应职责或执行不力,造成对传统村落保护有负面影响的,应对相关负责人追责并给予处分;造成损害、构成犯罪的,依法追究有关责任人刑事责任。

⑥未详尽的违法建设行为,按照现行法律法规及条例依法执行和处理。

10.3.2 昆明市转龙镇农村住房建设管理

农村住房建设是美丽乡村建设、脱贫攻坚的重要内容。为了有效管理农村住房建设,制定切实有效的管理手段和有效的村民对话机制尤为重要。昆明市转龙镇通过细化管理、强化流程、简化表格、显化宣传的方法制定可落地的《昆明市转龙镇农村住房建设规划管理办法》。管理办法在颁布后有效缓解了较为紧张的干群关系,指导实施了一批符合地方风貌特色的农村住房建设。全国各地多年来在控制农村住房建设上做了很大的努力,包括出台了风貌规范及各种建设管理办法的地方性法规,但大多难以推行,或是建设引导策略在实施途中遭遇到各个部门的协作不当、村民的极力抵制,或是在建设引导策略实施了一段时间后就不了了之。针对现有农村建设控制落地性的不足,转龙镇从细化管理、强化流程、简化表格、显化宣传四个方面来强化农村住房建设引导策略的落地性。

1. 分区、分类细化管理

对农村住房的管理过于笼统、一刀切,无法深入指导具体的农户进行建设是以往工作难以落地的主要原因之一。基于旅游景区农村这个社会单元的多元性,在进行管理过程中需要考虑的因素也因此变得多元化起来,例如不同的空间地域性、民族性、自身的经济条件、在农村内部所处的地理位置等因素。因此在对农村住房的管理方法上可根据以上因素进行科学的分区、分类细化管理。

在分区管理上,基于旅游景区的这个特殊的地理位置,可适当地进行区域层面的分区划分,把整个区域划分成几个次区域,从而化大为小,以便在旅游景区这个层面上有一个总体掌控。在《昆明市转龙镇农村住房建设规划管理办法》(以下简称《管理办法》)的制定中,就将整体的控制区域划分成轿子雪山景区次区域、轿子雪山旅游专线次区域、山区次区域、坝区次区域四个次区域,针对每个次区域的特色采取区别设计与管理。

在分区管理中的风貌分区上,根据镇区所需控制界面的严重程度又可分为核心风貌区、核心风貌区的核心界面、风貌协调区及风貌协调区的核心界面等几个风貌区域,从而使镇区整体区域划分成更加细化的小区域,更有利于细化管理。

在分类管理中的民族特色分类上,基于各个地区当地所拥有的民族种类,以及该民族的本土特色分别进行设计,保留该民族特性的同时满足该民族的生活习性。在《管理办法》中针对转龙镇三个主要的民族——汉族、彝族、回族,分别进行设计,以改善该镇目前少数民族住房汉化严重,民族特色几乎丧失的发展趋势。

在分类管理中的经济适用性分类上,根据村民不同经济条件,分为经济型、小康型两种面积进行设计示意。并在设计的同时,结合所在的地理地势条件,设计出满足现代不同经济条件的农村住房。在与地形结合上,分为"一"型、"L"型、"U"型三种常见实用的平面形式进行设计;在满足不同经济条件上,分为大小两种户型,小的户型为 2.5 层,大的户型为 3.5 层。在《管理办法》中也根据此设计原则设计了一系列民居住宅,如表 10-7 所示。

通过多样、细化的住房选型,让处在不同情况下的村民选择到最适宜自家的建房参考。同时,也更有效地从源头上管理了住房建设。

表 10-7　农村住房分类建设

民族	建筑层数	建筑形式		
汉族	2.5 层	一小	L 小	U 小
	3.5 层	一大	L 大	U 大
彝族	2.5 层	一小	L 小	U 小
	3.5 层	一大	L 大	U 大
回族	2.5 层	一小	L 小	U 小
	3.5 层	一大	L 大	U 大

2. 设置简易可行的农村住房建设管理流程

1）组织机构的设置

通过转龙镇民房建设审批工作的开展，笔者发现该项工作依托第三方机构和单一规划管理部门无法完成，必须多部门合作设立民房建设审批管理办公室，才能整合各方力量，做好村民的沟通、安抚工作。

民房建设审批管理办公室（设立于乡镇级别）将由规划部门、国土部门、综合执法部门、派出所、第三方技术机构共同合作组成，如图 10-4 所示。各部门的具体职能将会在后期的管理流程中展示出来。

2）民房建设审批管理流程

民房建设审批流程的简化是实施管理的关键。将审批流程分为面向政府的流程管理和面向村民的流程管理两部分，这样会有效解决管理者和申请者两个主体的直接冲突。

在面向政府方面，需政府多个部门之间协作进行，为审批工作提供技术指导，具

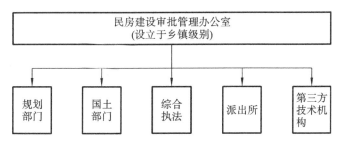

图 10-4　农村住房管理机构设置

体职能如下。

民房建设审批管理办公室(以下简称规划中心):向有意向进行民房建设的村民统一发放《民房建设申请表》;接受经由当地村委会核实通过的申报材料;组织集体会议(村小组、相关利害人)对第三方技术机构编制的审批表和附件进行审查,审查通过后提交镇政府和国土规划分局审批;下发经国土部门和当地政府审批通过的审批表和附件。在民房建设竣工后,召集各相关部门进行竣工验收。

①村委会:核实村民申报材料的真实性,并签字盖章确认。

②派出所:核实申请人的户籍、人口。

③国土部门:核对申请人宅基地面积;对规划中心所提交的审批表及附件进行审批;民房建设竣工验收合格后,对村民核发土地证(正本)。

④规划部门:核实现有房屋建设情况;对经由规划中心审批通过的审批信息进行公示,公示一周时间,公示期满无合理反对意见的,核发乡村规划建设许可证副本,批准申请人开工建设。在基础施工过程中,根据审批材料对新建民房基底进行测绘放线工作;工程竣工验收合格后,对村民核发乡村规划建设许可证(正本)。

⑤人民政府:核实建设人建设情况不属于异地搬迁扶贫安置,属于当地户籍,属于三类房,一户一宅的,出示批复意见,转交第三方技术服务机构;对规划中心所提交的审批表及附件进行审批;对下发的审批信息公示。

⑥综合执法部门:对申请户加强巡查工作,避免出现未批先建情况。在基础施工过程中,根据审批材料对新建民房基底进行测绘放线工作,但经巡查监管,发现未按照建筑放线施工的,可通知停工整改。在主体工程施工过程中,每层主体结构完工时,应实时进行核实,若发现未按照审批要求(层数、层高、屋顶形式)施工的,通知停工整改;在外立面装修时,经巡查监管,若发现未按照审批要求(外墙颜色、门窗形式、装饰构建)施工的,通知停工整改。民房建设竣工验收不合格的由本部门下发整改通知。

⑦第三方技术机构:根据规划控制要求对现有宅基地和预建房基底测绘;与申请人沟通,确定建房位置、面积、层数和风貌等。填写审批表,编制审批附件(建筑基底放线图,立面参考图等)。在基础施工过程中,根据审批材料对新建民房基底进行测绘放线工作;在主体工程施工过程中,每层主体结构完工时,应实时进行核实;当施工阶段对施工工艺、建筑材料等有疑问的情况,本机构应统一解决,指导施工完成。

整体的民房建设审批管理工作可分为 5 个工作阶段、13 项独立工作步骤进行，如表 10-8 所示。

表 10-8　整体的民房建设审批管理工作

阶段	步骤	申请人	各管理部门工作内容	工作周期
申请核实阶段	1	领取申请	由民房建设审批管理办公室（规划中心）提供《民房建设申请表》	当天完成
	2	准备申报材料后向村委会提交材料进行核实	由申请人所在村民小组和村委会核实申报材料的真实性，申报材料内容准确无误的，签字盖章准许上报	当天完成
	3	提交申报材料	规划中心接收申报材料	
	4	—	派出所核实户籍、人口，国土部门核对申请人宅基地面积，规划部门核实现有房屋建设情况。由当地人民政府核实，不属于异地搬迁扶贫安置的，属于当地户籍，属于三类房，一户一宅的，出示批复意见，转交第三方技术服务机构。 注：综合执法局对申请户加强巡查工作，避免出现未批先建情况	5 个工作日
技术服务阶段	5	与第三方技术机构进行沟通，明确自家建房要求	第三方技术机构对现有宅基地和预建房基底测绘根据规划控制要求进行 → 原址重建 / 异地安置 → 与申请人沟通，确定建房位置、面积、层数和风貌等 → 不符合规划要求的驳回申请 → 填写审批表，编制审批附件（建筑基底放线图，立面参考图）	15 个工作日

阶段	步骤	申请人	各管理部门工作内容	工作周期
批准阶段	6	—	由规划中心组织集体会议(村小组、相关利害人)对第三方技术机构编制的审批表和附件进行审查,审查通过后提交镇政府和国土规划分局审批	5 个工作日
	7	领取审批表及附件,配合审批部门在自家建房位置公示审批信息	由规划中心下发审批表和附件。申请人建房所在地和镇政府进行审批信息公示	5 个工作日
	8	配合审批部门在自家建房位置公示审批信息	由规划中心进行审批信息公示,公示一周时间,公示期满无合理反对意见的,由规划部门核发乡村规划建设许可证副本,批准申请人开工建设	5 个工作日
建设阶段	9	基础施工	第三方机构、综合执法局、规划中心根据审批材料对新建民房基底进行测绘放线工作后,方可进行基础施工。注:综合执法局巡查监管,发现未按照建筑放线施工的,通知停工整改	
	10	主体工程施工	每层主体结构完工时,由综合执法局和第三方技术机构进行核实。综合执法局巡查监管,发现未按照审批要求(层数、层高、屋顶形式)施工的,通知停工整改	
	11	外立面装修	综合执法局巡查监管,发现未按照审批要求(外墙颜色、门窗形式、装饰构建)施工的,通知停工整改	
验收和核发证照阶段	12	到规划中心领取申请表,申请竣工验收	由规划中心召集各相关部门进行竣工验收	5 个工作日
	13	到当地人民政府领证	竣工验收合格,由规划部门核发乡村规划建设许可证(正本),由国土部门核发土地证(正本)。竣工验收不合格的由综合执法局下发整改通知,整改完成后下发以上证书	5 个工作日

注:施工阶段对施工工艺、建筑材料等有疑问的情况,可通知第三方机构统一解决,指导施工完成。

　　在面向村民方面,只需在盖房时提交一张民房申请表(见表 10-9)及其附件,验收时提供一张验收表,两张表格都符合便可取得房屋产权证件。针对村民的工作力求程序最简,表格设计最简,易于和村民进行有效沟通。

表 10-9　民房申请表

户主姓名		家庭人口	
联系方式			
原房屋位置			
原房屋建筑面积			
原房屋结构			
原房屋层数			
申请房屋建筑面积			
申请房屋结构类型			
申请房屋层数			
申请人签字	本人自觉遵守,并严格按照《转龙旅游小镇老镇区风貌整治与设计导则》及相关规划的要求建设。 申请人签字:　　年　　月　　日		
村民小组及村委会意见	签字(盖章): 　　　年　　月　　日		

附:

①户主身份证复印件;

②户口簿复印件;

③原房屋完整外立面照片。

3) 农村住房建设管理条例的图文化

很多乡镇都出台过农村住房建设管理条例,条例被束之高阁的一个重要原因,就是缺少图文结合的清晰解释说明。笔者将管理条文、民房审批验收表(见表 10-10)、图纸宣传三者结合起来,共同向村民宣传较为复杂细致的管理规定,让村民在长期渗透中了解管理细则。

表 10-10　民房审批验收表

户主姓名	
联系方式	
新建房屋位置坐标	
新建房屋建筑面积	
新建房屋结构类型	
新建房屋高度、层数	

续表

户主姓名	
原房屋宅基地范围	国土规划分局提供宅基地测绘图,详见附件
申请房屋拟建平面	户主提供设计图纸,国土规划分局审核修正,详见附件
民房建造审批意见	建筑檐口高度:□8.5 m;□10.5 m;□14 m;□17 m 建筑总高度:□10.5 m;□13 m;□16.5 m;□19.5 m 建筑屋顶:□坡屋顶;□退台式平坡结合屋顶 建筑墙面:□土坯黄;□米黄;□白色 建筑门窗:□统一定制传统门窗;□统一定制现代门窗 建筑构件:□统一定制栏杆、装饰符号等构件 植物种植:树种_____;数量_____
民房建造面积要求	老镇区:建筑基底面积不超过 120 m²,建筑面积不超过 280 m²,层数不超过 3 层,总高度不超过 10.5 m。 异地安置区:建筑基底面积不超过 150 m²,建筑面积不超过 350 m²,层数不超过 4 层,总高度不超过 13.5 m
镇政府审批意见	签字(盖章) 　　年　　　月　　　日

附:

①宅基地测绘图;

②新建房屋建筑基底范围图;

③新建房屋建造参考图示。

本次研究参考了大多农村住房建设的管理规则,从农村住房的建筑层数、占地面积、露台面积、退距要求、屋顶形式、植物配置等方面来控制农民住房的建设。

（1）层数

建筑层数严格控制在四层以下,一层不高于 4.5 m,二、三、四层不超过 3.3 m,总建筑高度不超过 15 m,檐口高度不超过 13.5 m。

（2）占地面积

①坝区宅基地不得超过 120 m²,山区宅基地不得超过 150 m²;

②国有土地,坝区 200 m² 以下不得超过 120 m²,山区 200 m² 以下不得超过 150 m²,200 m² 以上建筑密度 60%。

（3）露台面积

第四层建筑面积不高于基底面积的 60%,露台设置面向临街面。

（4）退距要求

规划道路涉及区域按照规划要求控制,其他区域退距不小于 0.5 m。

（5）屋顶形式

坡屋顶，投影面积不低于建筑基底面积60%，必须面向临街面。

（6）植物配置

根据各乡镇要求配置树种（原则上每户不低于4棵）。

（7）风貌参考

参照审批下发的方案设计图。

（8）其他要求

根据各乡镇规划要求，可提出特殊区域控制要求。

在通过一系列的法律法规条文，针对民房建设控制的同时，也可通过图示化的管理导则（见图10-5）来直接对住房的建设做引导。满足了上述所要求的强制性控制条例的同时，在针对房屋的各个部位的颜色上，会有一个相对应的波动范围，以此来满足不同村民的个人喜好。针对不同的民族，也会根据其民族特性设计相应的民族色彩搭配。

1.新建民房基底范围不得超越宅基地划定范围。建筑基底面积不超过150 m²，建筑面积不超过300 m²。同时满足相关规定。
2.新建民房可采用钢筋混凝土结构。
3.色彩指导见色卡。

墙面 　R:238 G:186 B:116
窗套 　R:255 G:255 B:255
　　　R:120 G:22 B:6
屋顶 　R:208 G:84 B:63
　　　R:102 G:105 B:114

混凝土整体浇筑坡屋顶，颜色以红色、灰色系为主。

外墙建议喷浆工艺，颜色为管委会统一确定的米黄色。

屋脊、窗框、檐下用白色线条勾勒。

檐口高度13.5 m以内。

采取统一确定的门窗、栏杆，窗户使用披檐装饰。

院落围墙采用通透栅栏形式，辅以绿植。

图10-5　农村住房管理导则图解

4）违规建设的处罚

（1）建筑占地违规

①建筑占地超出审批建筑基底用地范围，但在宅基地范围内，且不影响规划实施的，根据《城乡规划法》《××省城乡规划条例》，由综合执法局进行处罚后，相关部门给予审批。

②建筑占地超出用地范围(宅基地范围)的,由综合执法局进行处罚后,相关部门给予审批(要求一律拆除超出用地范围线部分)。

③建筑占地超过用地范围线导致公共设施(道路、广场、绿地、地下管线、排洪沟渠等)损害的,影响规划实施的,由综合执法局进行处罚后,赔偿设施损坏部分,相关部门给予审批(要求一律拆除超出用地范围线部分)。

(2)建筑层数违规

①建筑层数为四层,顶层建筑面积超过建筑基底面积 60%的,有以下两类处理办法:

a.超出部分拆除,必须为坡屋顶。

b.超出部分补交城市配套费 1000 元/m²,必须为坡屋顶。

②建筑层数为五层的,顶层建筑面积不超过建筑基底面积 50%,超出部分拆除;必须为坡屋顶。超出三层半的部分补交城市配套费 1000 元/m²。

③建筑层数超过五层的,一律拆除超出部分,拆除后参照以上条款执行。

(3)建筑外立面装饰违规

建筑外立面装饰违规一律拆除,按照建筑风貌要求整改。

3. 管理办法实施效果

本管理办法自 2017 年 6 月制定实施至今,在两年的实践中发现以下问题。

在管理实施层面,管理办法的组织者在工作中没有能够从始至终充当组织者,由于各部门的权力不同,管理执行工作无法有效实施。管理机构缺乏权威和固定工作人员,导致很多工作尤其是纠正违建的工作难度较大。后续工作在组织架构、人员配备上,应考虑由县级相关部门牵头,注意管理实施的衔接,避免管理执行不到位、实施效率低等情况。

公众参与方面,在每个环节的公众反馈会议中,大多数村民虽然被反馈会议所吸引,前期积极性也较高,但村民的关注点在于政府给多少钱,是否允许盖高楼等方面,对建筑风貌、建设限制等问题参与积极性不高,导致会议流于形式,对解决问题帮助不大。公众参与的有效性要依靠常年的知识普及与人口素质提高。

在施工实施阶段,由于驻场专业技术人员采取定期驻点,没能及时跟进中间环节,导致墙面喷漆色彩与设计指导色彩差异较大,窗套等装饰构件的安装没有达到设计方案的最佳效果。业主村民意见、邻里关系协调等问题也对设计方案影响较大。因此,样板房的选择需要更为慎重,可以以机关单位的建筑或机关工作人员的住宅作为试点,减少沟通成本,率先营造出一条街道的效果,然后再带动周边个体建筑改造实施。

本章小结

城乡规划法规在城乡规划管理活动中处于重要地位,无论是管理的程序上,还是管理的依据上,都应该遵从城乡规划法规。乡村规划管理是乡村规划编制、审批和实施等管理工作的统称,是国家政府机关为实现一定时期城乡经济、社会发展和建设目标,依据国家法律法规和运用国家法定的权力,制定乡村规划并对乡村规划区内的土地使用和各项建设进行组织、控制、协调、引导、决策和监督等行政管理活动的过程。本章梳理了乡村规划法律法规和走向一体化的乡村规划管理,并列举了两个实践案例。

思考题

[1]请简要梳理乡村规划法律法规体系构成。
[2]新时期的乡村规划管理有什么特点?

第11章　乡村旅游与乡村旅游规划

11.1　乡村旅游概述

11.1.1　乡村旅游的概念与内涵

西班牙学者罗莎·玛利亚·亚格斯·佩拉莱斯(2001)将乡村旅游分为传统乡村旅游和现代乡村旅游两种。传统乡村旅游出现在工业革命以后,主要源于一些来自农村的城市居民在节假日以"回老家"度假的形式出现,对当地会产生一些有价值的经济影响,增加城乡交流机会。这种旅游活动在发达国家和发展中国家都广泛存在,在中国这种传统乡村旅游常常被归类于探亲旅游。

现代乡村旅游是20世纪80年代出现在农村区域的一种新型旅游模式,在20世纪90年代以后发展迅速。现代乡村旅游的主要特征:旅游的时间不仅仅局限于假期;充分利用农村区域的优美景观、自然环境和建筑、文化等资源;对农村经济的贡献不仅仅表现在给当地增加了财政收入,还表现在给当地创造了就业机会,同时还给当地传统经济注入了新的活力。现代乡村旅游对农村的经济发展有积极的推动作用,随着具有现代特色游客的迅速增加,现代乡村旅游已成为发展农村经济的有效手段。

11.1.2　乡村旅游是一个时代的历史使命

1. 乡村旅游是实现乡村振兴的有效途径之一

乡村旅游作为社会经济发展的产物,有助于实现农业的多功能价值,并对乡村社会、经济、文化等各方面均具有显著的积极影响,是实现乡村振兴战略的重要路径。

1) 乡村旅游有利于优化农村产业结构

产业振兴是乡村振兴战略中对乡村经济发展的要求,也是实现其他四个要求(人才振兴、文化振兴、生态振兴、组织振兴)的重要基础。产业振兴要求提高农业创新力、竞争力和全要素生产率。乡村旅游虽然是一种新兴的旅游形态,但它跟其他旅游形态一样具有产业链长、拉动效应明显的特征,其不仅涉及食、住、行、游、购、娱等旅游内部的核心行业,同时还会拉动当地交通运输、信息服务、娱乐、房地产业、环保等产业的快速发展。乡村旅游发展的基础是农业资源,融合进乡村旅游的农业不仅生产率会大幅提升,而且相对于传统农业来讲更注重创新,农业附加值也会大幅增加。

乡村旅游还有利于培育农产品品牌,打造标志性农产品。乡村振兴战略下乡村旅游发展的方向是实现农村的一、二、三产业融合创新和转型升级发展,通过产业融合创新和转型升级发展,打造完善的当代乡村旅游产业体系。

2)乡村旅游有利于改善农村生态环境

生态宜居是乡村振兴的关键。乡村旅游的开发经营需要美化乡村旅游景观,改善居住质量,可以说乡村振兴战略中生态宜居的要求与乡村旅游的发展是相辅相成、不可分割的。乡村旅游发展以农村文化景观、生态环境等资源为依托,游客对生态环境越来越高的需求是乡村旅游发展的重要推动力。随着游客消费水平的提升和旅游需求层次的提高,对于乡村旅游目的地生态环境的要求也是日益提升。乡村旅游的开发与经营会推动农村生态资源的保护,特别是有利于草原、河流、湖泊、森林等生态资源的保护与治理,有利于将农村生态资源的优势转化为生态经济优势,打造绿色生态的乡村旅游产业链,实现农民富、生态美、心态美的完美统一。

3)乡村旅游有利于乡土文化的传承与发展

乡风文明是乡村振兴的保障,是乡村振兴战略中精神文明建设的重要内容。乡村传统文化是乡村旅游的灵魂,乡村旅游发展的本质是对乡村传统文化的传承和发展。乡村旅游对传统乡土文化的传承和发展体现在两个方面:一是有利于对传统文化的保护和传承,特别是对优秀农耕文化的传承,将传统文化融入乡村旅游产业链中,同时有利于吸收先进的外来城市文化,与传统乡村文化结合体现出新的时代性和创新性,进而丰富农村文化市场和文化业态;二是乡村旅游的发展有利于推动农村传统道德教育资源的开发和利用,推动社会主义核心价值观在农村的践行和深化,推动农村精神文明建设,不断提高乡村文明程度。

4)乡村旅游有利于优化农村治理

治理有效是乡村振兴的基础,也是乡村可持续健康发展的重要制度保障。乡村旅游的发展有利于深化村民自治实践,建立健全村民自治机制。不管是"公司＋农户"模式、"农户＋农户"村民公司模式、"政府＋公司＋旅行社＋农民旅游协会"模式还是股份制运营模式,乡村旅游都有利于调动农民的积极性、主动性和创新性,提升村民高度自治和参与议事的能力,有利于建立合理的利益分配机制。乡村旅游除了能够提升农村的社会综合治理能力,还能够推动通过法治解决农村社会矛盾。

5)乡村旅游有利于提高农民收入水平

生活富裕是乡村振兴的根本。乡村旅游提高农民收入的机制体现在三个方面:一是乡村旅游的开展可以让参与乡村旅游服务的农民直接受益。乡村旅游是融合食、住、行、游、购、娱的综合性产业,与传统的农业相比,乡村旅游能够通过大幅提升农业的劳动生产率和农产品的附加值,增加农民收入。二是乡村旅游的发展有利于贫困地区的精准扶贫和精准脱贫。从资源优势上来讲,在贫困落后地区发展乡村旅游相对于其他产业更有可操作性和地域优势。如果能够在政府的规划和支持下,对贫困地区的农业资源和生态景观进行合理的规划和开发,可以打造具有地域特色的乡村旅游景区,通过乡村旅游产业的辐射作用,实现脱贫致富。三是乡村旅游能够为农民提供更多的技能培训机会,提高农民的综合素质,间接增加农民收入。

2. 乡村旅游是实现全域旅游的重要内容

所谓"全域旅游"是指,社会各部门齐抓共管,各行业积极融入,全体居民共同参与,通过旅游目的地的旅游吸引物,为游客提供全时空、全过程的旅游产品和旅游服务,从而使游客的全方位体验需求得以满足的旅游方式。更进一步来讲,全域旅游是以旅游业为优势产业,通过对区域内的旅游资源、生态环境、相关产业、体制机制、公共服务、文明素质、政策法规等经济社会资源进行有机整合,实现社会共建共享和各产业融合发展,全域旅游是一种新的协调区域发展的理念和模式,这种模式以旅游业的发展来推动经济社会的全面发展。

首先,从空间范围来看,全域旅游的"域"既可以是村域、镇域、县域,也可以是市域、省域,甚至可以是突破行政区划的旅游区域或经济区域。但从旅游发展各种要素的整合难度及当前我国旅游业发展的实际出发,现阶段推进全域旅游,"域"的空间范围不宜过大。乡村旅游以镇(乡)或村为单元,空间范围相对较小,便于实现各种资源要素的整合和全域旅游的推进。海南、浙江、山东、四川、河南等地发展全域旅游的实践也表明,乡村旅游小镇是发展全域旅游最适合的载体和模式。

其次,不同于"围墙式"的传统景区(景点),乡村旅游目的地本身没有严格的景区边界,而是以整个乡村全域为旅游目的地,利用乡村的生态环境、田园风光、民风民俗、生活方式、农耕文化、乡村美食等一切能利用的资源发展旅游,对这些全新旅游资源的认识和利用已经是全域旅游的资源观,其发展模式摆脱了对"门票经济"的依赖,已具备了全域旅游的部分特征,具有发展全域旅游的先天优势。因此,乡村旅游是发展全域旅游的最佳试验地,是打造全域旅游典范、引领全域旅游发展的最佳选择。

11.2　乡村旅游开展基础

11.2.1　政策驱动

根据《全国乡村旅游发展监测报告》,2015—2017 年乡村旅游人数占国内游人数比重超过 50%,至 2018 年达到 30 亿人,占国内旅游人数的 48.39%,乡村旅游已成为我国旅游业发展的重要驱动力之一。为进一步促进我国乡村旅游的开发和建设,国家出台了一系列相关政策推动乡村旅游发展,增加农村居民收入水平,具体如表11-1 所示。

表 11-1 近年来国家发布的乡村旅游行业相关政策

时间	政策	主要内容
2016 年 7 月	《关于大力发展休闲农业的指导意见》	鼓励开发休闲农庄、乡村酒店、特色民宿、户外运动等乡村休闲度假产品,探索农业主题公园、农业嘉年华、特色小镇、渔人码头等模式。到 2020 年,产业规模进一步扩大,接待人次达 33 亿人次,营业收入超过 7000 亿元;布局优化、类型丰富、功能完善、特色明显的格局基本形成;社会效益明显提高,从事休闲农业的农民收入较快增长;发展质量明显提高,服务水平较大提升,可持续发展能力进一步增强,成为拓展农业、繁荣农村、富裕农民的新兴支柱产业
2016 年 12 月	《中共中央 国务院关于深入推进农业供给侧结构性改革 加快培育农业农村发展新动能的若干意见》	充分发挥乡村各类物质与非物质资源富集的独特优势,利用"旅游+""生态+"等模式,推进农业、林业与旅游、教育、文化、康养等产业深度融合。丰富乡村旅游业态和产品,打造各类主题乡村旅游目的地和精品线路,发展富有乡村特色的民宿和养生养老基地。鼓励农村集体经济组织创办乡村旅游合作社,或与社会资本联办乡村旅游企业
2017 年 5 月	《关于推动落实休闲农业和乡村旅游发展政策的通知》	旨在促进引导休闲农业和乡村旅游持续健康发展,加快培育农业农村经济发展新动能,壮大新产业新业态新模式,推进农村一二三产业融合发展
2017 年 7 月	《促进乡村旅游发展提质升级行动方案(2017年)》	明确了 2017 年全国乡村旅游实际完成投资达到约 5500 亿元,年接待人数超过 25 亿人次,乡村旅游消费规模增至 1.4 万亿元,带动约 900 万户农民受益的发展目标
2018 年 1 月	《中共中央 国务院关于实施乡村振兴战略的意见》	以农村经济发展为基础,提出对包括农村文化、治理、民生、生态等在内的乡村发展水平的整体性提升,是乡村全面的振兴
2018 年 4 月	《关于开展休闲农业和乡村旅游升级行动的通知》	推动业态升级、设施升级、服务升级、文化升级、管理升级,到 2020 年,产业规模进一步扩大,营业收入持续增长,力争超万亿元,实现乡村休闲旅游高质量发展
2018 年 12 月	《促进乡村旅游发展提质升级行动方案(2018年—2020 年)》	国家发展改革委、文化和旅游部等 13 个部门联合发文,提出"鼓励引导社会资本参与乡村旅游发展建设",加大对乡村旅游发展的配套政策支持
2019 年 6 月	《关于促进乡村产业振兴的指导意见》	要践行绿色发展理念,走可持续的路子,让乡村产业成为撬动"绿水青山"转变成"金山银山"的"金杠杆"

续表

时　间	政　策	主　要　内　容
2019 年 9 月	《关于金融支持全国乡村旅游重点村建设的通知》	未来 5 年中国农业银行将提供 1000 亿元人民币意向性信用额度,用于支持乡村旅游重点村旅游开发,加大"美丽乡村贷""惠农 e 贷""农家乐贷"等乡村旅游金融产品的推广力度,研究出台支持重点村建设的专属信贷产品或区域性金融服务方案,利用农业银行扶贫商城、"益农融商"公益商城等线上平台,优先对接、销售乡村旅游重点村文化和旅游特色产品
2020 年 1 月	《中共中央　国务院关于抓好"三农"领域重点工作　确保如期实现全面小康的意见》	提出"破解乡村发展用地难题","新编县乡级国土空间规划应安排不少于 10% 的建设用地指标,重点保障乡村产业发展用地。省级制定土地利用年度计划时,应安排至少 5% 新增建设用地指标保障乡村重点产业和项目用地"等政策支持

11.2.2　资源潜力

中国悠久的游牧、农耕文明史,以及围绕此而产生的不胜枚举的名胜古迹,都是富有吸引力的旅游产品;诗意绵绵、古朴淳厚的田园之美,满足游客回归自然、返璞归真的愿望。乡村旅游资源堪称我国旅游大千世界中的一朵奇葩,其潜在的优势不容忽视。

1. 各具特色的乡村自然风光

由于所处地理位置及自然地理环境的不同,我国的乡村具有丰富多彩、各具特色的自然风光:山乡云缠雾绕,梯田重叠,山清水秀林美;水乡平畴沃野、水网交错,麦海稻浪菜花飘香。

2. 丰富多彩的乡村民俗风情

我国民族众多,各地自然条件差异悬殊,各地乡村的生产活动、生活方式、民俗风情、宗教信仰、经济状况等各不相同。

3. 充满情趣的乡土文化艺术

我国的乡土文化艺术古老、朴实、神奇,深受中外游客的欢迎,如盛行于我国乡村的舞龙灯、舞狮子等。我国广大乡村出产的各种民间工艺品备受游客的青睐,各种刺绣、草编、竹编、木雕、石雕、泥人、面人等,无不因其浓郁的乡土特色而深受游客喜爱。我国乡村自古以来流传有各种史诗、神话、传说、故事、笑话、轶闻,引人入胜,耐人回味。另外,乡村烹食风味独特,对游客尤其具有强烈的吸引力。

4. 风格迥异的乡村民居建筑

乡村民居建筑不但能给游客以奇趣,而且还可为游客提供憩息的场所。不同风格的民居给游客以不同的精神感受。由于受地形、气候、建筑材料、历史、文化、社会、经济等诸多因素的影响,我国乡村民居可谓千姿百态,风格迥异。另外,我国乡村中还有众多古代民居与建筑,深宅大院,栋宇鳞次,布局精巧,砖石木雕琳琅满目,堪称乡村古代民居之宝库,具有很大的旅游开发价值。我国农村还有许多古代工程、古老庄院、桥梁古道、古代河道等,这些民居与乡村建筑等体现了当地的文化艺术特点,乡韵无穷,令人叫绝。

5. 富有特色的乡村传统劳作

乡村传统劳作是乡村人文景观中精彩的一笔,尤其是一些边远偏僻的乡村,仍保留有古老的耕作、劳动方式,有些地区甚至还处于原始劳作阶段,这些会使受当今现代文明影响的游客产生新奇感,并为之吸引。这些劳作,诸如水车灌溉、驴马拉磨、老牛碾谷、木机织布、手推小车、石臼舂米、鱼鹰捕鱼、摘新茶、采莲藕、做豆腐、捉螃蟹、赶鸭群、牧牛羊等,充满了生活气息,富有诗情画意,使人流连忘返。

11.2.3 市场诉求

《全国乡村旅游发展监测报告(2019 年上半年)》数据显示,2019 年上半年全国乡村旅游总人次达 15.1 亿次,同比增加 10.2%;总收入 0.86 万亿元,同比增加 11.7%。截至 2019 年 6 月底,全国乡村旅游就业总人数 886 万人,同比增加 7.6%。可见,乡村旅游已成为居民日渐常态化的消遣方式。数据还显示,约有 65.4% 的居民最近一次乡村旅行是在周末,乡村出游已经成为居民周末休闲的主要选择。游客开展乡村旅游的目的主要是亲近自然,占比 30.77%;其次是因为工作生活压力大,想通过乡村旅游放松身心,占比 23.16%。

从目前乡村旅游的出游地情况看,安徽宏村、黑龙江雪乡、云南元阳、江西婺源、新疆图瓦、贵州肇兴、四川丹巴、江苏兴化、浙江安吉、河南栾川是较为热门的乡村旅游目的地。这些地方的村落大多藏匿于山水之间,每一个村落都有着自己独特的美。在出游方式上,除了火爆的自驾游及自助游外,这些目的地同样带火了众多跟团游产品的销售。

随着消费市场诉求的升级,乡村旅游将向多元化发展。随着我国 GDP 及居民收入和消费水平的不断提高、城乡空间距离的缩短,初级乡村旅游产品已不能满足大众所需,产品日趋精品化、高端化。农家乐、民俗村、田园农庄、农业科技园、古村落、乡村度假村等产品层出不穷。未来几年,乡村旅游业发展将成为旅游业新的主要力量,通过发展乡村旅游业,着实启动乡村旅游消费市场,推进我国乡村旅游实现消费大众化、产品特色化、服务规范化、效益多元化的发展。同时,乡村旅游产业链将进一步完善。随着国家大力发展乡村休闲旅游产业,农村电商也得到进一步发展,培育出一批批宜居宜业特色村镇。另外,智慧化发展也逐步应用到乡村旅游产业,未来"旅游+""互联网+"等行动将推动发展休闲旅游、旅游电子商务、城镇旅游等业态,拓展乡村旅游产业链和价值链。

11.3　乡村旅游类型

　　乡村旅游的迅速发展,逐渐呈现出产业的规模化和产品的多样化。国内外乡村旅游的基本类型如表 11-2 所示。

表 11-2　国内外乡村旅游基本类型

国内乡村旅游类型	国外乡村旅游类型
以绿色景观和田园风光为主题的观光型乡村旅游	农业、农庄旅游
以农庄或农场旅游为主,包括休闲农庄、观光果园、茶园、花园、休闲渔场、农业教育园、农业科普示范园等,体现休闲、娱乐和增长见识为主题的乡村旅游	绿色旅游
以乡村民俗、民族风情及传统文化、民族文化和乡土文化为主题的乡村旅游	传统文化和民俗文化旅游
以康体疗养和健身娱乐为主题的康乐型乡村旅游	外围区域的旅游

　　根据我国乡村旅游资源的多元化特点,延伸出多种乡村旅游发展形态,包括城市依托型、景区依托型、文化依托型、产业依托型、生态依托型五类。

11.3.1　城市依托型

1. 主要特色

　　城市依托型乡村旅游指在城市或城市近郊开展的乡村旅游。由于与城市联系紧密,具有交通便捷,公共设施和服务设计均较完善,农业规模化、现代化水平较高,农民收入较高等特点。

2. 发展路径

　　以品质乡村旅游为导向,发展以智慧农业亲子研学、现代农业休闲、品牌农产品互动基地等为特色的农庄集群和现代生态科技农产示范园。

3. 成功案例

　　北京蟹岛休闲生态农庄位于北京市朝阳区金盏乡境内,紧临首都国际机场高速路,距离首都国际机场仅 7 km。该农庄为以开发、生产、加工、销售农产品为本,以旅游度假为载体,集生态、生产、生活——"三生"理念于一体的绿色环保休闲体验的农业庄园项目。

11.3.2　景区依托型

1. 主要特色

　　景区依托型乡村旅游位于成熟景区边缘,共享景区优美的风景与客源,与景区资源和产品互补,交通便利,设施完善。

2. 发展路径

资本引入,精致产品,构建景村融合的乡村旅游增长极。

3. 成功案例

浙江乌村对原有的自然村——乌镇虹桥村整治改建、重新规划建设,保留了搬迁农房和原有村落地貌,以原有的江南农村风情为主题元素,保留了原有的老房屋建筑,内设酒店、餐饮、娱乐、休闲活动等一系列配套服务设施,是一个用"休闲度假村落"的方法打造的美丽乡村成功案例,在当前实施的乡村振兴战略中很有参考价值。

11.3.3 文化依托型

1. 主要特色

文化依托型乡村旅游包括三种形态:其一,村庄本身具有悠久历史,具有丰富的历史遗存或遗产,受到游客的喜爱;其二,乡村的美食、音乐、民俗活动、节庆活动等,对游客具有极大的吸引力;其三,乡村非物质文化遗产的传承与创新,具有地方独特性,成为乡村文创的孵化地。

2. 发展路径

注重文化保护与传承,孵化"农业+旅游+文创"的新型业态。

3. 成功案例

陕西袁家村周边有着丰富的历史文化资源,且坐落在举世闻名的唐太宗李世民陵山下,处在西咸半小时经济圈内,唐昭陵旅游专线从附近经过,交通十分便利,是目前最受欢迎的乡村旅游度假体验胜地。"关中印象体验地"在明清古村落旧址上恢复重建,再现了古代民居、传统手工作坊和民间演艺小吃等关中民俗的历史原貌,集中展示了关中农村从明清至今农村生活文化的演变,具有深厚的文化内涵和地域特色。

11.3.4 产业依托型

1. 主要特色

产业依托型乡村旅游依托产业化程度极高的优势农业,以特色农业的大地景观、加工工艺和产品体验作为旅游吸引物,拓展农业观光、休闲、度假和体验等功能,实现一、二、三产业的融合发展。

2. 发展路径

初步构建美丽乡村旅游产业链,针对每一个乡村特色,衍生特色休闲农业产业,加速产业带动效应。

3. 成功案例

北京张裕爱斐堡国际酒庄,位于北京市密云区巨各庄镇,占地1500余亩,在全球首创了爱斐堡"四位一体"的经营模式,即在原有葡萄种植及葡萄酒酿造基础上,爱斐堡还配备了葡萄酒主题旅游、专业品鉴培训、休闲度假三大创新功能,开启了中国酒庄新时代。酒庄内还设有多个欧式建筑,让人回味无穷,同时它也是旅游业的

AAAA 级景点。

11.3.5　生态依托型

1．主要特色

生态依托型乡村旅游自然景观优美,环境良好无污染,在气候、景观、文化等某一方面对市场具有较强吸引力。

2．发展路径

突出资源个性,推出针对性较强的旅游产品。

3．成功案例

虹口景区位于四川省著名的世界文化遗产都江堰西北部,距成都仅 70 km,是我国西部唯一紧靠特大城市的国家级自然保护区。景区依托自身得天独厚的自然生态资源,打造了生态旅游、避暑度假、商务接待、户外运动、亲水河滩、峡谷漂流、高原河谷、篝火晚会、观赏三文鱼、"三木"药材、猕猴桃、特色烧烤等特色旅游产品。2011 年 3 月被原国家旅游局和农业部联合授予"全国休闲农业与乡村旅游示范点"称号。

11.4　乡村旅游开发模式

11.4.1　国家农业公园

农业公园作为一种新型的旅游形态,是中国乡村休闲和农业观光的升级版,既可以是一个县、市或者多个园区相结合的区域,也可以是单独的一个大型园区,具备农业资源代表性突出的特点。农业公园往往是集农业生产、农业旅游、农产品消费为一体,以解决三农问题为目标的现代新型农业旅游区。在乡村振兴战略背景下,国家农业公园发展不仅进一步满足了游客的出游需求,同时对乡村地区的产业发展、村民的经济收入增长和村庄环境的提升都起着重要的带动作用。

11.4.2　休闲农场、休闲牧场

休闲农场是指依托生态田园般的自然乡村环境,有一定的边界范围,以当地特色大农业资源为基础,向城市居民提供安全健康的农产品和满足都市人群对品质乡村生活方式的参与体验式消费需求,集生态农业、乡村旅游、养生度假、休闲体验、科普教育等功能为一体,实现经济价值、社会价值和生态价值的现代农业创新经营体制和新型农业旅游产业综合体。

11.4.3　乡村营地、运动公园、乡村公园

乡村营地是国际非常流行的一种旅行方式,针对自驾车游客数量日益增加的现状,依托乡村优美环境和便利的乡间用地,打造乡野体验营地,同时还可以结合各地

特色打造主题集市、儿童游乐园、乡村客栈、主题活动、音乐派对等,丰富营地体验活动与服务。运动公园除丰富的景观外,更有健全的运动设施。乡村公园是适当借鉴城市公园,在村民居住地旁选择交通条件好、风景优美的地方进行建设的公园,通常也包括一部分乡居住宅和田园景观。

11.4.4　乡村文创、艺术

乡村文创、艺术利用乡村文化底蕴,做好保护和活化乡村历史文化,包括风情文化、建筑园林文化、姓氏文化、名人文化、饮食文化、茶酒文化、婚庆寿庆文化、耕读文化、节庆文化、民俗文化、宗教文化、作坊文化、中医文化等。结合时代发展,为艺术家创作研究提供时间和空间的支持,让艺术家进入一个充满鼓励和善意的环境,将乡村文化与时尚艺术文化碰撞融合,实现乡村文化的创意化产业发展之路。

11.4.5　乡村民宿

乡村民宿是利用农民自用的空闲房屋,结合当地的人文、生活资源及自然生态环境,根据民宿主人独特的构思设计,给游客提供体验乡村生活和餐饮的一种独特的经营生活方式,在民宿主人与游客之间具有生活感悟、故事共鸣、情怀共享等叠加效应。不同于传统的饭店旅馆,乡村民宿可以没有豪华设施,但要让游客体验当地的风俗和风情。民宿发源于英国,后在中国、日本迅速发展。民宿以特色和服务闻名,在设计上强调舒适、精致、创意、文化艺术,风格多样。民宿的类型主要有农园民宿、传统建筑民宿、景观民宿、海景民宿、艺术文化民宿、运动民宿、乡村别墅、木屋别墅等。

11.4.6　市民农园、周末农夫

市民农园,又称社区支持农园,是指由农民提供耕地,农民帮助种植管理,由城市市民出资认购并参与耕作,其收获的产品为城市市民所有,其间体验和享受农业劳动过程乐趣的一种生产经营形式和乡村旅游形式。

周末农夫,是指居住在城市的居民来到农村租用农民的耕地,在田地里面种植自己喜欢的蔬菜,这些蔬菜平时主要由农夫照顾,城市居民可以根据自己的时间安排去自己的田里浇水、施肥、收获成果。

11.4.7　国际驿站、"洋家乐"

国际驿站是以家庭(户)为基本旅游接待单位,主要为境外游客提供可亲身参与体验当地或异国的日常生产、生活和休闲娱乐活动的独立经营主体。

"洋家乐"指外国人办的农家乐。"洋家乐"崇尚回归自然、返璞归真,并且坚持低碳环保理念,受到了大量外籍人士和城市居民的青睐。

11.5 乡村旅游服务配套

乡村旅游设施是乡村旅游品质的重要体现,也是乡村振兴战略实施过程中对于乡村人居环境的基本要求。乡村旅游基础设施是乡村旅游舒适度的重要基础,其设施的设置既要有乡村特色,重点展示"乡土味",又要有适当的艺术加工,符合当代审美与旅游需求。乡村旅游设施与乡土特色的结合,对于展现乡村旅游风貌具有重要作用。乡村旅游设施主要包括乡村旅游交通设施、乡村旅游接待设施、乡村旅游市政设施三个方面。

乡村旅游交通设施是乡村旅游发展的前提,包括村落外部交通、村庄内部道路、停车场、服务驿站、特色风景道、指引系统等。在所有的乡村旅游设施中,配套方便快捷的旅游交通设施是前提,交通关系着乡村旅游各个景点的通达性,决定着乡村旅游吸引的游客量。乡村旅游交通以绿道理念进行建设,强化乡村交通功能性的同时,注重保护乡村生态平衡,展现乡村的特色风貌。乡村旅游道路景观承载着乡村旅游门户形象,形成了游客对乡村旅游的第一印象,以乡村特有的动物或植物,作为乡村的典型特征,应用到乡村道路景观营造上,可以更好地展现乡村风情。乡村旅游交通设施应在容量上满足游客接待需要,在建筑理念上应以生态环保为首要考虑因素。乡村旅游道路既有交通运输功能,同时又具观景休闲功能,应是乡村风情的串联通道。因此,乡村旅游道路的升级,应注重民风民俗等乡村文化的展现,通过乡村文化主题小品、特色标识牌、特色文化展示等方式,构建融山水画卷、田园风光、历史文化、民俗风情等于一体的乡村旅游靓丽风景线。

乡村旅游接待设施包括住宿、餐饮、娱乐、购物等设施,这些设施是游客使用量最大也最能够带给游客旅游体验的设施,并且这类设施的安全问题直接关乎游客的人身、财产安全。乡村可开发建设多种多样不同类型的住宿设施,包括度假型乡村酒店、乡村客栈、休闲农庄、乡村会所、乡村度假公寓、原生态乡村民居及森林小木屋等,形成功能齐全、布局合理的乡村旅游住宿体系。乡村住宿设施设计应坚持地域性原则,体现乡土性和独特性。乡村旅游餐饮要将乡土风味进行极致展现,形成自身的餐饮品牌,重点突出当地生态特色、文化特色、民俗特色,将乡村美食打造成具有特色的旅游吸引物。另外,还应加强乡村旅游信息服务设施的智能化,引进电子触摸屏、电子导览系统等,实现乡村旅游信息服务设施的智能化;配备虚拟旅游体验设施,提供网络虚拟体验。随着乡村旅游业的发展,以村庄为单位的乡村旅游信息管理系统不可或缺。可成立乡村旅游网络咨询服务中心,开通游客咨询、预订等相关服务,使乡村旅游更加规范、便捷。同时,通过对旅游大数据的管理,得到乡村旅游的有效反馈机制,有针对性地完善乡村旅游的方方面面。

乡村旅游市政设施包括村落内部的污水垃圾处理、旅游厕所、供水、供电、通讯网络、ATM 机、救护系统等设施。这些设施是乡村旅游便利性的保证,每一环节的缺失都会导致游客的满意度下降。乡村厕所、垃圾桶等环卫设施数量缺乏,是乡村旅游一直以来面临的问题。配备数量充足的厕所、垃圾桶,是乡村旅游升级首先需要解决的问题。乡村旅游厕所和垃圾桶需要满足"数量充足、卫生方便"的最基本要求,保证即使旺季也能满足游客需求,同时又舒适、免费,给游客留下良好的印象。在满足游客最基本的需求功能的同时,对乡村厕所、垃圾桶的外观建筑进行升级,构建乡村旅游的独特体验点或者小景点。

11.6 乡村旅游规划体系

11.6.1 指导思想

1. 系统思想

系统论是研究系统的一般模式、结构和规律的学问,它的基本思想是把所研究和处理的对象当作一个系统,分析系统的结构和功能,研究系统、要素、环境三者的相互关系和变动的规律性。乡村旅游规划研究的对象是复杂的乡村旅游系统,它由需求系统、中介系统、引力系统和支持系统四大子系统构成,这决定了乡村旅游规划是一项复杂的系统工程,它不仅要处理好乡村旅游系统内部的关系,还要处理好乡村旅游系统与乡村其他系统的关系,如乡村旅游系统与乡村景观系统、乡村空间系统、乡村交通系统、乡村农业生态系统、乡村土地管理系统、乡村农田水利系统等的关系。因此,在构建乡村旅游规划体系时,必须考虑整个乡村旅游系统的运行及其与其他系统的协调,以达到规划对象的整体优化。

2. 一体化思想

乡村旅游规划体系要体现旅游规划与乡村规划的融合、旅游部门与其他相关部门协调的思想。具体表现在将乡村旅游规划体系纳入乡村总体规划体系中,作为乡村总体规划的一个专项规划。乡村其他专项规划及相关部门要考虑旅游的功能,并根据乡村旅游的发展作适应性调整。乡村旅游规划的执行要考虑乡村其他专项规划和其他产业发展的要求,如乡村景观资源的保护、乡村土地资源的合理利用、乡村社区的建设、人居环境的改善、乡村农业的健康发展、乡村的农田水利建设等。地方政府机关、投资商、乡村自治组织等,要积极地协调各方面的关系。

乡村旅游规划体系要体现乡村旅游发展目标与社会主义新农村建设目标相一致的思想。乡村旅游规划是实现乡村旅游可持续发展的前提和保障,而发展乡村旅游是为了实现乡村地区经济、社会、环境效益的全面提高。社会主义新农村建设的思想为今后乡村规划的制定和实施指明了方向,进而指导着乡村旅游规划的制定,乡村旅游规划的制定反过来能够更好地推进社会主义新农村建设进程。

11.6.2 乡村旅游规划技术路线

根据旅游规划的一般性要求,以及乡村旅游规划的实际需要,乡村旅游规划的过程一般分为以下五个阶段。

1. 第一阶段：规划准备和启动

规划准备和启动工作主要包括明确规划的基本范畴，明确规划的制定者和执行者，确定规划的参与者，组织规划工作组，设计公众参与的工作框架，建立规划过程的协调保障机制，这些是启动乡村旅游规划应具备的基本条件。规划受到当地社会经济发展水平、政府部门结构、行政级别等因素的影响，特定地方的规划可以跨越其中的某些步骤。

2. 第二阶段：调查分析

这一阶段的工作包括乡村旅游地总体现状分析，如乡村旅游地自然地理概况、社会经济发展总体状况、旅游业发展状况等；乡村旅游资源普查与评价，可以利用国家颁布的旅游资源分类与评价标准，对乡村旅游资源进行科学、合理的分类，并作出定性和定量评价，将人们对乡村旅游资源的主观认识定量化，使其具有可比性客源市场分析；通过调研客源市场，详细分析客源流向、兴趣爱好等因素，为市场细分和确定目标市场做好基础乡村旅游发展分析。在以上三个方面科学分析的基础上，对当地发展乡村旅游进行全面的综合考察，找出发展乡村旅游的优势和机遇，并摸清存在的劣势和面临的威胁。

3. 第三阶段：确定总体思路

这一阶段的主要工作是通过以上对乡村旅游发展的背景和现状的分析，剖析乡村旅游与乡村地区横向产业之间，尤其是农业和纵向行业之间的关系，诊断其发展中存在的问题，再联系国家和地区有关旅游业发展的政策法规，最终确定乡村旅游发展的总体思路，包括乡村旅游战略定位、发展方向定位，并确定总体发展目标。

4. 第四阶段：制定规划

这一阶段是乡村旅游规划工作的主体部分，是构建乡村旅游规划内容体系的核心，主要工作就是根据前几个阶段调查和分析的结果，并依据发展乡村旅游的总体思路，提出乡村旅游发展的具体措施，包括乡村旅游产业发展规划和乡村旅游开发建设规划，此外还有乡村旅游支持保障体系方面的建设。需要注意的是，在制定详细的规划内容时，必须考虑规划区域的乡村社区建设和社区居民的切身利益。

5. 第五阶段：组织实施

依据乡村旅游规划的具体内容，并结合乡村地区实际发展情况，切实做好乡村旅游规划的具体实施工作。要根据经济、社会、环境效益情况，对规划实施的效果进行综合评价，并及时做好信息反馈，以便对规划内容进行适时的补充、调整和提升。

11.6.3 乡村旅游规划的内容体系

1. 乡村旅游总体现状分析

对乡村旅游规划区所处的行政区域的经济、社会、人文、历史等多个方面进行综合考察，以及全面把握当地旅游产业的发展状况，如地理背景、自然条件、历史文脉、地方文化、经济发展、内外交通、居民生活、旅游发展等。通过分析这些内容,从宏观上了解当地发展乡村旅游的本底状况,发现那些能够促进乡村旅游发展的因素,并找出障碍性因素,以便为制订更详细的乡村旅游开发规划提供依据和支持。

在总体现状的分析中,要着重分析当地的旅游产业发展状况,包括乡村住宿与接待服务设施状况、乡村旅游景点开发状况、地方旅游交通设施、乡村旅游商品开发现状,等等。

2. 乡村旅游资源普查及评价

结合实地调研、遥感解译、书籍资料查找等方法,以国标《旅游资源分类、调查与评价》(GB/T 18972—2017)为依据,启用旅游资源调查系统,对乡村旅游资源进行详细调查、登记和科学评价,建立了村域尺度的旅游资源数据库。

1)村域旅游资源开发潜力评估

利用 GIS 空间分析技术和统计分析方法,构建由优越度、规模度、集聚度构成的旅游资源群开发潜力评价模型,对旅游资源单体进行系统分析和综合评价,识别出重点发展旅游功能区,分析各类旅游资源的空间组合、开发重点、方向和优先序,对重点旅游资源开发进行产品设计,提出优化提升措施。

2)村域旅游信息化提升手段

结合规划地区的发展需要,采用智慧旅游建设方式,提出村域旅游地旅游资源、产品、行为和景区管理的智慧化工程提升方法,构建旅游资源服务平台,建立一套完整的旅游资源采集、审核、评价、发布体系,提升旅游的信息化水平,为村域旅游跨越式发展,实现村域旅游经济与社会、文化、生态的智能化统筹提供支持。

3. 乡村旅游发展 SWOT 分析

乡村旅游作为一种极具地域特征的旅游产品,必须依赖各方面的内部条件与外部环境。科学地进行分析,将有助于制定科学的发展目标与发展规划,使乡村旅游的发展建立在科学指导的基础之上。优势和劣势是针对乡村旅游地本身而言的,如区域经济条件、资源禀赋状况、地方政策环境、区位状况、产品特色、服务质量、品牌建设等,都是进行优势、劣势分析的切入点。通过分析优势,可以确定乡村旅游开发和地方旅游产业发展的正确方向,坚定发展乡村旅游的信心。在正确分析优势的同时,更要深入分析、研究自身的劣势与不足,以便在今后的发展中予以克服和避免。机遇和威胁是针对外部环境和竞争者而言的,如国家的政策方针、社会总体环境、法律法规的制定、旅游产业发展趋势、旅游产业政策调整、竞争者的市场行为、旅游需求的变化、生态环境建设等,都是进行外部分析的基本内容。通过分析机遇,可以把握旅游产业发展新动向,尽早发现新的市场机会,以便在旅游市场中处于主动地位。通过分析威胁,可以规避市场风险,减少或避免资源浪费和生态破坏。

4. 乡村旅游总体发展思路分析

确定乡村旅游发展的总体思路,就是在对乡村旅游地总体状况进行分析,对乡村旅游资源进行考察及评价,并对当地发展乡村旅游进行分析的基础上,对当地发展乡村旅游业进行战略定位,并确定当地发展乡村旅游的战略定位、发展方向、发展目标、产业发展战略,以便为当地乡村旅游开发规划提供总的指导。

第一,确定战略定位。对乡村旅游业进行战略定位,是确定乡村旅游业在本地区经济发展和社会进步过程中的地位,是给其一个恰如其分的"名分"。战略定位能为发展本地乡村旅游提供政策性依据,它明确了地方政府对乡村旅游业的重视程度和基本认识水平。

第二,确定发展方向。这是为了指明本地乡村旅游业发展的正确道路,为了更好地进行一系列的具体开发规划,避免多走弯路。确定本地乡村旅游发展方向,需要依据乡村旅游资源的特点和比较优势,客源市场需求的发展方向,乡村旅游产品和市场开发的可能性和必要性,旅游可持续发展的要求,等等。

第三,确定发展目标。乡村旅游发展目标可以划分为战略目标、经济目标、社会与生态目标。战略目标可以细分为总体目标、近中期目标和远期目标。经济目标则为乡村旅游发展提供了更加详细的标准体系,包括乡村旅游的发展速度、增长指标等。由于乡村地区发展旅游不仅要取得经济效益,更重要的是要获得社会、生态效益的可持续发展,因此社会与生态目标也至关重要,社会与生态目标规定了发展乡村旅游所要达到的社会效益和生态效益。

第四,确定产业发展战略。乡村旅游产业发展战略,是指在制定乡村旅游发展目标的基础上,提出一系列的乡村旅游发展政策保障体系,以便与乡村旅游发展目标相适应,更好地实现预期目标。乡村旅游产业发展战略包含一般性战略、针对性战略、具体战略步骤等。其中,一般性战略是旅游发展战略中具有普遍意义的战略和原则,对大多数地方都适用。具体战略步骤即是对乡村旅游进行分期发展规划,是根据当地乡村旅游发展的总体目标而确定的阶段性任务。

5. 乡村旅游分区开发规划

乡村旅游分区开发规划,是指根据规划区内不同的自然、地理、人文背景,以及乡村旅游资源的特色,将资源要素相近、组成结构类似、发展方向一致、需要采取措施类似的区域划分为一个主题性的旅游区,然后进行详细规划。

乡村旅游分区开发规划一般包括分区的地理范围,分区的基本概况,分区的发展定位,分区内重点开发项目的选择等。其中,分区的发展定位包含了主题定位、特色定位和功能定位等内容。

6. 村域旅游产品体系设计

村域旅游产品体系设计提出了村域旅游发展方向、定位与产品设计方案。根据旅游业发展趋势和地方需求、旅游资源条件和上位规划目标,科学客观地分析乡村旅游发展的市场潜力和市场环境,确定旅游发展的总体目标定位。根据资源分布、交通联系和发展目标、战略,对旅游资源开发进行主题鲜明、关系紧密的功能区划分。在以上背景下,面向市场需求设计旅游产品,形成一套旅游产品设计的思路与初步分析方法。

7. 旅游规划实施保障

乡村旅游支持保障体系建设的内容包括管理与指导机构建设、乡村旅游标准化建设、政策支持、人力资源开发等方面。在管理与指导机构建设方面,可以成立乡村旅游指导机构专业委员会,在开发乡村旅游,特别是居民参与的旅游项目时,还要建立由业户参加的乡村旅游协会,作为行业自律组织。在乡村旅游标准化建设方面,应严格执行国家颁布的有关旅游行业的各种标准,建立市场准则和行为规范,对旅游企业实行规范化管理,完善包括审批、年检年审、评比等内容的动态管理体系。在政策支持方面,政府首先要发挥主导性作用,在基础设施建设、资金支持、优惠政策制定上发挥积极作用;还应进行"引导性投资",并大力吸引外来投资;另外,要鼓励乡村居民的旅游投资热情,积极引导他们参与旅游开发规划工作。在人力资源开发方面,要发挥政府的主导作用,在财力、师资等方面给予实际性的支持,帮助乡村地区培养、培训专业性人才,要提高开发者、管理者对人力资源开发重要性的认识,逐步实行旅游从业人员持证上岗制度,实行先培训后上岗,并且制定优惠政策,吸引乡村旅游区以外的高层次人才到本地指导工作等。

11.7 案例分析

近年来,随着乡村振兴战略的不断推进,乡村旅游业快速发展,并日渐形成了"乡村主题化、体验生活化、农业现代化、业态多元化、村镇景区化、农民多业化、资源产品化"等七大趋势,区域乡村旅游规划的好坏将直接影响区域乡村旅游业的发展。下面以西藏自治区林芝市巴宜区鲁朗镇为例,深入解剖并分析其乡村旅游规划过程,为其他乡村旅游规划提供参考。

鲁朗镇海拔 3385 m,位于西藏自治区林芝市巴宜区以东 80 km 左右的川藏线上,地理位置优越,以藏乡风情、高山峡谷和动植物资源为主要的旅游资源赋存。鲁朗,藏语意为"龙王谷",也叫"神仙居住的地方",素有"天然氧吧""生物基因库"之美誉。

11.7.1 旅游发展定位与目标分析

紧密围绕西藏建设"重要的世界旅游目的地、中华民族特色文化保护地"的战略定位,紧扣鲁朗圣洁宁静、天人合一的区域资源特色,以"鲁朗国际旅游小镇"建设为先导,引导周边村落与景点的开发与建设,强化自然、人文与社会和谐,在有效保护生态景观与地域文化的基础上,逐步完善旅游基础设施,提升旅游区整体环境,提高旅游区的服务质量和管理水平,全面打造特色化、国际化、规范化、市场化的鲁朗国际小镇,为林芝建设成为世界级旅游目的地注入强劲动力。

1. 总体定位

根据本案的建设背景、开发条件,着眼于国际,依托原生态高原自然风光、工布藏族文化的资源特色,以原生态的人文、自然资源环境优势为核心,把鲁朗打造成为集高原胜景观光、工布文化寻踪、原生态考察探险、定制化极致体验、国际小镇休闲度假于一体的"国际一流的世界旅游目的地",将其打造成援藏项目的精品和西藏旅游的新地标。

2. 旅游发展目标

坚持生态保护、民族团结、文化开发与统筹发展原则,以"鲁朗国际旅游小镇"为发展基础,以自然观光、乡村体验为开发渠道,以国际化、市场化与标准化建设为开发重点,通过旅游区全民参与、当地政府全方位统筹、旅游全产业融合,将本案建设成为国际旅游镇、中国国家公园示范区、国家 AAAAA 级旅游景区、国际文化交流的重要平台。同时,注重开发的持续性、阶段性、协调性,在保障地区生态和谐、社会稳定的基础上,实现旅游经济总量、旅游服务质量和旅游综合实力等大幅提升,使鲁朗由援助建设向自助发展跨越,成为援藏建设的标杆。

11.7.2　旅游发展总体布局

从图 11-1 可知,鲁朗国际小镇空间结构为一心二带四区。

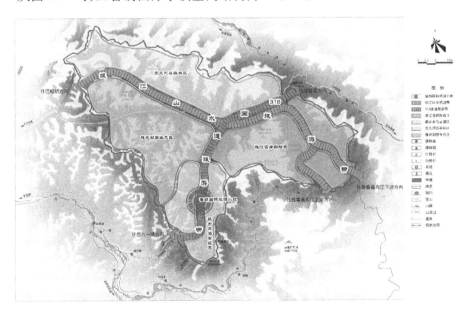

图 11-1　空间布局结构图(据《鲁朗大景区旅游总体规划 2014—2025》)

1. 一心

"一心"即鲁朗国际小镇,鲁朗的综合性行政、文化、商业、旅游中心,位于鲁朗镇域中南部,包括鲁朗国际小镇规划范围,以度假小镇、文化展示、体验式商业、滨水休闲为旅游特色。

2. 二带

"二带"即 318 国道旅游带、峡江山水旅游带。

1）318 国道旅游带

318 国道旅游带沿国道 G318 线路走向,东北起自海拔 2039 m 的帕隆藏布江沿岸的排龙村,西南终于海拔 4720 m 的色季拉山口,长 77 km,宽 1~2 km,是一处以小镇乡村、田园牧场、河谷花海、雪峰森林为旅游特色的地带。

2）峡江山水旅游带

峡江山水旅游带沿处在鲁朗镇域西北面巴松措的小河,与源自北端错果措的洛木曲合流,向东于东久村与鲁朗河交汇,沿 318 国道往东北至排龙村,汇入帕隆藏布江,向东最终于大拐弯处流入雅鲁藏布江。该旅游带以峡江奇观、山水风光、森林生态、乡村风情为旅游特色。

3. 四区

"四区"即藏乡茶马古道区、东久河谷森林区、雅屹湖原生态区、雪山雅江探险区。

1）藏乡茶马古道区

藏乡茶马古道区位于鲁朗镇域南面,沿沟通工布和波密的滇川藏茶马古道,串连扎西岗村、鲁朗国际小镇、罗布村、东巴才村、德木沟、鲁朗花海、德木寺旧址、鲁朗林海、德木拉山口等景点,以民俗体验、生态度假、科学考察、宗教文化、历史遗迹为旅游特色。

2）东久河谷森林区

东久河谷森林区位于鲁朗镇域北面,包括地处拉木曲河谷和国道 G318 沿线的东久、洛木、巴嘎、白木、拉月等村落,以及东久林场和东久赤斑羚自然保护区,以乡村体验、河谷探险、森林生态为旅游特色。

3）雅屹湖原生态区

雅屹湖原生态区位于鲁朗镇域西面,包括以雅屹湖为中心、以工布自然保护区为主体、以雅屹河为游览走廊的区域,以户外活动、森林探险、牧场体验、杜鹃花海、湖滨休闲为旅游特色。

4）雪山雅江探险区

雪山雅江探险区位于鲁朗镇域东面,主体为雅鲁藏布江、帕隆藏布江和加拉白垒峰构成的高山峡谷区域,村落沿河谷散布,以峡谷探险、雪峰观赏、民俗体验、徒步穿越为旅游特色。

4. 功能区规划要点

1）藏乡茶马古道区

（1）功能定位

观光休闲、民俗体验、度假养生、朝圣旅游。

（2）规划思路

①以鲁朗林海为生态本底,创新旅游产品形式。

②以鲁朗民俗风情为文化基因,打造异域风情。

③重点打造多元次度假观光体验型产品。

2)东久河谷森林区

(1)功能定位

生态观光、野外拓展、旅游服务。

(2)规划思路

①充分开发利用东久地带的河谷地貌、自然村落、河流溪水、牧场林海等自然人文资源,形成具有观光、生态、休闲、体验价值的旅游区。

②利用东久河谷得天独厚的地理自然条件,适当开展河谷内的野外拓展探险类旅游项目。

③以东久村为中心,完善周边的旅游配套设施和旅游服务,为沿途的自驾车游客和骑行者提供优质的旅游服务。

3)雅屹湖原生态区

(1)功能定位

生态观光、科普教育、文化体验。

(2)规划思路

①以高山湖泊生态景观保护、科学考察为核心,凸显生态环境价值。

②将传统娱乐形式与现代特色旅游需求相结合,打造文化特色体验旅游。

③结合游览步道,打造特色观景设施。

4)雅江雪峰探险区

(1)功能定位

户外探险、科学考察、文化体验。

(2)规划思路

①依托雪峰和雅江形成的自然地理垂直分带特征,通过适当的环境整改和设施建设等措施,设置徒步穿越服务驿站、生态科考站体验、登山探险服务基地、雪山摄影以及雪峰观光等项目。

②打造集户外探险、科学考察、宗教朝圣、文化体验等多功能于一体的雪峰峡谷探险汇集地。

11.7.3　产业规划

1.旅游核心产业规划

1)旅游餐饮业发展规划

建设一条具有工布藏族特色的美食街;增加餐饮中的文化含量,充分考虑鲁朗当地的民族风情与文化特色,推出"鲁朗石锅""工布藏餐"等特色系列美食;打造高、中、低档次均衡发展、结构合理的餐饮结构;优化用餐环境,严格进行卫生管理;引进一批高技能餐饮管理与服务人员。

2）旅游住宿业发展规划

建设或引进一批高端酒店服务机构；打造一批有特色的住宿产品，以满足中端游客的需求；正确处理住宿业的数量、规模、布局与结构关系，控制好高、中、低各档次酒店的总量与比例；引进与培训一批高素质酒店从业人员；将所有住宿设施纳入旅游行政部门统一管理。

3）旅游商品发展规划

充分挖掘当地可利用的资源，提高商品附加值，提高旅游商品档次，打造精品旅游商品品牌；注重产品的研发与设计，加强商品的质量管理，提升旅游商品的品质和档次；改善商品生产与经营环境，组建旅游商品生产基地；规范购物场所与环境，设置专门的购物街或商店，在车站、游客中心、星级酒店等处配置购物场所；加大当地旅游商品的宣传力度，形成独创性强的旅游商品品牌。

4）娱乐休闲业发展规划

在景区景点的产品设计中加入休闲娱乐体验性旅游产品；定期举办民族集体节庆娱乐活动；当地的特色家庭旅游馆可以自发组织一些文娱活动；完善酒店的康乐、休闲设施，将住宿与娱乐体验相结合；引进一些城市高端运动休闲设施。

2. 相关产业规划

1）农、林、牧业规划

大力发展特色种养业、绿色农业观光旅游，开展各具特色的藏家乐、农庄村落游等项目，扶持当地藏猪、藏鸡、苹果、核桃、蘑菇，以及纯天然无污染的粮食蔬菜等当地特色绿色产品的种养，积极开展干鲜果品、藏地中草药材、保健养生食品、手工艺品等旅游商品的加工制造，延伸旅游产业链。

2）旅游工业规划

大力发展藏药加工产业，扶持龙头企业；统一建设蘑菇房，对林下资源进行加工，统一品牌与包装进行销售；在开发藏药的同时，发展藏医药产地观光、工艺参观、养生膳食及产品出售等形式的参与体验旅游。

3）旅游文化业规划

建设一处具有浓郁地方特色的演出场所，推出一台精彩绝伦、具有工布特色的大型演艺节目，着力打造1～2个龙头大型节庆活动，全方位展示当地的民族文化和习俗，塑造和强化当地旅游形象。

11.7.4 特色交通规划

1. 电瓶车和混合动力

结合规划的景区内部游览干道设置旅游观光电瓶车，承担长距离交通运输功能，主要设置于318国道线、鲁朗国际旅游镇、鲁朗旅游村落等重要景区，以解决该区各景点相互间的交通联系，实现低碳化、无障碍旅游。

2. 自行车

以自行车旅游为主，主要集中分布在各分区重点景区，提升景区的体验愉悦度和完善游览线路。

3. 骑马

以骑马为主要交通工具,体验为主,分布于鲁朗旅游村落、雅屹湖原生态廊道、雅屹湖湿地公园、高原滑雪场重点景区,体验高原牧场、林海的秀丽与壮美。

4. 牛羊皮筏子

以牛羊皮筏子为载体,形成西藏特色水上工具,主要分布在雅屹湖湿地公园,让游客可以在静谧的雪山、森林与湖水包围的环境下,体验独特的藏民文化。

5. 索道

索道以鲁朗镇东巴才村为起点,以米林县达林村为终点,全长 8.5 km 左右,将连接雅鲁藏布大峡谷和鲁朗两大旅游精品地。

11.7.5　规划实施保障

1. 制度保障

全镇实行统一管理,成立管理委员会。

2. 政策保障

党中央、广东省委、林芝当地政府对旅游区的开发给予了极大力度的政策支持,旅游企业还应结合项目开发过程中容易遇到的困难,请求政府予以帮助和支持。

3. 资金保障

对于重大项目的推进资金,通过三大渠道获取支持:一是政府财政性的资金;二是外资、民间资本等社会资金;三是通过银行、债券等融资渠道获得的资金。

4. 人力资源保障

多方合作、合理配置旅游专业人才,完善培训机制,加强对旅游服务人员的培训,创造条件引入急需的高层次专业技术人才。

本章小结

乡村旅游是一种以度假旅游为宗旨,以郊野村落为空间,以不破坏生态、不干扰人文,以游居为特色的新兴旅游形式。作为旅游服务业与传统农业融合发展的产物,乡村旅游对乡村发展具有多方面的积极影响,是实现农业多功能性价值与游客体验需求多元性精准对接的重要平台,符合乡村振兴战略的基本要求,是实现乡村振兴战略的重要路径。应注重乡村旅游的绿色发展,完善乡村旅游管理体制,结合各地自身特色优势,因地制宜,制定不同的旅游发展模式,打造乡村旅游品牌,提高农业旅游的知名度,实现乡村旅游的繁荣发展。本章总结了乡村旅游相关概念及政策,梳理乡村旅游类型及开发模式,阐述开展乡村旅游规划的技术路线及内容体系,最后以西藏自治区林芝市巴宜区鲁朗镇为例,深入解剖并分析以生态城镇为中心的乡村旅游规划过程。

思考题

[1]分析乡村旅游与乡村振兴的关系。

[2]说明乡村旅游有哪些类型。

[3]阐述乡村旅游规划过程。

第12章　乡村灾害与综合防灾减灾规划

12.1　乡村灾害与防灾评估

乡村防灾减灾规划是贯穿灾前预警、灾害抗御、灾后重建及灾害治理等各个阶段中,是对乡村消防、防洪、抗震、地质工程、生命线等规划内容的总称。

12.1.1　乡村灾害与防灾现状及形势

我国地域广阔,人口基数大,乡村分布广,自然灾害种类多、分布广、危害大,除此之外,安全生产、技术事故及生命线事故等人为灾害在乡村灾害中频频发生,严重危害乡村居民的生命财产安全,需要被严格检测并预警。目前,我国农村防灾规划不容乐观,整体上可以用"规划建设水平低,综合防御能力差"来概括。

1. 防灾观念落后

防灾观念落后作为根本原因,直接影响防灾减灾规划编制的质量和防灾设施建设水平。重"救"轻"防"的观念,导致防灾减灾的物资投入长期不足,有限的防灾投入也难以充分发挥作用,弱化了防灾管理能力的建设,使得农村的防灾能力非常脆弱。

2. 灾害管理缺乏统一协调

我国目前基本上实行的是分灾类、分部门、分地区单一减灾管理模式,在信息和减灾成果共享与行为配合等方面存在缺陷,整体资源配置缺乏系统的规划和科学的研究总结,综合协调能力差,尚未形成有效的综合防灾减灾系统。灾害形成过程的复杂性及其连锁性特点,要求在进行防灾规划建设过程中多灾种、多部门统筹规划,树立大区域观念。

3. 防灾规划建设覆盖的灾种偏少

由于产业结构的差异,在广大农村地区除了关注城乡共同的灾害之外,还要高度重视农业防灾工作。据统计,2000 年以来,我国每年因自然灾害造成的农田受灾面积都在 5000 万公顷以上,占全国耕地面积的 40%～50%,每年因自然灾害粮食减产约 2300 万吨。每年因自然灾害造成的农业损失占整个农业 GDP 的 15%～20%。目前大部分农村规划中的防灾规划仅包括消防、防洪、抗震三项基本灾害,而对其他灾害,如地质灾害、台风、雷电、流行病、恶劣天气、农作物灾害、森林灾害等,多数地区在编制村庄规划时关注不够。

4. 综合防灾能力差

受经济社会发展程度、人口素质、交通和通信、居住分散等现实条件的制约,加之目前自然灾害监测预报客观存在的"城市密,农村稀"的状况,我国广大农村地区的综合防灾能力差,尚未形成有效的综合防灾体系,防灾的工程性措施和非工程性措施都处于较低的水平。

在"十三五"规划中,"综合防灾规划"被提到新的高度。根据乡村自身特点,结合扶贫开发、新农村建设、危房改造、灾后恢复重建等,推进危房和土坯房改正,提升住房设防水平和抗灾能力,推进实施自然灾害隐患点重点治理和居民搬迁避让工程。

12.1.2 乡村灾害的种类

我国乡村主要自然灾害的类型如表 12-1 所示。

表 12-1　我国主要自然灾害类型

类型	主要灾害种类
气象灾害	干旱、雨涝、暴雨、热带气旋、寒潮、冷冻害、风灾、雹灾、干热风等
洪水灾害	洪涝、江河泛滥等
海洋灾害	风暴潮、海啸、海浪、海水入侵、海冰、赤潮等
地震灾害	地震引起的各种灾害及其诱发的次生灾害,如沙土液化、喷沙冒水、城市设施毁坏及水库决坝等
地质灾害	崩塌、滑坡、泥石流、水土流失、塌陷、地裂缝、火山活动、地面沉降、冻融、土地沙化等
农作物灾害	农作物病虫害、鼠害、农业气象灾害、农业环境灾害等
森林灾害	森林病虫害、森林火灾等

灾害总体分为自然灾害和人为灾害两大类,如表 12-2 所示。

表 12-2　我国乡村灾害的种类

大类	中类	小类
自然灾害	地质类	地震、滑坡、泥石流、山崩、水土流失、荒漠化等
	气象类	海啸、台风、风暴潮、洪涝、干旱、大风、雷电、雪灾、低温冻害、沙尘暴、龙卷风、赤潮等
人为灾害	安全生产类	火灾、重大生产安全事故、爆炸等
	生命线系统类	交通事故、断电、停水、通信中断等生命线事故
	环境公害类	水污染、土壤污染、大气污染、噪声等
	技术事故类	化学泄露、核泄漏、重大航空灾难等
	卫生防疫类	食物中毒、传染性疾病等
	社会治安类	恐怖事件、群体性暴力事件、政治性骚扰等
	其他类	战争、林火、生物灾害、虫害、鼠害等

其中,我国乡村地区多发的有滑坡、泥石流、洪涝、生产安全事故、林火等,根据乡村所处地域地形、地质地貌和气候、水系等条件而异。

12.1.3　乡村灾害的特征

乡村灾害存在多样性、隐蔽性和突发性、连锁性及低概率性等特点。

1. 多样性

乡村灾害存在种类多样性,某地的灾害种类可能不止一种;同一乡村灾害因地理位置不同或成灾时间不同存在成因多样性。

2. 隐蔽性和突发性

有的灾害不易被察觉,如水土流失、土壤荒漠化等,通过渐进式发展直至造成灾害损失,体现了隐蔽性。同时,有些灾害的孕育和发展通常要经过较长时间的演化,但爆发常在顷刻之间,具有突发性的特点。很多灾害具有隐蔽性和突发性并存的特点。

3. 连锁性

在已经发生的实例中我们不难发现,重大灾害经常伴随次生灾害,进而形成灾害的连锁反应,甚至是不同的灾害链,从而加深灾害的危害程度,扩大影响范围。

4. 低概率性

这里的低概率性是从微观层面上来说的,即世界各地每天都在发生大大小小不同程度的灾害,但就某一地区或某一个体的人来说,灾害发生的概率是很低的,尤其是造成重大经济损失和人员伤亡的大灾发生的概率更低。由于灾害的低概率性特点,人类往往容易被较长时间相对无灾的平静状态所麻痹,防灾意识薄弱,增加了防灾工作的难度。

12.1.4　综合防灾评估

乡村综合防灾评估需根据基础资料的分析和各类上位规划及相关规划的成果进行分析评估,并进行实地勘察调研。评估主要包括危险源调查评价、灾害风险评估、村庄建设用地安全性评估、乡村防灾应急预警能力评估、各类防灾规划实施情况评价。

1. 危险源调查评价

危险源调查评价基于有关部门调研资料,其中以重大危险源调查为主。危险源调查应包括自然危险源(如潜在滑坡、崩塌区域等)和人为建设的危险源(如化工建筑、危险品仓库等)。调查评价应根据本地区实际情况确定危险源的调查范围和影响范围,为后续防灾工程建设和防护隔离提供依据。

2. 灾害风险评估

灾害风险评估应重点从灾害的成因、危险性、影响范围、灾害发生后果和风险控制等方面进行。通过分析灾害发生的成因、灾害对周边环境的影响程度、灾害的空间分布特征及与次生灾害的耦合关系,评估乡村综合防灾体系的效能;通过分析灾害发生的频率和规模,确定防灾区域内的重点预防内容。

3. 乡村建设用地安全性评估

乡村建设用地安全性评估包括用地布局的安全性和用地防灾的适应性两个方面。其中,用地布局的安全性主要基于危险源的调查,在评估时对乡村各类用地的潜在安全风险进行评估,评估的内容包括灾害潜在安全风险、风险可能的影响程度、预防及防护措施等方面。

用地防灾的适应性方面,在评估时根据用地的地质条件、地形地貌等方面在防灾减灾方面的适应性进行分析,并按照行业现行的《城乡用地评定标准》(CJJ 132—2009),将用地划分为适宜、较适宜、有条件适宜和不适宜四类。

4. 乡村防灾应急预警能力评估

乡村防灾应急预警能力评估包括对现行防灾应急预警能力评价和应急预警服务能力的预测两个方面。

现行防灾应急预警能力评价主要针对现行乡村综合防灾体系的评价,内容体现为对现状防灾预警设施和应急服务能力的评价。

对应急预警服务能力的预测通过对现行防灾应急预警能力的缺陷进行研究,同时结合潜在灾害的安全风险、可能的影响程度,对该区域的应急预警服务能力进行科学的预测,为后续防灾预警设施的规划提供有力支撑。

5. 各类防灾规划实施情况评价

通过对已编制的各类防灾规划进行深入分析,对规划的实施情况进行合理评价,以互补深化的思路对乡村防灾减灾规划提出合理建议。

12.2 乡村综合防灾减灾规划

乡村综合防灾减灾规划,是针对乡村在发展过程中所面临的各种灾害进行风险评估和实地调研的基础上,根据灾害发生的前期预警、灾害抗御、后期重建及灾害治理等不同阶段,制定相应的政策法规、防灾减灾空间规划,同时对单项城市防灾规划提出基本目标和原则的纲领性计划。其特点包括时间和空间上的综合性。

12.2.1 乡村综合防灾的含义

乡村综合防灾规划从技术层面着手,进行综合防灾规划,着重自然灾害的防治。综合防灾从时间上而言,一是为应对自然灾害与人为灾害、原生灾害与次生灾害,要全面规划,制定综合对策;二是要针对灾害发生前、发生时、发生后的各项避灾、防灾、减灾、救灾情况,采取配套措施,可概括为多灾种、多手段和全过程。从空间上而言,各种防灾规划要相互配合,打破条带分割,避免各自为政,甚至相互矛盾或重复建设,还要从区域的范围来研究,例如防洪规划不应拘泥于行政区划的限制,而应以流域为单位,并和该条河流的流域整治规划结合起来,上游进行水土保持,中游进行防洪拦水蓄水或适当分流,下游疏浚河道等。

12.2.2　乡村综合防灾减灾规划的要点

1. 防抗减灾的目标

需要在更高层面规划或专项防灾规划的框架下,明确自身的防灾目标、防灾任务及防灾策略与措施,在此基础上进行建设,以取得区域性的防灾系统建设的协调,完善区域防灾系统的防灾能力。

2. 防灾层次

乡村综合防灾减灾规划具有一定的层次性。主要体现为宏观区域的乡村整体防灾空间布局、中观个体乡村的应急避灾空间规划及微观方面的乡村防灾设施建设三个层次。

3. 防灾模式

防灾模式以政府统筹引导及综合协调为基础,以乡村自救为核心。

4. 防灾标准

防灾标准应符合总体或专项防灾规划要求。

12.2.3　乡村防灾减灾工作遵循的原则

为了村庄良性发展,保障村民生命财产安全,乡村综合防灾减灾规划应遵循以下原则。

1. 以人为本,协调发展

坚持以人为本,把确保人民群众生命安全放在首位,保障受灾群众基本生活,增强全民防灾减灾意识,提升公众自救互救技能,切实减少人员伤亡和财产损失。遵循自然规律,通过减轻灾害风险,促进经济社会可持续发展。

2. 预防为主,综合减灾

突出灾害风险管理,着重加强自然灾害监测预报预警、风险评估、工程防御、宣传教育等预防工作,坚持防灾减灾救灾过程有机统一,综合运用各类资源和多种手段,强化统筹协调,推进各领域、全过程的灾害管理工作。

3. 分级负责,属地为主

根据灾害造成的人员伤亡、财产损失和社会影响等因素,及时启动相应应急响应,中央发挥统筹指导和支持作用,各级党委和政府分级负责,地方就近指挥、强化协调并在救灾中发挥主体作用、承担主体责任。

4. 依法应对,科学减灾

乡村的综合防灾减灾规划必须符合相关法律法规和各类规范性文件进行编制,并根据当地实际的防灾减灾需求进行防灾设施的布置,提高防灾减灾救灾工作法治化、规范化、现代化水平。强化科技创新,有效提高防灾减灾救灾科技支撑能力和水平。

5. 政府主导,社会参与

坚持各级政府在防灾减灾救灾工作中的主导地位,充分发挥市场机制和社会力量的重要作用,加强政府与社会力量、市场机制的协同配合,形成工作合力。

乡村的综合防灾减灾规划除遵循以上原则,还应符合上位规划,并与相关规划相协调。

乡村综合防灾减灾规划事关人民群众生命财产安全,事关社会和谐稳定,是衡量执政党领导力、检验政府执行力、评判国家动员力、彰显民族凝聚力的一个重要方面。

12.2.4 乡村综合防灾规划的内容

乡村综合防灾规划根据灾种划分,可分为防洪、抗震、消防、防地质灾害等。

乡村综合防灾规划根据建设管理划分,可分为防灾目标和标准、防灾预案、防灾建筑及构筑物、应急避难场所、救灾指挥中心、生命线工程、灾后重建。

12.2.5 乡村综合防灾规划的编制流程

乡村综合防灾规划编制主要包括综合防灾评估、乡村防灾空间布局与防灾体系的构建、乡村防灾设施规划及乡村防灾规划管理四部分。编制流程如图 12-1 所示。

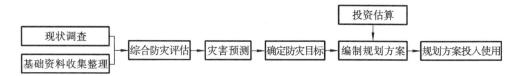

图 12-1 乡村综合防灾规划编制流程

12.2.6 乡村防灾体系的构建和防灾空间布局

1. 乡村防灾减灾体系的建立

乡村防灾减灾体系包括防灾体系、救灾体系。防灾体系主要内容为灾害动态监测、预报、灾情评估、防灾设施建设等方面;救灾体系主要内容为抗灾救灾应急服务、调度、规划与指挥、安置新建等方面。

2. 乡村防灾减灾空间布局的类型

1) 按照空间功能划分

按空间的功能利用可以将乡村防灾空间划分为防灾空间和避灾空间。

防灾空间是指用来进行灾害防护或对灾害的发生能够直接、间接起到防御作用的空间,又可以分为灾害防护空间和生态保护空间。灾害防护空间一般指的是为了应对突发性灾害而设置的起防护作用的空间,主要对乡村灾害起到一定的防护和减弱作用。如农田机器防护林、防火林、防风林、防沙林、大型道路、防疫卫生隔离带等,都是为了对灾害起到隔离防护的作用;生态保护空间对乡村环境和生态系统安全起到重要调节作用,可以有效地起到预防或减少乡村灾害的发生,包括自然保护区、水土保持林、水源涵养林、湿地等。

避灾空间是指在灾害发生时用于进行灾害救援的空间,包括交通空间、避难空间、指挥空间、医疗卫生空间、外援中转空间、消防治安空间等几类。

2) 按照空间形态划分

城市防灾空间按照空间形态可简单分为"点、线、面"三种,乡村防灾空间可以此类推。

其中,"点"主要是指避难场所、防灾据点、乡村防灾设施、危险源及次生灾害源等。乡村避难场所的原址类型主要包括小学或农地等。乡村防灾据点则以乡镇政府、村委会等为中心,规划设置救灾指挥中心、消防救援活动临时调度中心、灾民生活支持中心等据点,并根据村庄所在的自然地理环境特色,规划布局陆、水、空防灾救灾据点,以完善乡村遭受紧急及重大灾害时的救灾功能。防灾据点作为广域避难和收容物资的据点,除了作为实体空间存在外,还有灾害预防应变指挥机制的倡导教育作用。对民众而言,防灾据点可以提供正确、有效、迅速的防灾消息。防灾据点应具备医疗、卫生、广播、运输、情报、短期临时住宅或长期安置场所等功能。在灾害发生时,防灾据点不一定只有一个。避灾空间和防灾据点等的规划将在后面进行详细叙述。

"线"主要指防灾安全轴、避难道路和救灾通道,以及河岸、海岸等现状的防灾轴线。乡村道路应在满足、适应交通运输,以及满足各种工程管线布置的需要之外,还应适应地形、地质和水文条件,尽量提升道路的安全系数,保证灾害发生时的物资及人力的运输。其规划应该考虑:建(构)筑物倒塌时对交通的阻塞,灾害发生后有关救助、救急、消防、救援物资输送和时间效率;根据道路长度、宽度,两侧建筑情形来制定或设置避难道路与救灾物资等。并且,滨水堤岸、农田防护林等对于防风固沙、防止水土流失等灾害具有缓冲作用,在乡村防灾减灾空间规划中应注意运用。

"面"主要指防灾分区,包括土地利用防灾计划、土地利用方式调整,各类防灾社区防灾性能的提升,以及城市旧区防灾计划等。在制定乡村防灾减灾规划中,涉及的内容不多,可以参考上一级规划进行,具体问题具体分析。

3) 按照用地性质划分

按照用地性质的不同,将乡村防灾减灾空间划分为建设用地防灾空间和非建设用地防灾空间。具体如表 12-3 所示。

表 12-3　按用地性质划分乡村防灾减灾空间

用地性质	类别	举例
建设用地 防灾空间	绿地	公园、街头绿地、附属绿地、防护绿地
	公共设施用地	医疗、学校、图书馆等
	道路广场用地	道路、广场、停车场等
	工程设施用地	消防站、环卫站、加油站等
	居住用地与村宅基地	空宅基地

续表

用地性质	类别	举例
非建设用地 防灾空间	农用地或未利用地	农田、草地、林地、湿地、裸地、风景名胜区、自然保护区

3. 乡村防灾减灾空间结构

乡村防灾减灾空间结构,是指由乡村防灾空间、避灾空间及防灾救灾设施共同组成的系统,具有区域性和整体性,系统结构间相互耦合,共同提升乡村安全性和稳定性。

形成并稳定乡村防灾减灾空间结构,目的是保障乡村的基本安全,从各方面提升乡村整体的防灾减灾能力。

1) 区域性的乡村整体防灾空间布局

乡村整体防灾空间布局是站在区域的层次对乡村防灾减灾工作进行分析,对乡村空间结构与形态进行分析,强调以灾害预防功能为主,充分发挥乡村自救的能力,建立对乡村灾害的整体防御与防护有力的空间结构与形态,形成良好的乡村防灾环境。这是乡村防灾空间系统规划的基础保证,也是进行乡村防灾空间中观和微观层面规划设计的先决条件。不仅有利于促进乡村的防灾减灾,也有利于创造良好的生态环境。

承接上位规划内容在更高层面规划或专项防灾规划的框架下,明确自身的防灾目标、防灾任务及防灾策略与措施,统筹协调农村各项基础设施和公共服务设施,注重平时灾时建设相结合。

乡村间防灾减灾联系与隔离区域乡村合作通过建立区域乡村防灾减灾网络,形成合作与互补的关系,在灾害发生时可以在自救的同时进行互救。在区域乡村防灾减灾网络中注意分工合作,对于不同的乡村进行不同的功能分散,使某个乡村成为某种应急功能中枢,比如应急卫生核心功能、应急物资集散核心乡村。

2) 个体乡村的避灾空间规划

(1) 应急避难场所的类型

①中心避难场所。

中心避难场所应独立设置应急指挥区、应急管理区、应急物资储备区、应急医疗区、专业救灾队伍营地等,应急指挥区应配置应急停车区、应急直升机使用区及配套的应急通信、供电等设施。

②固定避难场所。

固定避难场所应结合应急通信、公共服务、应急医疗卫生、应急供水等设施,统筹设置应急指挥和应急管理设施、配备管理用房。固定避难场所除应符合一般经济避难场所建设要求以外,还应具备应急避难场所标识、应急避难指挥中心、避难住宿区、应急供水设施、应急供电设施、应急卫生防疫系统、应急广播系统、应急消防水源、应急排污系统、应急垃圾处理系统、应急监控系统、应急停车场等配套设施。

③紧急避难场所。

乡(镇)紧急避难场地应结合中小学操场或较大规模的社区广场进行设置,避难建筑可以包括中小学、乡(镇)政府、医院及其他公共建筑。

村级避难场地可以结合社区广场、打谷场及较为平整的空地或农用地进行设置,避难建筑包括村委会、幼儿园、福利院或仓库等公共建筑。

(2)应急避难场所的布局要求

①选址应位于灾害风险区以外或灾害影响较小的地区,并建立对火灾等灾害的防护隔离,同时还要具备良好的防洪排涝条件,满足建筑抗震及防火性标准。

②具备良好的交通条件:要有两个以上的出入口,还要与主要防灾道路相连,并考虑停车场用地,预留直升机起降场。

③应保证受灾人员基本的空间需求,具体如下:

a.人均拥有 2 m² 的有效安全空间;

b.出入口有效宽度不宜过窄,且出入口周围不能因建筑物倒塌导致避难阻碍;

c.为方便民众避难及救援车辆的进入,出入口邻接道路宽度应至少为 8 m 宽,有效宽度应至少 4 m;

d.选择易产生认知的小区环境空间,如中小学、小区公园、机关等;

e.具备应急指挥、医疗、物资储备及分发的功能;

f.配备应急供水、电力及通信等保障性基础设施。

(3)应急避难场所的应急保障设施配置

基本设施是为保障避难人员的基本生活需求而设置的配套设施,包括救灾帐篷、简易活动房屋、医疗救护及卫生防疫设施、应急供水设施、应急供电设施、应急排污设施、应急厕所、应急垃圾储运设施、应急通道、应急标志等。

一般设施是为改善避灾人员生活条件,在基本设施的基础上增设的配套设施,包括应急消防设施、应急物资储备设施、应急指挥管理设施等。

综合设施是为提高避难人员生活条件,在已有的基本设施和一般设施的基础上增设的配套设施,包括应急停车场、应急停车坪、应急洗浴设施、应急通风设施、应急功能介绍设施等。

(4)应急避难场所的特性

①时效性:应急避难场所的时效性主要考量与消防、医疗等设施的最近距离。消防危险度计算应考量与消防设施的距离,为确保避难场所之流的安全性,应在防灾场所设置有效的植栽、水池、洒水头、消防栓等消防设施。应急避难场所应依托周边地区的医疗设施设置临时医疗场所,以配合临时安置的需要,并可依托周边地区医疗设施获得支援。

②应急功能性:主要是考察乡村中现有可能作为避难场所的用地是否配备了应急设施和设备,如(紧急)照明设备、应急灯、自备电源、广播系统、紧急无线电、基本医

疗设施、应急药品、帐篷、饮用水、(临时)公共厕所、食品、垃圾场、蓄水池(消防用水)、生活物资临时储存空间、防灾设备(工作用具、搬运工具、破坏工具、工作材料、通信工具、灭火设备等)等,以及这些应急设施及设备的完善程度、日常维护状况,在紧急状态下能否良好运行等。

4. 乡村防灾空间布局程序

乡村防灾空间系统规划的工作程序:调查分析—确定乡村防灾标准与规划目标—总体规划阶段的妨碍空间规划—详细规划阶段的设施空间规划设计,如图 12-2 所示。

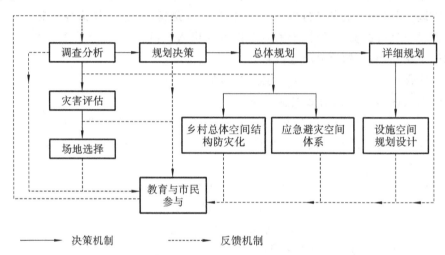

图 12-2 乡村防灾空间布局规划的程序

12.3 乡村防灾设施建设

12.3.1 乡村防灾设施的类型

1. 防灾基础设施

防灾基础设施包括供水、排水、供电、电信、燃气、供热、环卫等专业工程基础设施,可进一步分为应急保障基础设施、重点设防基础设施和其他基础设施。

2. 医疗救护设施

医疗救护系统是指在灾害发生时,发挥救治伤员功能并进行卫生防疫的机构。其主要依托于我国乡村的二级及二级以上的各类医院和疾病控制中心、血库,必要时社区卫生服务中心和其他基层医疗卫生服务设施也需要承担医疗急救的功能。

医疗救护设施规模容量大,能够同时容纳大量伤员。其特点如下。

1) 均衡性

医疗救护设施分布要均衡,能满足相应服务范围内人口的医疗救助需求及人口分布的空间对应关系。

2）可达性

为使灾害发生时医疗人员可以顺利抵达并进入灾区救助伤员，还要具有可达性。

3）安全性

医疗救护设施的安全性使受助伤员接受治疗后能有效缓解伤势，并在医疗救助中心不会再受灾害威胁，保障伤员的人身安全。医疗救护设施对服务半径也有较高要求：在灾害发生后，应急医疗设施系统的救护行动应于 4～6 min 黄金急救时间内对伤员做紧急处理，这将对拯救伤患者生命有决定性的影响。

3. 应急物资储备

应急物资储备设施主要包括物资储备、接受发放等地点。发放地点是指为避难生活物资能有效运抵每一个可能灾区并供灾民领用的各级避难场所。

12.3.2 防灾设施的布局要求

乡村防灾设施的建设、维护和使用，应当考虑平灾结合，综合利用；注重防灾工程设施的综合使用和有效管理。

乡村防灾设施规划内容包括防灾指挥中心、消防站、卫生院、医务室、疏散场地、疏散通道、防洪堤、截洪渠等。

12.3.3 专项防灾设施规划的要点

上文介绍的乡村防灾减灾空间规划中，跳出编制范围，从空间的角度入手进行防灾减灾的规划。乡村防灾空间规划与传统乡村防灾规划不同，目前我国的乡村防灾减灾规划通常有两个特点，一是重防灾轻减灾，二是将乡村防灾减灾作为乡村总体规划的一部分或者是专项规划的一部分。现介绍乡村防灾工程规划要点内容，包括技术路线规划、消防工程规划、防洪工程规划、抗震工程规划、地质灾害防治工程规划、生命线系统防灾工程规划等部分。

1. 技术路线规划

确定乡村消防、防洪、抗震等设防标准；布局村庄消防、防洪、抗震等防灾标准；制定消防、防洪、抗震、地质灾害防治等防灾对策与措施；制定生命线系统保障的对策与措施。

2. 消防工程规划

乡村消防工程系统有消防站、消防给水管网、消火栓、消防通道等设施。消防站的设置在基层村不常见，多设置于中心村或乡一级。

1）消防常规措施

①预防为主，防消结合，加强宣传教育，提高防火意识，增强村民消防法制观念。

②从保证乡村消防安全出发，对易燃易爆工业企业、仓库、堆场进行合理布局。

③消防站的设置应从实际出发，综合考虑消防车通行时间，合理布局。

④对于乡村道路进行梳理,保证乡村道路适合消防车通过。

⑤正确设计村庄给水管网和消防水压、水量,设置必要的市政消防栓。

⑥保证火警电话线路和消防指挥通信系统通畅。

⑦按照有关消防法规,进行各项工程建设和生产活动,重点为建筑物、构筑物等。

2) 消防安全总体布局

①在村庄总体规划中,必须将易燃易爆物品的工厂、仓库、谷仓、堆场等设在村庄边缘的独立安全地区,并应与影剧院、商业街区、市场、文化娱乐场所、学校、住宅等人员密集的公共建筑或场所保持规定的防火安全距离。

②布局不合理的旧镇区,特别是严重影响村庄消防安全的单位或建筑物,必须纳入近期建设整改规划之内,有计划、有步骤地进行迁移或改变生产使用性质等,消除不安全因素。如私搭乱建、易燃易爆的工厂、住区、仓库及公共设施混杂布置,安全隐患巨大。

③散发可燃气体、可燃蒸气和可燃粉尘的工厂,必须布置在村庄全年最小风频的下风向一侧,并与住宅、商业去或其他人员集中的地区保持一定的防火间距。石油化工企业、石油库、液化石油气储罐站等宜布置在村庄河流的下游,并应当采取防止液体流入河流的措施。

④在村庄总体规划中应合理确定液化石油气供应站的瓶库、汽车加油站和燃气、天然气调压站的位置,并采取有效的消防措施确保安全。燃气管道和阀门井盖应有明显的标志。

⑤镇区内新建的各种建筑物,应建造一、二级耐火等级的建筑,对于三级建筑尽量拆除。

⑥村庄中原有的耐火等级低、相互毗邻的建筑密集区或大面积棚户区必须进行合理改造,积极采取防火分割、提高耐火性能、开辟防火间距和消防车通道等措施,改善和提高消防安全条件。

⑦集贸市场、专业市场或营业摊点的设置,不得堵塞消防车道和影响消火栓的使用。

3) 消防给水设施

在村庄规划过程中,消防给水系统与给水设施需同时设计。规划一般采用消防、生产、生活合一的给水系统。消防用水可以由给水管网、天然水源或消防水池供给。

确保枯水期的最低水位和冬季消防用水的可靠性,同时要设置可靠的取水设施和停车场地。

3. 防洪工程规划

村庄防洪工程系统有防洪堤、截洪沟、防洪闸、排涝泵站等设施。防洪工程系统的功能是采用避、拦、堵、截、导等各种方法,抗御洪水和潮汐的侵袭,排除涝灾,保护村庄安全。

1) 防洪基本原则

①村庄防洪工程设计应当以村庄总体规划及其所在的江河流域防洪规划为依据,遵循全面规划、综合治理、统筹兼顾、因地制宜、因害设防、防治结合、以防为主的原则。

②集镇范围内的河道及沿岸的土地利用必须服从防洪要求,各项工程建设及其防洪措施不得低于该镇的防洪标准。

③村庄防洪总体设计必须在村庄总体规划和流域防洪规划的基础上,根据洪水特性及其影响,结合村庄自然地理条件、社会经济状况和发展的需要确定。总体设计应根据不同的洪水类型(河洪、海潮、山洪和泥石流)选用相应的防洪措施,构建完整的防洪体系;因防洪措施影响而造成的内涝,应采取必要的排涝措施。

④村庄防洪总体设计应保护生态环境。城镇的天然湖泊、水塘应予以保留和充分利用;防洪规划中可采取修筑山塘水库,整治湖、塘、洼地,调节径流,削减洪峰。同时应与农田灌溉、水土保持、绿化及村庄的给水排水等结合起来,达到综合利用的目的。

⑤村庄防洪应与市政建设密切配合,在确保防洪安全的前提下,兼顾使用单位和有关部门的要求,提高投资利益。

2) 沿江沿河村庄防洪规划

我国沿江沿河村庄的地理位置、流域特性、洪水特征、防洪现状及社会经济状况等方面千差万别。在防洪规划时要从实际出发,因地制宜。一般要注意以下几点。

①以城镇防洪为主,与流域或区域防洪相配合,与上下游、左右岸的防洪设施相协调。

②村庄防洪规划应遵循泄洪兼顾、以泄为主的原则。

③与村庄总体规划相协调,同市政建设密切配合。防洪工程布置,要以城镇总体规划为依据,不仅要满足近期建设的要求,还要考虑村庄长远发展的需要,使防洪设施与市政建设相协调。

3) 山区村庄的防洪规划

山区防洪规划一般以山洪隐患为主。山洪汇水面积较小,但沟床纵向坡度大,洪水来得突然,水流湍急,挟带泥沙,破坏力强,对村庄具有很大的危害。山洪危害区域,应当以小流域为单元进行治理。一般要注意以下几点。

①与流域防洪规划相结合。

②工程措施与植被措施相结合。

③排洪渠道与截洪沟相结合。

4) 沿海村庄防潮规划

根据沿海潮汛现象,需要对不同地区的潮型、潮差进行分析,同一地区不同时刻的潮型、潮差也不尽相同。一般需要注意以下几点。

①准确确定设计高潮位和风浪侵袭高度,针对不同潮型采取相应的措施。

②尽可能符合天然海岸线。天然海岸线多年形成较为稳定,硬性改变或向海中深入,可能会影响海水在岸边的流态和产生新的冲刷与淤积。

③与村庄建设相协调。

④因地制宜地选择防潮工程结构形式和消浪设施。

4. 抗震工程规划

在抗震设防地区的村庄,应当编制和实施抗震防灾规划。

抗震设防区,是指地震基本烈度Ⅵ度及Ⅵ度以上的地区(地震动峰值加速度不小于0.05g的地区)。

地震设防是地震灾害预防中的一项工程性防御措施,主要是指对各类建设工程必选抗震设防要求和抗震设计,按施工规范进行抗震设计和施工;对已建成的建筑物,未采取抗震设防措施的应采取必要的加固措施。

1) 抗震标准概述

国家发布的抗震规划标准及相关规定有《城市抗震防灾规划标准》(GB 50413—2007)、《中国地震动参数区划图》(GB 18306—2015)、《城市抗震防灾规划管理规定》等。

除此之外,还有建筑抗震标准和生命线工程抗震标准,各自有不同的规范。

2) 抗震常规措施

村庄建筑物抗震防灾措施如下所述。

①全面规划,科学建设;避免地震时发生次生灾害,如火灾、爆炸等。

②尽量选择对抗震有利的地基和场地。

③针对不同的地基和场地,选择技术先进、经济合理的抗震结构方案,尽量做到"以柔克刚、以刚克柔"。

④建筑物平面造型的长宽比例要适度。

⑤建筑物平面刚度要均匀。

⑥对建筑物应力集中部位,构造上要适当加强。

⑦加强各部件连接,并使结构和连接部位要有较好的延展性。

⑧尽量不做或少做地震时易倒塌、脱落的建筑装饰物,如挑檐、女儿墙等。

⑨尽量减轻建筑物的自重,降低中心位置,适当加大楼房间距。

3) 抗震设施

抗震设施包括避震场所和疏散道路。

(1) 避震场所

村庄内学校操场、公园、广场、绿地等可作为临时避震场所。因此,这些场所除满足自身基本功能需要和符合有关法律规范要求外,还要满足抗震救灾减灾方面的要求。这些设施的分布宜比较均匀,交通方便,地势较高,便于居民就地分散。

(2) 疏散道路

村庄内的疏散道路主要是村庄的对外公路和村庄内的各级道路,为保证道路畅通,一般要求村庄道路两侧的建筑物距道路红线有一定的距离,并设置多个出入口,以防在震时和震后建筑物倒塌而导致道路堵塞,影响救灾工作的及时开展。

5. 地质灾害防治工程规划

地质灾害包括自然因素或者人为活动引发的危害人民生命和财产安全的山体崩塌、滑坡、泥石流、地面塌陷、地裂缝、地面沉降等与地质作用有关的灾害。

地质灾害防治工作应当坚持预防为主、避让与治理相结合的全面规划、突出重点的原则。

地质灾害防治规划包括以下内容:

①地质灾害现状和发展趋势预测;

②地质灾害的防治原则和目标;

③地质灾害易发区、重点放置区;

④地质灾害防治项目;

⑤地质灾害防治措施等。

地质灾害防治措施包括以下内容:

①位于易发生滑坡地段的村庄建设用地的选址,应根据气象、水文和地质等条件,对规划范围内的山体及其滑坡的稳定性进行分析评价,并作出用地说明;

②在滑坡地带布置建筑物时,应避开可能产生滑坡、崩塌、泥石流的地段,充分利用自然排水系统,妥善处理建筑物、工程措施及其场地的排水,并做好隐患地段崩流的防治;

③对位于规划区内的滑崩流地段,应避免改变其地形、地貌和自然排水系统,不得布置建筑物和工程措施。

6. 生命线系统防灾工程规划

村庄生命线系统包括供电线路、供水管网、排水管网、供气管网、交通线路、通信系统、消防系统、医疗应急救援系统、地震等自然灾害应急系统。生命线系统完好率是衡量一个地区社会发展、基础设施建设水平及生态安全的重要指标。

电力是生命线系统的核心,主电网应形成环路,并且是多路电源供电,还应备有自发电及可移动式的柴油发电机系统,以提高应急系统的可靠性。变电中枢一般位于地势较高、不受洪水淹没的地段,这些设施的规划与建设必须按照国家规定的地震烈度提高一度设防。

供水可采用分区供应,设置多水源,管网一般采用环状形式。

燃气储罐的基础应该坚实,防止地震时燃气泄露诱发次生灾害;出气管和进气管设有紧急切断阀,并设有手动和自动启闭装置,在地震时能自动切断电源。燃气管道采用钢管、灰口铸铁管;热力管道必须采用钢管,并敷设在管沟内;如必须通过地基土可液化地段时,应采用钢管。

保护铁路枢纽及铁路干线、公路等对外交通设施的安全,确保灾时、灾后交通运输的通畅和安全。

电信要有线与无线结合,保证防灾救灾信息的迅速传播及告示的及时发布。

医疗方面,应提高医院建筑的设防标准,保证医院在灾时、灾后能够正常工作;尽可能利用按照规定设防的医院作为抢救伤员的场所,保证出入口畅通。

生命线系统由长距离可连续设施组成,往往一处受灾,影响大片面积,因此,必须将生命线工程、结构物群当作一个整体来规划和研究。

12.4 乡村防灾综合预警提升

12.4.1 乡村应急物资保障系统综合防灾能力

1. 乡村应急物资保障系统的内容

应急物资保障系统主要包括物资储备、接收发放地点等。发放地点是指为避难生活物资能有效运抵每一可能灾区并供灾民领用的各级避难场所。由于物资的接收地点与疏散体系、发放地点与避难场所有重叠,故本书中的物资保障系统主要侧重于物资储备设施。

2. 乡村应急物资保障系统的特征

一是规模容量。主要是考察乡村中现有各类物资储备设施的规模容量能否满足灾时灾民的生活应急物资需求。

二是均衡性。合理安排各种物资的安放地点、各级避难场所等,保障发生灾害时村民能够迅速地转移及疏通。

三是可达性。面临的道路等级应在乡村次干道及其以上等级,且最好面临 2 条以上的乡村道路,且为提高物资运送和分配效率,其出入口宽度不小于 8 m,场地内应有充足的停车空间。

12.4.2 乡村灾时治安系统综合防灾能力

1. 乡村灾时治安系统的内容

乡村灾时治安系统主要包括乡村各级公安部门武警,民兵和街道联防队可以作为补充手段。其任务主要包括灾害救援、灾情查报、交通管制、秩序维护四项内容。当灾害发生时,容易发生由于物资短缺、谣言四起而造成救灾物资被哄抢和商店被打砸抢等事件,如果处理不当,容易造成社会动荡的不利局面,此时维持社会的正常秩序就显得十分必要。

2. 乡村灾时治安系统的特征

①均衡性:各级各类治安设施在空间上的分布应尽可能均衡,以有利于迅速出警快速抵达受灾地点。

②规模容量:根据区域内人口数量及公共服务设施的服务半径,合理安排各级各类治安设施的数量及规模,做到大小衔接、井然有序。

③安全性:主要是考察乡村中各类治安设施的安全性,即其是否位丁地震断裂带或地质灾害多发区内。

12.4.3　乡村防灾综合预警系统建立

1. 提高居民灾害风险意识

一是积极开展防灾减灾文化宣传活动。要充分发挥各类公共文化场所、重特大自然灾害遗址和有关纪念馆的教育、警示作用。要通过组织现场观摩学习、举办专题知识讲座、在新闻媒体开设专栏专题等形式,开展形式多样的防灾减灾文化宣传活动,努力营造全民参与防灾减灾的文化氛围。

二是大力推进防灾减灾知识和技能普及工作。要加强面向广大社会公众的防灾减灾知识、技能的普及。

三是广泛开展防灾减灾演练活动。要针对潜在灾害风险和区域灾害特点,立足实际、因地制宜,组织机关、企事业单位、学校、医院等开展防汛抗旱、防震减灾、防风防雷、地质灾害防御、消防安全、事故防范、卫生防疫等方面的应急演练活动。

2. 乡村灾害风险评估

在灾害(自然、社会、科技生产灾害)发生之前或之后(还没有结束),对该事件给人们的生活、生命、财产等各个方面带来的影响和损失的可能性进行量化评估。

3. 制定乡村预警应急方案

乡村预警应急方案是指自然灾害发生时,乡村能够针对各种可能发生的灾害,不断完善预测预警机制,科学开展风险分析,做到早发现、早报告、早处置。

4. 以基层能力建设为落脚点,夯实综合减灾工作基础

广泛开展防灾减灾科普宣传教育,较大幅度提升全民防灾减灾意识。统筹利用公园、绿地、体育场、学校等公共场所,灾害发生时经过改造就可作为应急避难场所。加大对自然灾害严重的革命老区、民族地区、边疆地区和贫困地区防灾减灾救灾能力建设的支持力度。

村镇防灾减灾的研究不应只局限于制定防灾标准及规范,还应该根据我国广大农村地区的现状及防灾减灾中存在的缺陷,针对各功能系统与灾害的关系进行深入的探讨。

12.5　乡村综合灾害治理

12.5.1　乡村综合灾害治理的含义

灾害治理是指在乡村既发灾害之后,对于乡村进行的灾后恢复与重建。综合灾害治理贯穿受灾和重建整个过程,是一个系统性工程,自对受灾地进行应急救援起,涵盖对土地、地形等自然要素,资本、产业等经济要素,人口、文化等社会要素,环境、气候等生态要素,政策、规划等政治要素的综合治理和重建,使其恢复到一个可以被接受的层次,不一定等同于受灾前的发展水平。

12.5.2 乡村综合灾害治理的措施

1. 自然层面

1) 土地资源

土地资源,特指乡村中的耕地资源。农均耕地的复核与分配、耕地耕作半径应依据当地自然条件、农业类型、机械化水平、耕作集约化程度、人均耕地数量、地方种植习惯等进行规划。

2) 地形地貌

依据地形地貌,对农村居民点和聚落进行重新选址或原址重建,充分考虑灾后聚落形态和状态,应当避开地震断裂带、滑坡、泥石流等地质灾害多发地区。

3) 水资源恢复

水资源对乡村产业重建起重要作用。在河流较少地区可以选择节水农业,河网密布的乡村则发展需水农业、水产养殖等。在地下水使用区域,对于地块塌陷或无法使用的地区,需要对水资源进行调配或采取其他手段,保障生活用水量。

2. 经济层面

1) 产业布局调整

通过对产业进行规划调整,提供一定的就业岗位,通过产业结构调整,更新当地产业布局,推动农业与第二、三产业建立新的联系,从而使灾后重建有更完善的交通、市政、环境等基础设施。

2) 人力资源调整

为农村居民提供更多就业岗位,并着力提高劳动力素质。通过大量数据显示,具备建筑工程技术的农户常在灾后获得更多的就业机会,对于恢复重建工作也更为积极。对于灾后重建所需的技术性工种进行着力培养,进而鼓励当地居民积极投入灾后恢复中。人力资源调整除了对劳动力进行重新布局之外,还需着力对于受灾农村居民收入进行分析,从而有层次地帮助受灾农村居民实现再就业,尽快恢复受灾地区的经济水平。

3) 基础设施恢复

乡村基础设施重建包括交通设施、市政设施和防灾设施三方面内容。应当构建城乡一体的基础设施体系,强化水、电、路、气等城镇基础设施向乡村延伸,空间布局上覆盖至行政村或中心村,建立城乡一体的配置标准,加强设施的城乡共建共享,避免重复建设,强化基础设施的网络化建设,提高安全性与可靠性。灾后重建对乡村基础设施恢复重建的要求有三点:一是民生为重,优先恢复重建关系灾民基本生活、生产的生命线工程;二是立足近期,远近结合,恢复为主,重建为辅;三是适度超前,提高建设标准,增强安全可靠性。

4）公共设施恢复

乡村公共设施重建包括教育、医疗、文化、体育、社会保障、社区管理服务和社区民生商业等七个方面。基于灾后恢复重建的特殊性,除满足城乡公共服务均等化、集约化、标准化外,还应当体现优先性和安全性。优先性是指学校、医院等公共设施应当在灾后重建的资源和时序上优先安排;安全性是指学校、医院等公共设施的建设标准应高于一般建筑,宜采用抗震性能较好的钢结构,建设安全可靠建筑,避免悲剧的再次发生。乡村灾后重建中,应建立乡村公共设施分级配置体系,根据服务人口规模的不同和公共设施服务半径差异,分级配置,以保障服务均等化;同时建立公共设施基本配置标准,根据恢复重建规划的居民点体系,按照中心镇、一般乡集镇和农村社区三级,设置公共设施的配置标准。

3. 社会层面

1）人口数量恢复

人口数量的恢复包括灾区的危险性评估、灾民的安置、产业的恢复、基础设施的恢复、地区的补助及国家政策的支持等多个方面。妥善安置受灾区域民众是前提,灾区危险性评估是保障,地区和国家政策的支持是诱因,产业和基础设施的恢复是动力。

2）社会文化复苏

每一社会都有与之对应的文化,具有民族性和地域文化适应两个方面的特点。一是对所处自然环境包括生态环境在内的适应,称为生物性适应;二是对所处社会环境的适应,可称为社会性适应。在文化的运行中,两种适应并存,互为补充,相互推进,共同制约着该民族的生态行为。通过对受灾区域原有文化产业进行修缮,让受灾区域能够拥有发展文化产业的基地;通过对受灾群众进行心理辅导治疗等,帮助受灾群众建立信心,众志成城,促进社会文化复苏。

4. 生态层面

1）乡村生态恢复

乡村生态修复工程主要包括生态功能区划定、受损植被恢复、水源流域生态恢复和各类保护区恢复四个方面,具体内容包括:根据灾区全域生态要素、敏感性、功能等的差异,划分为生态控制区、生态保育区、生态提升区、生态改善区,形成分级制体系;加强天然林保护,退耕还林,退牧还草,封山育林,人工造林;推进林权制度改革;实施流域综合治理和生态修复,恢复水源涵养、水土保持功能;恢复重建各级自然保护区、风景名胜区、森林公园、地质公园。

生态功能区划定是统筹城乡生态资源的核心,其基础是区域生态敏感性分析,从自然资源环境出发,综合地形地貌、基本农田、风景名胜、森林、水系、生物多样性等要素,结合历史文化遗存进行综合分析评价,以此为基础,划定生态功能分区。

2）乡村环境保护

乡村环境保护任务十分艰巨,一方面由于地震破坏,饮用水源、土壤、空气极易遭到危险化学品、垃圾、粪便、尸体甚至核辐射等的污染；另一方面，随着灾后重建的开展，生产、生活的恢复还将产生新的污染，农业资源污染、工业污染、生活垃圾污染交织，使乡村环境问题日趋严重。乡村环境涉及大气环境、水环境、土壤环境、声环境等多个方面，基于城乡统筹的乡村环境保护目标在于整合完善城乡区域环境基础设施，控制污染排放总量，使大气、水、土壤等环境质量得到改善。乡村环境保护内容包括灾后污染紧急处理、乡村环境基础设施恢复重建、城乡污染联控联防、农村环境质量改善、调整农业结构、恢复重建灾区环境监测监管等六个方面。

灾后污染紧急处理主要是针对灾区污染源和环境敏感区域，包括治理被污染水源地和土壤、清理地震废墟、处理动物遗体、危险废弃物和医疗废弃物等；重建乡村环境基础设施，推进城乡污染联控联防；恢复重建乡村污水处理设施及排水管网，实现乡镇污水处理设施的全面覆盖，推广应用沼气池等家庭生活污染处理设施；重建固体废弃物收集与处理设施，推广"户分类、组保洁、村收集、镇转运、县处理"的固废处理模式。城乡污染联控联防重点在于城乡减少污染物排放总量，城乡环境基础设施统一规划、共建共享，城乡污染统一监管、统一处置；调整农业结构，改善农村环境质量；促进现代农业发展，推动农业结构调整，从源头和生产过程控制农业面源污染；改进养殖方式，推广清洁养殖；划分养殖区、适度养殖区和禁止养殖区；规范养殖场污染处理和排放标准；引导家庭分散养殖向集中养殖小区转化；恢复重建灾区环境监测设施，提升环境监管能力；建立灾区中长期生态环境影响监测评估预警系统；对于核辐射等放射性污染，建设放射性废物库、辐射环境监测网点、辐射安全预警监测系统。

5. 政治政策层面

1）国家政策支持

设立心理辅导专员，为受灾人群提供福利服务，其人员费用由国家提供补助；开展"心理关怀事业"，预防和防止受灾群众发生抑郁症等心理疾病，其工作经费由复兴基金提供；支持"农田灾害相关治理"工作，由国家专项补助，解决地震后灾害治理，区划重新调整和复耕等工作；对不属于国家补助的农田生产能力恢复项目，比如水渠修整等，则由国家支持；支持公共基础设施的恢复；出台相关政策加快当地产业恢复，促进产业结构调整；号召其他地区对受灾区域进行援建代建等。

2）灾后乡村规划

灾后重建规划要遵循：尊重自然，尊重科学；因地制宜，因势利导；科学布局，统筹发展；传承文化，突出特色；立足现实，着眼未来等原则。灾后重建规划应建立在城乡与自然环境和谐相处的基础上，做好工程地质的评价工作，充分考虑灾害和潜在灾害的威胁，研究资源环境的承载力，维护自然生态环境，科学制定城镇体系布局，重点解决人口分布、产业结构调整和生产力布局，努力建设"环境友好型"的城乡人居环境。灾后重建规划首先要解决受灾地区民众的安置工作，尽快恢复与灾民日常生产、生活息息相关的城乡房屋与基础设施的建设，同时要放眼未来，从城乡发展的长远利益出发，适度超前，统一规划，有计划、分步骤地推进恢复重建。

本章小结

乡村的防灾减灾规划、综合治理研究是针对长期以来乡村空间规划的缺陷和农村建设过程中暴露出的问题,进行的深入探讨与研究。在乡村空间规划过程中,如何强调自然生态环境对灾害起到的减灾缓灾作用,通过物质空间与自然环境空间有机协调,重视物质空间内部各功能系统的空间布局与自然的适应性,达到乡村整体空间防灾避灾减灾的功能,从乡村防灾角度出发,对乡村空间系统的防灾进行整体性、系统性规划研究,这对我国乡村振兴建设极具实际意义。

思考题

[1]乡村灾害主要有哪些种类?

[2]乡村灾害有哪些特征?

[3]请按用地性质划分乡村防灾减灾空间。

第六篇
乡村规划实践

第13章 四川省洪雅县止戈古镇规划设计实践案例

四川省洪雅县止戈古镇历史悠久,风景优美,至今仍保存有较完整的川西风格的民居建筑。规划设计从止戈古镇的现状测绘调研入手,提出重塑公共空间的规划设计理念。设计结合保护古镇具有历史价值的民居建筑,新建和修复设计游客接待中心、民俗博物馆、艺术茶室等具有旅游接待功能的公共建筑,梳理出新的景观水街、古镇内街和商业外街三条景观轴线,给止戈古镇带来新的空间活力。

13.1 止戈古镇现状调研

止戈古镇位于四川省洪雅县县城西南部的青衣江南岸,东经103°20′,北纬29°53′。根据明嘉靖《洪雅县志》记载,因雍闿与诸葛亮在花溪河与青衣江汇合处的龙鼻嘴议和停止了战事干戈,止戈镇因此得名。该地区属中亚热带湿润性气候,气候温和,雨量充沛,四季宜耕。中温、多雨等气候特征不仅为止戈镇优越的人居环境和生态环境提供了良好基础,也为生物资源的多样性创造了条件,特别是雨雾迷蒙的天气与碧水青山的景致为当地创造了富有特色的生态旅游环境。青衣江流域主要支流有花溪河等河流,湍急的水流在沿途形成众多土地肥沃、风景优美的冲积平原。发达的水系造就了止戈古镇丰富的水能资源的同时,还形成了优美的水域风光。特别是青衣江两岸风光秀丽,近代沿江而建的大小水电站如一串串珍珠镶嵌在青山碧水之间。本次设计范围主要是以止火街社区为中心的止戈古镇更新设计,以达到促进当地休闲旅游开发的目的。

止戈古镇现有建筑多为木结构穿斗式青瓦民居,图13-1为止戈古镇现状鸟瞰,图中古镇的屋顶绵延有一定的整体性。大部分单体建筑功能格局保存完好,但其中部分屋面与墙面破损严重。古镇建筑群布局呈"一"字形平行分布于青衣江东岸,古镇空间结构单一且较为松散,公共空间缺乏聚合力与中心点。古镇原有基础服务设施落后,缺乏系统性与完整性。古镇中心街道止火街为单一线状道路,临街面商铺的业态多为小商品零售和小规模餐饮。古镇建筑临公路或者临青衣江修建,多为民居或是居住与临街商铺结合体。止戈古镇紧邻西面的青衣江且最初标高高于江面,长久以来临江的建筑大都是以吊脚楼的形式架空于水面之上,获得了良好的景观视野,但现在的止戈古镇的北面修建了水电站的拦河水坝。为防止水位上升修建的堤坝标高高于止戈古镇地面标高3～5 m,堤坝将止戈古镇临河面与江面景观隔离开来成为目前止戈古镇临河景观的制约因素。同时现状止戈古镇东面城市道路的标高超过古镇地面6 m,导致止戈古镇处于河道与城市道路之间相对封闭的环境中。规划设计导入合理有效的古镇内部交通系统和宜人的公共休闲空间,增加标志性的景观节点,充分发挥对优质的青衣江景观的利用和开发。

图 13-1　止戈古镇现状鸟瞰

目前止戈古镇建筑呈新旧建筑混合共存状态,其中部分川西民居建筑现已被拆除修成新居或是被废弃。现状保留下来的老建筑多为穿斗式木结构或砖木混合结构,其建筑空间组合形式多为院落式,每个院落设天井以便通风散热。建筑外立面有砖墙、土墙、木板墙、编夹壁墙等类型,每栋建筑的外墙几乎都由两种以上类型墙面构成。另外存留下来的老建筑多留有时间的印记,有的是因为建造年份的不同所呈现出的不同建筑特色,例如古镇中留有民国时期一些西方建筑的元素;有的则是因为古镇所经历的特殊历史事件所留下的痕迹,例如"文革"时期的标语、图像与标识等。经调研发现,止戈古镇现存老建筑的空间功能简单,临街一楼多为商铺,第二进院落一楼为茶室或者客厅,第三进院落一楼为储物间,而二楼一般是居住的卧室等生活空间。

止戈古镇街道现状平面功能简单,古镇中已没有祠堂、寺庙这类公众聚集的场所,大部分是当地居民的自住宅,另有少部分古镇街道管理用房零散地穿插于整个古镇。目前居民生活仍然以农业作为平时收入的来源,部分居民住宅的后院留有少量菜地。

13.2　重塑公共空间的止戈古镇规划理念

对于一个古镇来说,最重要的是其公共空间氛围的营造,所以止戈古镇最主要的开发建议是以保留和改建古建筑为主,新修建筑为辅,最大可能地存留古镇的记忆,因为只有真正具有历史记忆的建筑空间才能展现出独特的古镇魅力。调研对现代建筑、砖木混合建筑和木结构建筑进行标注和分析评估,图13-2所示为对于现状保存比较完好、建筑形式较优美的建筑进行保留,局部立面或者屋顶遭到破坏的建筑进行修复,后期加建的现代平屋顶建筑进行拆除。

保留修复 Repaired Buliding
新建建筑 New Buliding

一层 One Floor
二层 Two Floor
三层 Three Floor

图 13-2 古镇建筑现状调研

在现状调研的基础上,以止火街为中心,对整个古镇的建筑空间格局进行梳理,发现止戈古镇目前街道空间单一,景观条件差的主要原因是缺乏公共空间。止戈古镇街区形态呈现南部窄北部宽的楔形,南部标高与城市道路齐平可以设计古镇牌坊等景观标识与城市道路衔接。止火街由南到北地势逐渐变低,街区尺度也逐渐变宽,刚好可以形成一些开敞的公共活动空间与北边的在建和平公园互相呼应,同时也可形成古镇北部较开敞的入口形象。在保留原有止火街道路空间格局的基础上,沿青衣江堤坝堡坎顶面设计扩展出新的景观水街,从而形成沿江水街、古镇的止火街和紧邻古镇的城市道路三条南北向主要道路的交通系统。除了三条道路的交汇处,三条道路之间还规划了一些东西方向的步行巷道,从而在方便古镇居民的同时,增加了古镇街巷转折偶遇的空间趣味。

商业的业态策划与规划的道路交通系统充分结合,划分出三个商业街区,分别是靠公路的商业外街、古镇里面的商业内街和临近青衣江的景观水街。在商业内街和景观水街几个最具特色的位置可以设置茶室、酒吧、民俗酒店等高端商业,以激活整个片区的业态发展。另外还可引入文化艺术类业态,比如民俗博物馆等公共建筑。

而在商业内街和景观水街的其他位置及商业外街则可以设置以零售、餐饮为主的业态,这些业态的建筑应多为前店后宅或下店上宅的形式,与古镇整体的空间功能保持一致,经营区多集中在一楼,二楼主要用于居住或储存空间。

如图13-3所示,古镇的总平面景观系统以青衣江沿岸坡地景观和引入河水打造的内河水街为主轴,贯穿整个古镇止火街的大小院落和临城市道路的商业街为副轴。由南至北通过打造一系列的景观节点(如古牌坊、古镇瞭望台、文化雕塑、跌水景观梯、古戏台广场,古码头和古镇观光高点)来烘托环境氛围,制造高潮迭起的空间序列。

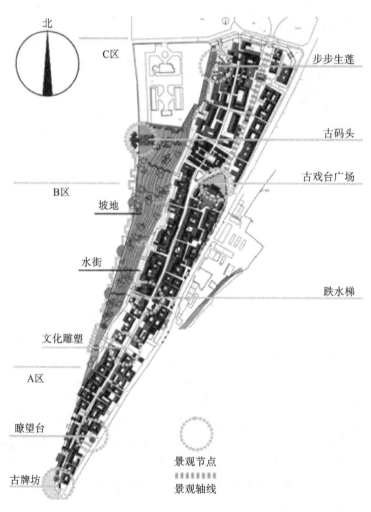

图13-3 古镇总平面规划设计(作者绘制)

考虑到古镇的对外游客接待和文化展示功能的需要,将地块由南到北分为A、B、C三区,其中在A区增设酒店完善古镇游客住宿接待功能,B区增设民俗博物馆对外展示古镇民俗文化,C区结合北入口门楼增设游客接待中心与止戈和平园呼应并提供商业服务。为了使整个古镇更具有活力,在 B 区和 C 区的交接处增设古戏台广场,为古镇创造一个人流聚集的公共活动空间,为赶集、唱戏表演等活动提供更舒适的环境。另外在沿青衣江河堤的坡地地段设计跌落式景观,为游客和当地居民增加休闲空间,同时也利用高差和坡地景观引导人们去发现青衣江的壮阔景色。在沿江的坡地平台上结合古码头打造全镇观光制高点,利用人们的好奇心及登高的惯性走向江边风景。古镇公共空间的连续性由一个个空间节点串联而成,充分考虑地形高差和有利的景观条件,才能打造出宜人尺度的休闲古镇。例如,在 A 区利用高差设置观景台,使游客可以在上面俯瞰整个古镇的屋顶韵律之美;在 B 区利用高差设计天桥景观、水街建筑,使整个古镇的街道空间更加丰富有趣,人们可以从止火街通过天桥跨越到内河水街对岸的山坡,也可以下台阶进入内河旁边的水街,游览的自由度很高;在 C 区,利用高差和城墙修建的栈道可以联系到 B 区的水街和堤坝坡地景观,还可以进入部分建筑的二楼平台,为游客创造多样化的游览路线。另外,B 区和C 区交界处的古戏台广场是古镇公共空间的焦点,也是沿城市道路一侧古镇形象展示的舞台。古镇规划设计既需要有良好的景观和交通系统,又需配置多种功能的公共建筑和服务设施,还要为居民和游客提供公共活动空间促进整个环境空间品质提升。

13.3 重要节点与单体建筑

为延续古镇建筑风貌,设计尽可能保留古镇的古朴特质以减少现代商业对于传统古镇格局的破坏和干扰。新修建筑的建筑样式与古镇原有民居大体一致,根据新修建筑的功能,允许部分现代手法布置平面功能。因为止戈古镇的民居基本为院落天井的组合形式,为了保持古镇肌理,新修建筑的平面也基本采用此种形式,然后根据单体建筑功能的不同做出适宜的调整。在基地上新添加的建筑功能主要有游客中心、博物馆、酒楼、酒店、茶室、会所等一系列服务于旅游接待的建筑。除了部分建筑仍然采用下店上宅或前店后宅的平面功能布局,其他大多新修单体建筑功能分工明确,互不干扰。

由于止戈古镇原来建筑多为 2 层,所以新建的建筑体量不宜过大,建筑高度控制在 15 m 以内,层数控制在四层以下。建筑风格设计统一且具有当地地域特色,希望通过材料本身的构造设计来体现出工艺美。止戈古镇的西民居的风格突出,如穿斗山墙、木板门等立面元素,在立面设计上应尽可能地提取这些风格元素运用到新修的建筑中。另外,由于原本川西民居的剖面空间形式比较简单,所以只在大型的单体建筑中设计丰富变化的剖面空间。

在部分新建的公共建筑中,比如图 13-4 的民俗博物馆,为了满足其功能需求,设计出较为丰富的剖面层次。把新建的民俗博物馆建筑本身作为展品来设计,通过错落有致的屋顶变化展示止戈民居形态的多样性。由于新建博物馆面积和体量比旁边民居大,设计时考虑到博物馆与周边民居尺度协调,于是把博物馆平面设计成分布于道路两边的两组院落,在二层标高利用天桥把两组院落互相联系起来,博物馆的主入口就设在一层架空庭院处。博物馆的天桥不仅是两组院落的水平联系,更是为游客游览博物馆提供立体多维的路径,移步换景,游客可以在游览过程中欣赏不同视角的古镇。另外,通过博物馆的天桥可以联系景观水街的吊脚楼,也可以跨过水街到达对面的坡地景观和全镇的最高点观看青衣江的美景。

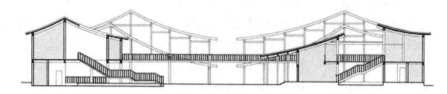

民俗博物馆1—1剖面图 1∶200

民俗博物馆南立面图 1∶200

图 13-4 止戈古镇博物馆剖面和立面设计(作者绘制)

修复的建筑则重点考虑在保留原有建筑形式的基础上赋予建筑新的功能,并结合实际需要进行一定的扩建。以 B 区的 BG-2 号和 BG-3 号建筑为例,如图 13-5 所示,改造前两栋民居平面紧挨在一起且共用一堵墙。两栋民居的临街面是店铺且都有自己的内部天井,原居住生活用房围绕天井布置。原店铺的面宽小进深大,居住卧室间接采光条件差,测绘调研后设计改造成艺术茶室。设计保持原有的结构方式,拆掉局部新建的砖石墙,添加部分木构保持建筑的整体风貌。更新设计后 BG-2 号的功能为画廊展示空间,BG-3 号为休闲茶厅。修复时发现 BG-3 号后区有闲置空间,考虑拓展后院形成一个更大的中庭空间与画廊呼应,同时改善内部采光条件。拓展的后院建筑继续采用穿斗式框架结构,高差处理上根据地势而定,房间之间运用楼梯踏步相连接。另外,如果修复建筑位于有高差的地段,设计时会使其内部空间尽量地去适应地形,或者架空某些空间,使其形态与止戈古镇原有临江的吊脚楼建筑形式相呼应。新建和修复的建筑立面设计均采用川西风格,与街区的建筑风格保持一致,屋顶形式回应街区屋顶肌理形状,并仿照原有沿街立面风格划分立面和门窗比例。

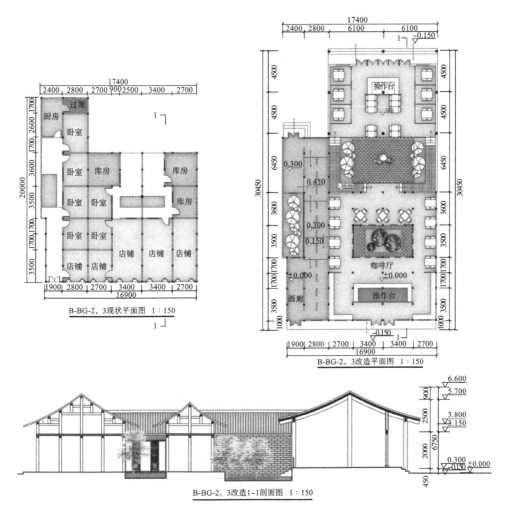

图 13-5　止戈古镇 B 区艺术茶室改造设计（作者绘制）

本章小结

通过本次规划与设计,希望止戈古镇成为一个充满生机与活力,能带动当地经济发展,留住原住民的旅游文化古镇。在文化方面,希望古镇能够很好地传递止戈古镇的传统文化和保护有价值的川西古建筑,调动原住民的文化保护意识,让他们自发地保护当地的传统文化、古建筑等珍贵的财富。在商业旅游方面,希望打造出属于止戈古镇独有的空间氛围,给游客留下深刻的印象和游览体验。

思考题

[1]公共空间的主导要素是什么?

第14章 元阳县攀枝花乡垭口村传统村落更新设计

14.1 村寨概况

垭口村是红河哈尼梯田文化景观世界遗产区的五个申遗重点传统村落之一,是反映遗产区森林、梯田、村寨和水系"四素同构"的现存典型村寨,是遗产区"蘑菇房"为数不多的保存较为完整的村落之一(见图14-1)。垭口村被列入第三批中国传统村落名录。

村庄　　　　　梯田　　　　　森林　　　　　水系

图14-1 垭口村"四素同构"

14.2 村落空间布局规划

村寨选址位于寨神林之下,磨秋场之上。村落的布局上,上有森林,下有梯田,水渠穿村而过,村寨分为三个台地,体现了敬畏自然、与自然相融共生的建寨理念。

垭口村形成于明末清初时期,现存最古朴建筑有百余年,改革开放前后基本形成村落现有布局,从2000年以后村庄建设较快,至今村落形态已基本稳定。村寨形态呈分散型,空间发展较为传统、完善。由于村内地形高低错落,形成了较为丰富的村落景观格局。

14.2.1　结构布局规划

规划将村寨主要分为传统村落保护区、新民居点建设区、旅游接待区三个功能空间。其中,传统村落保护区严格整体地保护传统民居、村落空间格局及非物质文化要素,保护和恢复其作为哈尼古村落的传统风貌;新民居点建设区与传统村落保护区邻近,经由步道联系,以满足居民分家所需宅基地要求,两区间设置公共活动场地以促进居民联系,新民居建设采用乡土建造技术、地方建材与现代材料相结合的本土化技艺,同时是村寨旅游的服务场地;旅游接待区服务设施配套齐全,靠近梯田观景点建设,作为高端休闲区域。

14.2.2　保护区划

垭口村分为核心保护区、建设控制地带二级保护区划。

核心保护区:村寨传统文化最为典型密集的区域,包括垭口整村及寨神林在内的2.4 hm² 区域,区域内传统民居受到保护,民居更新应符合世界遗产要求,禁止新民居建设。

建设控制地带:核心保护区外围,包括新民居点建设区和旅游接待区,共 2.63 hm²,更新和改造建设活动与核心保护区协调,在景观视线上不影响核心区保护,新建建设活动符合土地利用规划要求。

14.2.3　道路系统规划

现状通村道路为土路,全长 4.6 km,平均宽度约为 4 m。村内道路基本实现硬化,分水泥路面和青石板路面,部分道路为土路。村内主要道路宽约 3 m。

规划将通村道路拓宽至红线宽度 7 m(含 0.5 m 水渠宽度、1 m 步行道路、4.5 m 宽车行路面及 1 m 控制范围),以本地石材铺设路面。

村内道路需重新修理打整,改用本地青石板铺设,迎合村寨古朴氛围;路面过窄路段在不侵占村民利益的前提下,适当拓宽道路,方便居民及游客使用;路边有陡坎的路段需加建护坡,加固防护。

14.3　历史环境要素保护

垭口村与祭祀相关的宗教场所有寨神林、水井、磨秋场、寨门、家中的神龛等。寨神林位于村子上方,平时禁止入内,在"昂玛突"节时,由咪咕带领村里男性入内祭祀,祈祷寨神保佑。磨秋场位于村子下方,场地较为平整,并立有秋千和木桩(过节时支上磨秋)。在"矻扎扎"节时,磨秋场作为祭祀场所,同时也是供村民活动的娱乐场地。寨神林和磨秋场限定了村庄的上下边界,标志着村庄的完全建立。

①保护梯田景观,将梯田作为生态敏感区进行生态管制;

②修建梯田观景点、村寨观景点,对景观视域、视廊进行保护和控制;

③保护历史环境要素,对寨门、分水木刻、寨神林、古树名木等进行修缮和养护;

④规划提升水井、水池等生活景观,磨秋场、寨神林等节庆景观,补充水碾房、水磨房等生产景观,对其环境进行修缮和维护,保护村落景观的完整性;

⑤对村寨内现存 45 棵大树进行登记保护,对具有信仰崇拜的树木及其周边环境进行适度整治,严禁砍伐或破坏周边环境;

⑥规划提升旅游休憩空间,近期开展环境整治工作,改善生活和旅游环境。

14.4 传统风貌整治

村寨建筑基本上保留传统民居"蘑菇房"形式,但大部分都存在不同程度的质量问题,传统建筑普遍设施落后,不能适应现代生活的需要,亟待修缮或翻建。随着城市化发展,村庄受到新的、非传统建筑形式的侵蚀,部分新建住宅影响了传统风貌。

根据垭口村内的民居建筑风貌特点和村庄整体风貌的协调状况等因素,遵循保持历史信息与传统风貌完整性的原则,以《哈尼梯田保护管理规划》的分类方式为基础,并参考《历史文化名城名镇名村保护规划保护条例》中建(构)筑物的分类方法,将其分为传统民居、与传统风貌协调的民居、与传统风貌异化的民居、与传统风貌冲突的民居四类。根据 2015 年现场调查数据,垭口村共有民居建筑 46 栋,其中挂牌传统民居有 25 栋,与传统风貌协调的民居有 11 栋,与传统风貌异化的民居有 7 栋,与传统风貌冲突的民居有 3 栋,四类民居所占的比重分别为 54%、24%、15%、7%,总体风貌较好,相对于遗产区现状传统风貌保存较为完整。

其中传统民居主要指保存完整或基本完整,具有一定历史、科学、艺术价值,能够反映传统风貌和地方特色的建筑物,基本为 1960 年前建造的建筑;与传统风貌协调的民居主要指主体建筑保存基本完整,但是局部已被翻新改造的民居建筑;与传统风貌异化的民居基本为 20 世纪 70 年代以后建造的红砖外立面的建筑,或已全部新建的风貌异化民居,但其体量尚靠近传统民居,有改造余地;与传统风貌冲突的民居为近些年建造的大体量的风貌异化建筑。本次规划的建筑风貌分类方式与《哈尼梯田保护管理规划》的分类方式相协调对应,确保两者的保护措施做到协调统一。

对协调类民居进行维护、修缮,恢复传统风貌。

对异化类民居进行整治,对其 3 层及以上的高度进行降层处理并加设茅草顶,对墙面按传统风貌要求处理。

14.5　建筑更新设计

14.5.1　民居保护和修缮导引

保持挂牌保护民居的传统风貌,风貌不完整的应及时修缮,改造室内空间以满足现代需求,鼓励其在不改变传统风貌的条件下发展旅游接待。对与传统风貌协调类民居进行维修,修缮破损的墙面和屋顶,局部进行改造,与传统风貌协调。

对与传统风貌异化及冲突类民居进行整治改造,3 层及以上的建筑需进行降层处理并加设茅草顶,通过贴面、刷墙等方式改造外墙面,使其与传统风貌相符。对一些重要节点位置的冲突性建筑增加绿化遮挡、改造或限期拆除。

14.5.2　新民居设计导引

规划对新建民居重点从建筑材料、建筑高度和建筑细部三个方面进行引导,要求与传统民居空间体量协调,运用地方建筑材料和建造技艺,满足现代化的居住需求。

建筑材料:传统民居使用的材料多为当地资源丰富且质地较好的材料,如土、木、石、砖等,屋顶铺设茅草。规划中,对新建及改造民居上述材料应在建筑材料中占主导地位,并积极探索新型材料。

建筑高度:传统民居建筑为平屋顶 2 层,坡屋顶 3 层,新建及改造房屋应与传统民居相一致,并应考虑不影响景观视线,以免对景观及观赏造成影响。

建筑细部:建筑细部包括建筑墙面、屋顶形式、开窗、栏杆等。新建或房屋改造时,应遵循传统的建造工艺,使村落整体风貌协调统一。

14.5.3　公共建筑设计导引

规划公共建筑设计应满足村寨的公共活动和旅游接待的需求,运用地方建筑材料和建造技艺,空间组合上化整为零,设计与场地及周边的地形地貌、景观视线、生态环境相协调。

14.6　实施措施及建议

14.6.1　规划实施主体

元阳县人民政府对传统村落的保护发展负主要责任;攀枝花乡人民政府作为规划实施主体,成立传统村落保护实施小组;村委会、村集体主要负责人承担保护管理的具体工作。

14.6.2 社区参与

实施主体公开项目内容,保障村民参与规划的权利。根据规划,将保护要求纳入村规民约,发挥村民参与、民主决策、民主管理、民主监督的作用。

14.6.3 管理模式

本规划由元阳县人民政府批准实施,报云南省住房和城乡建设厅备案。明确规划实施及管理的各级责任,达到统一规划、统一实施、统一管理。规划的调整、修改需由实施主体单位根据实际情况上报批准单位审批同意后才能实行,做到保护、建设、管理程序合法化和制度化。

村寨制定村落建设管理条例及村规民约,将村寨的保护、发展及管理等事务纳入法制化管理,有效保障规划的顺利实施。加大宣传力度,积极开展村庄规划、建设和管理的公众参与活动,使村民自发自觉地保护及维护传统村落。

本章小结

元阳县攀枝花乡垭口村是红河哈尼梯田文化景观世界遗产区的五个申遗重点传统村落之一,本章简要列举了在其传统村落更新设计中,对村落空间布局进行规划,对历史环境要素进行保护,在整治传统风貌的同时注重实施引导等内容。

思考题

[1]村庄传统风貌整治中,应当注意哪些要点?

第 15 章　倘甸镇新华村委会邓家村更新设计

15.1　倘甸镇新华村委会邓家村前期分析

15.1.1　区位概况

邓家村、芭蕉树村、茄卓村、德卡村由南向北分布在倘甸镇中心区的南侧、东侧及东北侧;其中邓家村位于倘甸镇中心区的最南侧;与现状的倘甸中心集镇所在地有一定距离,因此中小学、商业配套等公共服务设施距村庄有一定距离,属于未来城市边缘地带的村庄。

村庄位于连接倘甸镇中心区主要道路与轿子雪山旅游专线道路旁,内部有两条低等级道路与通往倘甸镇及轿子雪山旅游专线道路直接连接。

15.1.2　建筑分析

混凝土建筑[见图 15-1(a)]:多为 2012 年左右建造的建筑,为钢筋混凝土结构,立面装饰材质形式均较好,均为建筑形式较新的建筑。

砖瓦建筑[见图 15-1(b)]:大部分建筑承载力较好,里面较为完整。

土木建筑[见图 15-1(c)]:以土坯房为主,结构为土木结构,多为传统风貌建筑,部分建筑风貌较好,质量一般,部分房屋已出现明显的倾斜、倒塌、破损等情况。

(a)　　　　　　　　(b)　　　　　　　　(c)

图 15-1　邓家村现状建筑

(a)混凝土建筑;(b)砖瓦建筑;(c)土木建筑

15.2　产业发展定位

邓家村地理位置优越,村庄内开发建材市场与城市产业相衔接,村庄东南侧紧邻城市公园,南侧紧邻城市物流产业用地,因此村庄产业不仅包括物流相关产业,也可结合优越的自然条件打造休闲、独家、游憩等功能,具体包括如下几个方面。

发展建材产业及物流相关产业:邓家村村内新建建材市场已成为村内主要新兴产业,结合城市发展,邓家村周边用地可适当发展与建材、物流等相关的产业。

特色餐饮:以村民本身为经营主体,以周边优美环境为依托,打造相关经济产业饮食配套,集约周边村庄美食特色,打造周边村庄集中特色美食街区及特色农家乐餐饮等形式,形成带动周边经济的特色村庄餐饮产业。

休闲公园:以经营公园的思路,利用农村广阔的田野,以绿色村庄为基础,融入低碳环保、循环可持续的发展理念。这是一个更能体现和谐发展模式、简约生活理念、返璞归真追求的现代农业园林景观与休闲、度假、游憩、学习的规模化乡村旅游综合体。

亲子农庄:以农业资源和文化资源为依托,将农业元素融入游乐设施和亲子活动当中,以家庭亲子教育为目的的一种休闲农业产品类型。要遵循安全性、农业主题性、趣味性、益智性、互动体验性等原则。

15.3　空间规划结构整合

15.3.1　功能分区

邓家村有休闲娱乐区、田园观光区、集中养殖区、村民居住区、集体经济用地五个公共设施配套区。

15.3.2　村庄整治

村庄位于城市边缘区,结合城市发展,保留村庄部分田地,成为城市发展的绿色保障;村内新建建材市场成为村庄新产业,结合城市发展,村庄将既能衔接城市产业,又能成为城市后花园。

15.3.3　道路交通梳理

1. 控规路网调整

现行控规道路部分穿越现状村庄,建议调整周边路网,在满足城市交通需求的前提下,尽量保证原有村庄完整,减少未来市政道路建设难度,如图 15-2 所示。

2. 道路交通组织

邓家村结合整个倘甸控规,对经过村庄道路进行梳理,尽量做到少拆迁村民住

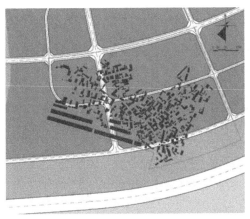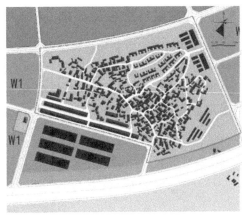

图 15-2　邓家村控规路网调整

宅,同时满足区域南北交通联系;城市主干道宽 40 m,城市次干道宽 15~20 m,城市支路宽 9 m,村内主要道路宽 6~8 m,村内次要道路宽 4~6 m,在村庄内还配套建设2 座停车场。基于现有村民住宅改造提升,提出道路整治策略(见图 15-3):综合考虑区域关系,打通穿过村内东侧和西侧的道路,宽 6 m,长约 360 m;拓宽现有村内主要道路,宽 6 m,长约 763 m;次要道路宽 4 m,长约 310 m;考虑消防及入户要求,打通一些新通道,宽 3~5 m,长约 900 m;结合组团入口处,增加 30 个车位的停车空间。

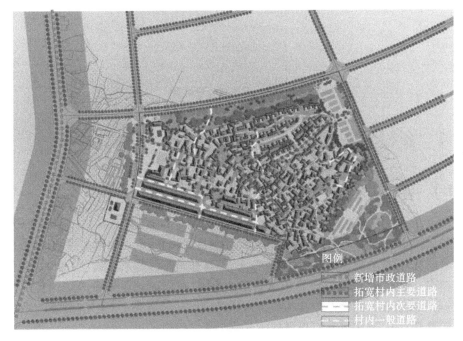

图 15-3　邓家村道路交通组织

15.3.4　基层村需配建公建

　　公建规划配置应满足村民活动所需的基本功能,包括文化活动室、警务室、卫生室、公厕;警务室、卫生室结合行政村办公用房设置;以 50 m 服务半径配建 5 所公厕和垃圾转运站;在村庄配套 3 座停车场;以 60 m 服务半径设置多个垃圾箱,垃圾箱建议采用木材质;结合村庄改造提升,规划设置篮球场和乒乓球场各一处(见图 15-4)。

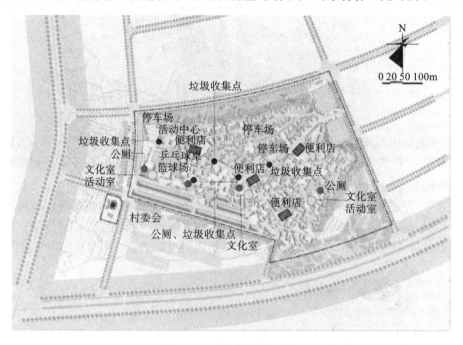

图 15-4　邓家村公建配置

15.4　乡村景观营造

15.4.1　田园景观的体验

　　结合邓家村的产业规划,对田园景观空间进一步营造:利用农村广阔的田野,以绿色村庄为基础,融入低碳环保、循环可持续的发展理念,考虑农业的景观性,整合破碎的农业地,形成农业景观带;采取疏密组合、高低错落的造景方式,注意植物群落的层次结构、季相景观变化及经济实用价值。此外,在保证农业种植区域主体的情况下,考虑种植有良好观赏性的花卉与树木,如红叶李、茼蒿菊、六道木,并在其中增加相应的景观步道,让游客具有更强的体验感。

15.4.2　乡村小品装饰

趣味小品所占的空间往往不大,但小品的点缀对邓家村整个空间的主题有着点题与装饰的作用(见图 15-5)。小品的选择除了体现田园自然的主题特色,也可以设置一些体现农业文化的小品或直接是村里的农作物或是农用器具的展示。比如庭院内设计石磨,游客可以体验磨五谷杂粮,体验最原始的劳作方式,同时也可以品尝到最天然的谷物。邓家村常见的紫薯、玉米棒等也可作为特色装饰元素,在院内摆放与点缀。

图 15-5　邓家村乡村小品装饰

15.4.3　乡村地域符号的展示

符号包括标志、导视图、导游板、指示标志、灯具及垃圾桶的外观造型,也包括一些可以形成标识的景观(见图 15-6)。考虑到邓家村的乡土特色,所有标识标牌都使用石头与木质材料,突出邓家村的原生态地域特色。比如景点标识牌与环境相协调,采用红、黑、黄等色彩的腐木结构。

15.4.4　乡村空间景观的改造

1. 入口空间

村庄入口被道路和现状建筑阻隔,绿地未硬化;村庄入口标识不清,秩序杂乱。配合利用植物的造景功能及空间特质,营造具有地域场所精神的开放性的活动中心(见图 15-7)。局部种植大型乔木,使场地对外来游客来说,具有认同感与亲和力;增加了入口景观及对称植物,场地还增加了休憩设施;增添广场,扩大公共活动空间;增加路灯、垃圾桶、公示牌等;增加绿化,改善入口环境。

2. 街巷空间

街巷空间作为邓家村中主要的交通交往、生活休憩空间,不仅承担着交通功能,也是乡村的公共生活空间,因此街巷一般都能反应该村的自然环境、生活习俗及村民的审美价值取向,能系统反映出整体乡村风貌。对于原有风貌保持较为完整的街巷空间,宜以保护为主,通过对景观的整治和沿街建筑的修复配合本土植物的点缀,还原其本来面目;而对于新建街巷空间,宜采用较宜人的尺度,并注重与原有街巷及其

图 15-6　邓家村乡村地域符号展示

图 15-7　邓家村入口空间景观改造

他空间节点的对接,展现邓家村循序渐进的发展过程。将村庄主要道路、外部道路沿线封闭式围墙拆除,设置为通透式的围墙,需整治围墙段约 260 m。

15.5　住宅更新设计

15.5.1　倘甸特色现代彝式民居研究

倘甸镇建筑属于乌蒙系彝族建筑文化的一部分。乌蒙系建筑,即汉彝交融,版筑合院。基于 2015 年研究确认的以体现轿子雪山、东川红土地特色元素为主题的建筑风格,构筑独具倘甸镇特色的现代彝族建筑风貌。

1. 独具倘甸特色

倘甸镇由于其独特的地理位置与民族沿革,具有区别于其他彝族建筑的独特建筑风貌。新建建筑打破了彝族建筑复杂的元素和过于传统的装饰,利用现代钢结构及混凝土技术,加上多种生态环保的现代材料,同时建筑墙体不局限于木质材料和木质的颜色,山墙的材质色彩和穿斗木构架也是形式多样,从而打造倘甸特有的简约新彝式建筑(见图 15-8)。

图 15-8　倘甸特色建筑改造

2. 保留彝族建筑传统

滇中地区自古汉彝交往频繁,建筑以版筑合院为主,材质以土、石、木为主。新建建筑保留传统建筑的材质、文脉,运用当地丰富的土壤资源,采用石材或者生土构筑房屋的外墙,充分保持本地区的特色(见图 15-9)。

3. 乌蒙山区传统彝族建筑借鉴

根据构筑形式划分,可以将滇中乌蒙系的彝族建筑分为石筑板房区、夯土瓦房区和土筑碉房区三个亚区(见图 15-10)。

1) 石筑板房区

在喀斯特地貌作用下,石林地区周围遍布石材,彝族撒尼支系的传统民居采用青石板做屋顶,用块石垒制成墙体,形成了富有特色的石板房。

2) 夯土瓦房区

当地房屋以石头为地基,竹条、树枝编成篱笆,再糊以泥巴即可成为经济实用的

图 15-9　彝族特色建筑保留

夯土篱笆房。

3）土筑碉房区

滇东北乌蒙山,还分布有大量的传统彝族夯土碉楼式建筑,这里合院墙体多为生土夯筑而成,合院以围墙和碉楼围合成带有防御性质的封闭空间。

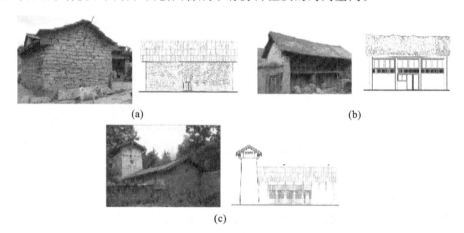

(a)　　　　　　　　　　　　　　　(b)

(c)

图 15-10　乌蒙山区传统彝族建筑借鉴

(a)石筑板房区;(b)夯土瓦房区;(c)土筑碉房区

15.5.2　建筑风貌控制——要素引导

1. 屋顶

黑灰色屋顶仿瓦屋面颜色有红色、黑色、黄色;牛头装饰下方有木质(仿木)贴面,并有深红色装饰构件,垂花装饰屋顶沿用彝族传统民居坡屋顶,屋脊采用飞檐装饰,凸显民族特色(见图 15-11)。

图 15-11　屋顶引导

2. 屋檐

彝族民居建筑极讲究装饰,大门入口和屋檐是表现民族特色的重点。

传统民居屋檐挑出,屋檐挑拱雕刻有牛羊头、鸟兽、花草等线脚装饰和连续案浮雕,极富装饰效果(见图 15-12)。

图 15-12　屋檐引导

3. 檐口与挑拱

最能展现彝族建筑特色的就是檐口和挑拱。檐口画有丰富的具有彝族特色符号的图案;彝族普通民居的檐口一般采用木板材质,涂以深红色,下方以斗拱衬托,或用瓦片摆出造型。挑拱以形象逼真的牛角造型,配以精美雕刻,体现了彝族人民的审美情趣和建造艺术(见图 15-13)。

4. 窗

木质雕花窗:雕花的内容基本是连续重复的几何图案,大户人家雕有整幅猛虎、山鹰、水牛等图案(见图 15-14)。

玻璃钢铁艺窗:运用现代玻璃和铁艺,在此基础上将窗框漆成彩色,增强装饰效果。

图 15-13　口与挑拱引导 　　　　　　　　　　　图 15-14　窗引导

5. 门

门头:同屋面,黑灰色彩板瓦。

柱:青石贴面或浅黄色涂料涂刷。

门扇:仿木质格栅。

装饰构件:小型红、黑、黄三色牛头木质挂件,传统农耕工具或特殊物产悬挂。

门窗装饰充分运用彝族传统民居彩绘图案,象征吉祥如意(见图 15-15)。

图 15-15　门引导

6. 厦廊

为遮蔽高海拔地区强烈的紫外线,彝族建筑广泛采取厦廊作为室内空间的延续和扩展。

厦廊是日常生活休息、从事家务活动的重要场所。在空间组织方面还起到过渡室内外空间的作用。

厦廊的装饰通常是整个建筑的重点。厦子的梁柱精雕细琢,起到空间界定作用,彝族民居非常重视厦廊的修建(见图 15-16)。

7. 外墙

材料:涂料。

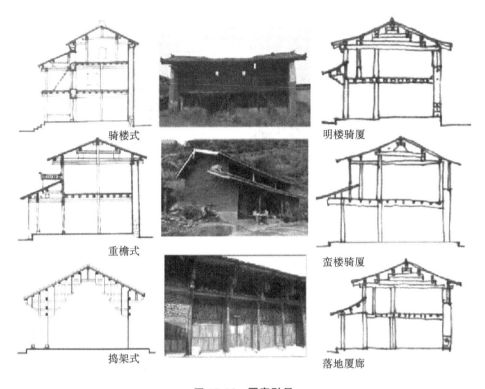

骑楼式　　　　　　　　　　　　　　明楼骑厦

重檐式　　　　　　　　　　　　　　蛮楼骑厦

捣架式　　　　　　　　　　　　　　落地厦廊

图 15-16　厦廊引导

颜色:浅黄色或夯土色。

线条:仿木质红色涂料。

装饰元素:彝族图腾崇拜和传统手工艺衍生的彩绘外墙和采用本地传统彝族民居使用的夯土色外墙,充分表现地域特色(见图 15-17)。

图 15-17　外墙引导

8. 勒脚

　　一般正房的室内标高比两侧的耳房和院落的地坪标高高出许多,不仅丰富了里面,还起到很好的防水作用。正房的勒脚通常是以石材为主,少数使用砖结构。面向院外的墙体主要是土坯墙和夯土墙,多以石料作为墙基和勒脚(见图 15-18)。

图 15-18　勒脚引导

9. 栏杆、围墙、铺装

栏杆、围墙、铺装简化传统彝族构建元素,用红色作为主要色调,也同时起到点缀色的作用(见图 15-19)。

图 15-19　栏杆、围墙、铺装引导

15.5.3　院落分类风貌控制

1. 外向开放的独栋式

1)平面布局

独栋式是彝族住宅建筑最基本的单元形式。独栋式最常见的为一字形或 L 形,也有在一侧增加偏房,当地称为"钥匙头"。

2)纵向布局

现实空间通过火塘来组织。火塘扮演着既神圣又实际的角色。以火塘为中心分为起居空间、公共活动与仪式空间、储粮空间(牲畜空间)。

2. 合院式建筑改造

"一颗印"是昆明地区汉彝民族通用的主要居住形式。"一颗印"可根据家庭人口的经济条件及地形情况,形成"三间两耳""五间四耳""半颗印"等平面形式,两户或多户并联组合,形成两户并联、多户联排等,具有极强的适应性。"一颗印"还可结合沿街商业,形成"前店后宅""下店上宅"两种常见形式。

15.5.4　新建民居方案

针对村庄民居的不同状况,对民居进行分类改造。第一类为新建筑保留;第二类为传统风貌恢复重建;第三类为原址重建;第四类为村内还迁。

1. 新建筑保留

针对村庄内部新建的质量较好的建筑,进行小规模软装改造,保持良好风貌。

2. 传统风貌恢复重建——保留彝族传统风格

针对村内传统风格保持较好的建筑,对其进行保持风貌的修缮。提取其中具有汉族特色的传统元素,在传统风格的基础上结合现代建筑户型与建筑手法,设计出不仅符合现代居住需要,同时具有传统风格韵味的民居建筑。

3. 原址重建——彝汉结合的现代民居

针对村内建筑年代比较久远、存在安全隐患的民居进行拆除及原址重建。提取其中具有本土特色的元素,在传统风格的基础上结合现代建筑户型与建筑手法,设计出不仅符合现代居住需要,同时具有地方识别性的现代建筑(见图 15-20)。

图 15-20　原址重建方案

4. 村内还迁——彝汉结合的现代民居

针对村内拆除还迁的建筑,进行易地重建,新建民居要求与原址重建基本相同,建成现代简洁又兼具地方彝族风格的乡村新民居(见图 15-21)。

图 15-21　村内还迁方案

从农村建设更新的角度出发,关注当地居民的诉求,在充分理解村民的生产、生活习性的前提下,进行乡村的更新设计,使其有所传承。除此之外,在乡村更新设计中也要尊重乡村的自然生态环境、地形地貌及民风民俗。

本章小结

本章通过倘甸镇新华村委会邓家村更新设计实例,梳理了乡村更新设计中功能分区、道路交通、公建等重要内容,以及景观营造中乡村地域符号展示、住宅更新设计要点等内容。

思考题

[1]结合邓家村更新设计实例,总结乡村景观营造的要点。
[2]举例说明乡村建筑风貌控制可从哪些要素开展。

参 考 文 献

[1] 朱新山.试论传统乡村社会结构及其解体[J].上海大学学报(社会科学版),
    2010,17(5):36-42.

[2] 费正清,刘广京.剑桥中国晚清史:1800—1911年上卷[M].北京:中国社会科
    学出版社,1985:25-27.

[3] 赵之枫,郑一军.农村土地特征对乡村规划的影响与应对[J].规划师,2014(2):
    31-34.

[4] 赵万民,金伟,魏晓芳.西南山地乡村规划的适应性研究初探——以城乡统筹试
    验区重庆市为例[C].规划创新:2010中国城市规划年会论文集,2010.

[5] 雷诚,赵民."乡规划"体系建构及运作的若干探讨——如何落实《城乡规划法》
    中的"乡规划"[J].城市规划,2009(2):9-14.

[6] 岸根卓郎.迈向21世纪的国土规划——城乡融合系统设计[M].北京:科学出
    版社,1990.

[7] 范凌云.城乡关系视角下城镇密集地区乡村规划演进及反思——以苏州地区为
    例[J].城市规划学刊,2015(6):106-113.

[8] 陈前虎.乡村规划与设计[M].北京:中国建筑工业出版社,2018.

[9] 陶爱祥.中外农村社区建设经验比较研究[J].世界农业,2015(1):140-143.

[10] 杨旭辉.国外农村社区:综合性分析与借鉴[D].武汉:华中师范大学,2013.

[11] 易鑫.德国的乡村规划及其法规建设[J].国际城市规划,2010(2):11-16.

[12] 刘健.基于城乡统筹的法国乡村开发建设及其规划管理[J].国际城市规划,
    2010(2):4-10.

[13] 马玥."发达工业化国家城镇化过程中的乡村建设研究"之课题成果报告面世
    [J].中国建设信息,2008(15):74.

[14] 夏宏嘉,王宝刚,张淑萍.欧洲乡村社区建设实态考察报告(一)——以德国、法
    国为例[J].小城镇建设,2015(4):81-84,93.

[15] 叶齐茂.发达国家郊区发展系列谈之九 加拿大的都市郊区——以多伦多都
    市区为例[J].小城镇建设,2009(2):56-67.

[16] 叶齐茂.发达国家郊区发展系列谈之十一 重点突破城镇郊区农村的改革发
    展[J].小城镇建设,2009(4):68-71.

[17] 叶齐茂.发达国家郊区发展系列谈之二 战后德国郊区发展:依靠土地整理出
    来的郊区[J].小城镇建设,2008(5):32-40.

[18] 李和平,李浩.城市规划社会调查方法[M].北京:中国建筑工业出版社,2004.

[19] 风笑天.社会学研究方法[M].5版.北京:中国人民大学出版社,2018.

[20] 程郁,阮荣平.着力补齐农村民生短板,助力乡村繁荣振兴——基于对 2017 年 8 省 9896 份入户问卷的分析[R].北京:国务院发展研究中心,2018 年第 91 号(总 5366 号).

[21] 陈裕鸿,王敏,袁振杰,等.新公众参与下的村庄规划实践研究——以从化市良口镇良平村村庄规划为例[J].城市规划学刊,2014(B07):125-130.

[22] See Guy, Edgley, Arafat & Allen, Social Research Methods[M]. Allyn and Bacon, Inc, 1987.

[23] 杨贵庆.乡村振兴视角下村庄规划工作的若干思考——《关于统筹推进村庄规划工作的意见》再读[J].小城镇建设,2019,(4):85-88.

[24] 刘彦随.中国新农村建设地理论[M].北京:科学出版社,2011.

[25] 四川省自然资源厅.四川省村规划编制技术导则(试行)[Z].2019-05.

[26] 顾军,苑利.文化遗产报告:世界文化遗产保护运动的理论与实践[M].北京:社会科学文献出版社,2005.

[27] 王文章.在"人类口头和非物质遗产抢救与保护国际学术研讨会"上的讲话[J].美术观察,2003(1):6-7.

[28] 黄玉强.论农村文化遗产的保护与传承[J].歌海,2008(4):44-45.

[29] 徐旺生.农业文化遗产与"三农"[M].北京:中国环境科学出版社,2008.

[30] 佟玉权.农村文化遗产的整体属性及其保护策略[J].江西财经大学学报,2010(3):73-76.

[31] 徐旺生,闵庆文.农业文化遗产及其动态保护探索[M].北京:中国环境科学出版社,2008.

[32] 单霁翔.从"文物保护"走向"文化遗产保护"[M].天津:天津大学出版社,2008.

[33] 张成渝,谢凝高."真实性"和"完整性"原则与世界遗产保护[J].北京大学学报:哲学社会科学版,2003(2):62-68.

[34] 张成渝.《世界遗产公约》中两个重要概念的解析与引申——论世界遗产的"真实性"和"完整性"[J].北京大学学报:自然科学版,2004(1):129-138.

[35] 张成渝.国内外世界遗产原真性与完整性研究综述[J].东南文化,2010(4):30-37.

[36] 张成渝."真实性"和"原真性"辨析补遗[J].建筑学报,2012(s1):96-100.

[37] 韩燕平,刘建平.关于农业遗产几个密切相关概念的辨析——兼论农业遗产的概念[J].古今农业,2007(3):111-115.

[38] 王伟伟,吴成安.谈世界遗产"原真性"的开发与保护[J].商业时代,2005(36):63-64.

[39] 俞孔坚."新上山下乡运动"与遗产村落保护及复兴——徽州西溪南村实践

[J]. 中国科学院院刊,2017(7):696-710.

[40] 罗德胤. 村落保护:关键在于激活人心[J]. 新建筑,2015(1):23-27.

[41] 陈喆,周涵滔. 基于自组织理论的传统村落更新与新民居建设研究[J]. 建筑学报,2012(4):109-114.

[42] 李金早. 全域旅游的价值和途径[J]. 领导决策信息,2017(5):16-17.

[43] 魏向东,宋言奇. 城市景观[M]. 北京:中国林业出版社,2005.

[44] 傅伯杰,陈利顶,马克明,等. 景观生态学原理及应用[M]. 北京:科学出版社,2001.

[45] 吴家骅,叶南. 景观形态学[M]. 北京:中国建筑工业出版社,1999.

[46] 刘滨谊. 现代景观规划设计[M]. 4 版. 南京:东南大学出版社,2018.

[47] 贝尔格,等. 景观概念和景观学的一般问题[M]. 北京:商务印书馆,1964.

[48] 金其铭,董昕,张小林. 乡村地理学[M]. 南京:江苏教育出版社,1990.

[49] 范建红,魏成,李松志. 乡村景观的概念内涵与发展研究[J]. 热带地理,2009(3):285-289.

[50] 王云才. 现代乡村景观旅游规划设计[M]. 青岛:青岛出版社,2003.

[51] 谢花林,刘黎明,李振鹏. 城市边缘区乡村景观评价方法研究[J]. 地理与地理信息科学,2003(3):101-104.

[52] 韩丽,段致辉. 乡村旅游开发初探[J]. 地域研究与开发,2000(4):87-89.

[53] 刘滨谊. 人类聚居环境学引论[J]. 城市规划汇刊,1996(4):5-11.

[54] 李振鹏. 乡村景观分类的方法研究[D]. 北京:中国农业大学,2004.

[55] 许慧,王家骥. 景观生态学的理论与应用[M]. 北京:中国环境科学出版社,1993.

[56] J. S. 罗. 加拿大生态土地分类的理论[J]. 地理科学进展,1986,5(1):17-22.

[57] 肖笃宁,钟林生. 景观分类与评价的生态原则[J]. 应用生态学报,1998(2):217-221.

[58] 孔繁德. 生态保护概论[M]. 2 版. 北京:中国环境科学出版社,2010.

[59] 叶安珊. 中国农村生态保护与有机农业[J]. 农业考古,2007(6):295-297.

[60] 陈志华,李秋香. 中国乡土建筑初探[M]. 北京:清华大学出版社,2012.

[61] 潘谷西. 中国建筑史[M]. 7 版. 北京:中国建筑工业出版社,2015.

[62] 王其钧. 华夏营造——中国古代建筑史[M]. 2 版. 北京:中国建筑工业出版社,2010.

[63] 季富政. 中国羌族建筑[M]. 成都:西南交通大学出版社,2000.

[64] 李建华. 西南聚落形态的文化学诠释[M]. 北京:中国建筑工业出版社,2014.

[65] 杨大禹,朱良文. 云南民居[M]. 北京:中国建筑工业出版社,2009.

[66] 木雅·曲吉建才. 西藏民居[M]. 北京:中国建筑工业出版社,2009.

[67] 《羌族简史》修订本编写组. 羌族简史[M]. 北京:民族出版社,2008.

[68] 邓庆坦,邓庆尧.当代建筑思潮与流派[M].武汉:华中科技大学出版社,2010.

[69] (美)肯尼斯·弗兰姆普敦.现代建筑:一部批判的历史[M].北京:生活·读书·新知三联书店,2012.

[70] 胡光华.中国设计史[M].2版.北京:中国建筑工业出版社,2010.

[71] 李先逵.四川民居[M].北京:中国建筑工业出版社,2009.

[72] 承继成.信息化城市与智能化城镇——数字城市[J].地球信息科学,2000(3):5-7.

[73] 胡明星,李建.空间信息技术在城镇体系规划中的的应用研究[M].南京:东南大学出版社,2009.

[74] 徐静,谭章禄.智慧城市:框架与实践[M].北京:电子工业出版社,2014.

[75] 金振江,宗凯,严榛,等.智慧旅游[M].2版.北京:清华大学出版社,2015.

[76] 金江军.智慧城市:大数据、互联网时代的城市治理[M].4版.北京:电子工业出版社,2017.

[77] 张克平,陈曙东.大数据与智慧社会:数据驱动变革、构建未来世界[M].北京:人民邮电出版社,2017.

[78] 吕卫锋.国家新型智慧城市评价指标和标准体系应用指南[M].北京:中国工信出版社,2017.

[79] 王克照.智慧政府之路——大数据、云计算、物联网架构应用[M].北京:清华大学出版社,2014.

[80] 彭一刚.传统村镇聚落景观分析[M].2版.北京:中国建筑工业出版社,2018.

[81] 房艳刚.乡村规划:管理乡村变化的挑战[J].城市规划,2017(2):85-93.

[82] 顾朝林,张晓明,张悦,等.新时代乡村规划[M].北京:科学出版社,2019.

[83] 邹艳丽,王璇.我国乡村规划的理论与应用研究[J].中国工程科学,2019(2):21-26.

[84] 孙莹,张尚武.我国乡村规划研究评述与展望[J].城市规划学刊,2017(4):74-80.

[85] 王介勇,周墨竹,王祥峰.乡村振兴规划的性质及其体系构建探讨[J].地理科学进展,2019(9):1361-1369.

[86] 文琦,郑殿元,施琳娜.1949—2019年中国乡村振兴主题演化过程与研究展望[J].地理科学进展,2019(9):1272-1281.

[87] 蔡克信,杨红,马作珍莫.乡村旅游:实现乡村振兴战略的一种路径选择[J].农村经济,2018(9):22-27.

[88] 陆林,任以胜,朱道才,等.乡村旅游引导乡村振兴的研究框架与展望[J].地理研究,2019(1):102-118.

[89] 石斌.全域旅游视角下乡村旅游转型升级的动因及路径——以陕西省为例[J].企业经济,2018(7):77-82.

［90］ 杨庚霞.全域旅游视角下的甘肃省乡村旅游发展探讨［J］.吉林广播电视大学学报,2019(3):59-60.

［91］ 赵承华.乡村旅游推动乡村振兴战略实施的机制与对策探析［J］.农业经济,2020(1):52-54.

［92］ 张祖群,林姗.首都城乡建设的文化品位与中国特色社会主义先进文化之都建设——基于北京乡村旅游八种新业态的分析［J］.中国软科学,2011(S2):143-149.

后 记

乡村规划的发展得益于我国改革开放和乡村振兴政策,这是时代发展之幸,是解决"三农"问题之幸,是我国乡村文明与乡土文化脉络传承之幸。健康的乡村规划以人的身心健康作为核心价值取向,乡村发展决策都围绕健康导向进行调整、改进。

本书基于村落建筑和文化景观研究,重视从文化景观视角解读乡村文化价值,传导村落文化演进与乡土景观空间特征的关系。作为"人—自然—社会"相结合的涉及城市、乡镇、村落、原野等多个空间梯度关系的乡土文化景观系统,寄希望于乡村规划能够激活村落,利于居民健康和乡村生活、乡土文化及景观保护,旨在以人为本,打造健康的乡村人居环境,寻求一种能结合地方文化、地域特色景观并充分考虑村落居民健康的保护规划方法。

本书着重梳理乡村规划背后的逻辑关系和理论体系,思考乡村规划的未来走势,讨论国内乡村规划时代意义,以期待抛砖引玉,挖掘乡村规划的本源特性。

乡村规划是我国空间规划的重要内容,编者相信本书的乡村规划理论体系、规划技术方法,以及对未来乡村发展规律与发展趋势的总结有一定积极的贡献,并且对指导发展中国家乡村发展具有重要意义。

接到本书的编写任务,诚惶诚恐中不断收集乡村规划的文献和案例,在安排任务中得到西部地区高等院校中城乡规划及乡村规划研究领域中优秀老师的大力支持与帮助,他们是一群热爱乡村,关爱农村、农业、农民生活的大爱者,并且是一直从事乡村规划编制、科研及相关教学的工作者,在此行业中取得了丰硕的成功经验。在此,感谢每位参编作者,真诚地说一声:你们辛苦了!

感谢昆明理工大学建筑与城市规划学院城乡规划系副主任陈桔老师的鼎力支持、热情帮助和鼓励,并提供海量资料才得以完成书稿,在此真诚感谢。感谢成都理工大学旅游与城乡规划学院旅游开发与管理系唐勇副教授提供的资料与有益建议。

感谢成都理工大学城乡规划专业鲁林兴、刘飞、项青、黎士明、杨枭、王佳、李青松、刘文凯、高溶、何香、罗睿瑶等同学为本书查阅文献资料、编辑校稿,花费大量时间,本书才能顺利完成编写。

编者

2020 年 5 月